软件工程技术丛书

Software Design
for Flexibility

How to Avoid Programming Yourself into a Corner

软件灵活性设计

如何避免陷入编程困境

[美] 克里斯·汉森（Chris Hanson）
杰拉尔德·杰伊·萨斯曼（Gerald Jay Sussman） ●著

谢学说 王子纯 王刚 李涛 ●译

机械工业出版社
CHINA MACHINE PRESS

本书主要介绍如何利用数学符号操作、基于规则的系统和通用程序构建灵活的软件，并利用依赖系统跟踪、解释和控制回溯。第 1 章通过对编程哲学的介绍提出灵活性的概念。第 2 章探讨如何用一些普遍适用的方法构建易于扩展的系统。第 3 章介绍谓词分派的通用程序。第 4 章介绍符号模式匹配，首先启用术语重写系统，然后通过合一展示类型推理的实现。第 5 章探讨解释和编译。第 6 章展示如何构造分层数据和分层程序的系统，并用各种元数据注释其中的数据项。第 7 章引入传播这一概念来摆脱计算机语言的面向表达式范式。本书适合高等院校计算机相关专业的学生学习，也可供专业技术人员参考。

图书在版编目（CIP）数据

软件灵活性设计：如何避免陷入编程困境 /（美）克里斯·汉森（Chris Hanson），（美）杰拉尔德·杰伊·萨斯曼（Gerald Jay Sussman）著；谢学说等译 . —北京：机械工业出版社，2023.11
（软件工程技术丛书）
书名原文：Software Design for Flexibility：How to Avoid Programming Yourself into a Corner
ISBN 978-7-111-74704-8

Ⅰ.①软… Ⅱ.①克…②杰…③谢… Ⅲ.①软件工具 – 程序设计 Ⅳ.① TP311.561

中国国家版本馆 CIP 数据核字（2024）第 002925 号

机械工业出版社（北京市百万庄大街 22 号 邮政编码 100037）
策划编辑：曲 熠　　　　　　责任编辑：曲 熠
责任校对：王小童 王 延　　　责任印制：常天培
北京铭成印刷有限公司印刷
2024 年 3 月第 1 版第 1 次印刷
186mm × 240mm・20.25 印张・438 千字
标准书号：ISBN 978-7-111-74704-8
定价：99.00 元

电话服务　　　　　　　　　　网络服务
客服电话：010-88361066　　　机 工 官 网：www.cmpbook.com
　　　　　010-88379833　　　机 工 官 博：weibo.com/cmp1952
　　　　　010-68326294　　　金 书 网：www.golden-book.com
封底无防伪标均为盗版　　机工教育服务网：www.cmpedu.com

一台计算机就像一把小提琴。你可以想象一个新手首先尝试留声机，然后再试了试小提琴。他说，后者听起来很糟糕。这就是我们从人文主义者和大多数计算机科学家那里听到的论点。他们认为，计算机程序对于特定的需求来说是有用的，但它们不够灵活。小提琴和打字机也是如此，只有你学会如何使用它，才会发挥出它真正的价值。

——Marvin Minsky，"为什么说编程是表达理解不透彻、叙述不严谨的想法的好媒介"，*Design and Planning*（1967）

译者序

作为译者，我们非常荣幸能够将这本重要的书籍呈现给读者。本书作者基于多年的教学和实践经验，为我们呈现了一份充满智慧和洞察力的指南，帮助我们更好地理解和应用灵活性概念。书中探讨了软件灵活性设计的概念与技术，着重介绍在计算机程序设计中如何构建灵活、可进化的系统。我们希望能够将本书中丰富的内容和思想传递给每位读者，让读者在软件设计领域的学习和实践中受到启发。

本书涵盖了从基础概念到高级技术的内容，旨在引导读者理解如何构建具有灵活性的软件系统。每一章都深入探讨了不同的主题，如自然和设计中的灵活性、领域专用语言、算术主题、模式匹配、评估、分层和传播等。每章的内容都从理论到实践，结合具体示例和练习，使读者能够更好地理解并应用所学知识。

作者提出了一系列创新的思想和方法，如领域专用语言的构建、通用程序的设计与应用、模式匹配技术、分层数据和分层程序设计等。这些思想和方法为软件设计师和开发人员提供了有力的工具，以构建适应变化和演化的复杂系统。本书强调灵活性与效率、正确性同样重要，并通过实际案例展示了如何在软件设计中取得平衡。

作者在书中强调使用 Scheme 编程语言来展示各种思想和技术，因为 Scheme 的简洁性和功能特性能够更好地突出本书的主题。通过编写简洁的代码示例，读者能够更好地理解核心概念，从而更好地将这些概念应用于实际项目中。

在翻译过程中，我们深刻感受到作者对软件设计领域的透彻见解和独特思考方式，使我们更加深入地理解了软件灵活性设计的核心概念与技术，这对我们的教学和研究都具有重要的启发作用。

最后，我们要感谢作者对于软件设计领域的深入探索和分享，以及机械工业出版社对于将这本宝贵的著作呈现给读者的努力。希望这本书能够启发更多人思考软件灵活性设计的重要性，为构建更具创新性和适应性的软件系统做出贡献。

推荐序

有时候，你在写程序时会被卡住。也许是因为你意识到问题的某些方面被忽略了，但很多时候是因为你在设计程序的早期做出了一些关于数据结构选择或代码组织方式的决定，导致结果非常受限，而且还很难撤销。

本书是让具体程序组织策略保持灵活性的大师之作。我们现在都知道，虽然声明一个固定大小的数组来保存要处理的数据是一件非常容易的事，但这样的设计决定可能会变成一个令人不快的限制，可能会使程序无法处理超过一定长度的输入行，或处理超过固定数量的记录。许多安全漏洞都是由于分配了一个固定大小的内存缓冲区，然后没有检查要处理的数据是否适合在缓冲区内导致的，特别是在为互联网编写的代码中，这种漏洞很常见。举个非常简单的例子，动态分配的存储空间（无论是由具有C语言风格的 `malloc` 库分配还是由自动垃圾收集器提供）虽然复杂但更灵活，而且还有一个额外的好处，那就是更不容易出错（特别是当程序语言总是检查数组引用，以确保索引在范围内时）。

一些早期的编程语言设计实际上提出了反映硬件组织风格的设计思想，这种理念被称为**哈佛架构**：代码在**这边**，数据在**那边**，代码的工作就是服务于数据。但是，程序组织方面存在一个严重的限制，那便是代码和数据之间僵硬的、一臂之隔的分离。早在 20 世纪末，我们就从函数式编程语言（如 ML、Scheme 和 Haskell）和面向对象的编程语言（如 Simula、Smalltalk、C++ 和 Java）中认识到下列做法的好处：将代码视为数据，将数据当成代码，并将少量的代码和相关数据捆绑在一起，而不是将代码和数据分别组织成单一的模块。最灵活的一类数据是一种记录结构，它不仅能够包含像数字和字符这样的"原始数据类型"，也可以支持对可执行代码的引用（如一个函数）。最强大的一类代码构造了与适量精选数据捆绑在一起的其他代码。这样的捆绑不仅仅只是一个"函数指针"，还是一个**闭包**（在函数式语言中）或一个**对象**（在面向对象语言中）。

两位作者借助他们的集体编程经验，介绍了一套在麻省理工学院几十年的教学中开发和测试的技术，并进一步扩展了这一基本的灵活性策略。不要只使用函数，要使用**通用函数**。相比于普通函数，**通用函数**是开放式的。保持函数的小型化。通常情况下，一个函数最理想的返回值是另一个（已经使用精选数据进行构造的）函数。把数据当作代码，如果有必要的话，甚至可以在你的应用程序中创造一种新的嵌入式编程语言。（这就是关于 Scheme 语言如何开始的一种观点：MacLisp 的 Lisp 方言不支持完全通用的函数闭包形式，所以 Sussman 和我只是用 MacLisp 编写了一种 Lisp 的嵌入式方言，该方言确实支持我们需要的那种函数闭包。）用更通用的数据结构来取代已有的数据结构，这个数据结构包含原来的数据结构并扩展了其功能。使用自动约束传播来避免过早决定哪些数据项是输入，哪些是输出。

这本书不是调研，也不是教程——正如我之前所说，它是大师之作。在每一章中，你可以看到两位专家通过逐步开发一大段工作代码来演示一种先进的技术，他们一边演示一边解释每一个步骤，偶尔暂停一下，指出陷阱或消除限制。你需要做好准备，当需要你动手操作时，能够通过扩展数据结构或编写额外代码来自己实现该技术，然后用你的想象力和创造力来超越作者所演示的内容。本书中的观点丰富而深刻，建议读者密切关注讨论环节和代码部分，这会让你受益匪浅。

Guy L. Steele Jr.
马萨诸塞州列克星敦
2020 年 8 月

前　　言

我们都曾花费太多的时间试图改造一段旧的代码，以便能以一种编写时没有意识到的方式使用它。这是一种可怕的时间和精力上的浪费。不幸的是，对我们而言，要为一个非常具体的目的写出特别好用的代码，并且很少有可重复使用的部分，是一件很有压力的事情。但我们认为，这并不是必要的。

我们很难建立一个系统，使其在比设计者预期的更大范围内具有可接受行为。最好的系统是可进化的，只需稍加修改就能适应新的环境。我们怎样才能设计出具有这种灵活性的系统呢？

如果我们为程序添加一个新的功能时所要做的就只是添加一些代码，而不改变现有的代码库，那就太棒了。我们通常可以通过在构建代码库时使用特定组织原理，同时加入适当的钩子（hook）来实现这一目的。

对生物系统的观察告诉我们很多关于如何建立灵活和可进化系统的知识。最初为支持符号人工智能而开发的技术通常被认为可以提高程序和其他工程系统灵活性和适应性。相比之下，计算机科学的普遍做法是不鼓励构建便于在新环境中使用的易于修改的系统。

我们的编程经常把自己逼到死胡同里，不得不花大力气重构代码以摆脱这些死胡同。现在，我们已经积累了足够的经验，可以识别、分离并展示我们发现的对构建大型系统有效的策略和技术，这些策略和技术可以适应原始设计中没有预料到的目的。在本书中，我们分享了多年编程经验总结而成的一些成果。

关于本书

本书是为了在麻省理工学院教授计算机程序设计而编写的。我们在多年前就开设了这门课，打算让高年级本科生和研究生了解用于构建人工智能应用的核心程序的有效技术，如数学符号操作和基于规则的系统。

我们希望学生能够灵活地建立这些系统，这样就可以轻松地将这些系统组合起来，从而形成更强大的系统。我们还想让学生了解依赖关系，包括如何跟踪它们以及如何利用它们来解释和控制回溯。

虽然这门课过去和现在都很成功，但事实证明，一开始我们对这门课的理解并不像我们最初认为的那样深入。因此，我们投入了大量的精力来推敲打磨，使我们的想法更加精确，并且意识到这些技术不仅可以用于人工智能应用。任何正在构建复杂系统（如计算机语言编译器和集成开发环境）的人，都会从我们的经验中受益。本书是由我们的课程中正在使用的讲义以及问题集整理而成的。

主要内容

本书中的内容比一个学期课程所能涵盖的知识更加丰富。因此，我们每次上课时都会挑选部分内容进行讲解。第 1 章是对编程哲学的介绍。我们在自然和工程的大背景下提出了**灵活性**的概念，并试图说明灵活性是与效率和正确性同样重要的问题。在随后的每一章中都介绍了一些技术，并通过一组练习来说明这些技术。这是本书的一个重要组织原则。

在第 2 章中，我们探讨了用一些普遍适用的方法构建易于扩展的系统。组织灵活系统的一个强有力的方法是把它建成特定领域语言的集合体，每一种语言都适合轻松表达一个子系统的构造。我们设计了开发特定领域语言的基本工具，展示了如何围绕混合 - 匹配组件来组织子系统，如何用**组合器**来灵活地组合它们，如何用**包装器**来泛化组件，以及如何通过抽象出领域模型来简化程序设计。

在第 3 章中，我们介绍了极其强大但有潜在危险的灵活性技术——谓词调度的**通用程序**。我们从泛化算术以处理符号代数表达式开始，展示如何通过使用数据的类型标记使这种泛化变得高效。我们通过设计一个简单但易于详细说明的冒险游戏来展示该技术的能力。

在第 4 章中，我们介绍了符号模式匹配，首先启用了术语重写系统，然后通过合一展示了类型推理是如何轻松实现的。在这里，我们遇到了由于段变量而需要进行回溯的问题。合一是我们看到表示和组合**部分信息**结构的力量的第一个地方。在本章的最后，我们将这个想法扩展到匹配一般的图上。

在第 5 章中，我们探讨了**解释**和**编译**的力量。我们认为，程序员应该知道如何摆脱他们必须使用的任何编程语言的束缚，为一种更适合表达当前问题的解决方案的语言制作一个解释器。我们还展示了如何通过在解释器 / 编译器系统中实现非确定性的 **amb** 来自然地纳入回溯搜索，以及如何使用**连续**。

在第 6 章中，我们展示了如何构造**分层数据**和**分层程序**的系统，其中每个数据项都可以用各种元数据进行注释。底层数据的处理不受元数据的影响，处理底层数据的代码甚至不知道或已引用元数据。然而，元数据是由它自己的程序处理的，有效地与数据并行。我们通过给数字量附加单位来说明这一点，并展示如何携带依赖性信息，就像从原始来源得到的那样给出数据的出处。

前面所述的一切都汇集在第 7 章，在这章我们引入了**传播**，以摆脱计算机语言的面向表达式范式。在这章，我们有一个将模块连接在一起的布线图设想，允许灵活地纳入部分信息的多个来源。使用分层数据来支持对依赖关系的跟踪，可以实现依赖定向回溯，从而大大减小大型复杂系统的搜索空间。

本书可用于各种高年级课程，在随后的所有章节中都使用了第 2 章介绍的组合器思想和第 3 章介绍的通用程序，但是第 4 章的模式和模式匹配以及第 5 章的评估器并没有在后面的章节中使用。第 5 章中唯一用于后续章节学习的材料是 5.4 节中对 amb 的介绍。第 6 章中的分层思想与通用程序的想法密切相关，但有一个新的变化。在第 6 章中，作为一个例子，介绍使用分层来实现依赖性跟踪，这已成为传播（见第 7 章，使用依赖性来优化回溯搜索）中的一个重要组成部分。

Scheme 编程语言

本书中的代码是用 Scheme 写的，作为 Lisp 的变种，Scheme 是一种功能语言。虽然 Scheme 不是一种流行的语言，也没有在工业环境下得到广泛使用，但它是本书的正确选择[⊖]。

本书的目的是介绍和解释一些编程思想。由于许多原因，相较于更流行的语言来说，用 Scheme 来阐述这些思想的示例代码更短、更简单。而且，有些想法几乎不可能用其他语言来展示。

除了 Lisp 家族的语言之外，其他语言需要大量的烦琐流程来表达简单的事情。使代码变得冗长的唯一原因是我们倾向于为计算对象使用冗长的描述性名称。

事实上，Scheme 的语法非常简单——它只是自然解析树的表示，只需要最小的解析——这使得我们很容易编写处理程序文本的程序，如解释器、编译器和代数表达式操作器。

重要的是，Scheme 是一种符合标准的语言，而不是一种规范性的语言。它并不试图阻止程序员做一些"愚蠢"的事情。这使得我们可以制作一些强大的游戏，比如动态地调节算术运算符的含义。如果我们使用的是限制性较强的语言，就无法做到这一点。

Scheme 允许赋值，但更鼓励功能性编程。Scheme 没有静态类型，但它有非常强大的动态类型，允许安全的动态存储分配和垃圾回收：用户程序不能创建指针或访问任意的内存位置。这并不是说我们认为静态类型不好，它们对于一大类程序错误（bug）的早期调试肯定是有用的。而类似 Haskell 类型的系统在思考策略方面也很有帮助。但是对于这本书来说，对静态类型的过度考量会抑制对潜在危险的灵活性策略的考虑。

此外，Scheme 还提供了其他大多数语言所不具备的特殊功能，比如合一连续和动态绑定。这些特性使我们能够实现强大的机制，如在本地语言中实现非确定性的 amb 操作符（不需要第 2 层的解释）。

⊖　我们在附录 B 中对 Scheme 进行了简短介绍。

致　谢

如果没有曾在我们的课堂上学习的大量麻省理工学院学生的帮助，这本书是不可能完成的。他们对书中问题进行了实际操作，并经常告诉我们所做的错误选择以及做错的事情。我们特别感谢那些多年来担任助教的学生。Michael Blair、Alexey Radul、Pavel Panchekha、Robert L. McIn tyre、Lars E. Johnson、Eli Davis、Micah Brodsky、Manushaqe Muco、Kenny Chen、Leilani Hendrina Gilpin 都给予了我们特别的帮助。

这里提出的许多想法是在朋友和以前学生的帮助下构建起来的。Richard Stallman、Jon Doyle、David McAllester、Ramin Zabih、Johan deKleer、Ken Forbus 和 Jeff Siskind 都对我们理解依赖定向回溯提供了帮助。而我们在第 7 章中对传播的理解，是与 Richard Stallman、Guy L. Steele Jr. 和 Alexey Radul 共事多年的结果。

我们特别感谢函数式编程社区，尤其是 Scheme 团队的帮助和支持。早在 20 世纪 70 年代，Guy L. Steele Jr. 就与 Gerald Jay Sussman 共同开发了 Scheme 语言，而 Steele 几乎每年都会作为客座教授为本课程授课。Arthur Gleckler、Guillermo Juan Rozas、Joe Marshall、James S. Miller 和 Henry Manyan Wu 在 MIT/GNU Scheme 的开发中起到了推动作用。Taylor Camp bell 和 Matt Birkholz 对这个古老的系统做出了重大贡献。我们还要感谢 Will Byrd 和 Michael Ballantyne，感谢他们在理解段变量的合一方面所给予的帮助。

Hal Abelson、Julie Sussman 与 Gerald Jay Sussman 是《计算机程序的构造和解释》的共同作者，他们帮助我们形成了本书的想法。在许多方面，本书可视为《计算机程序的构造和解释》的高级续篇。Dan Friedman 和他许多优秀的学生和朋友，对我们理解编程影响极大。我们与一些伟大的计算机高手进行了许多关于编程艺术的对话，如 William Kahan、Richard Stallman、Richard Greenblatt、Bill Gosper 和 Tom Knight。与 Jack Wisdom 在数学动力学方面的多年合作，帮助我们进一步理解了在本书中提出的许多问题。

Sussman 要特别感谢他的多位老师，与 Marvin Minsky、Seymour Papert、Jerome Lettvin、Joel Moses、Paul Penfield 和 Edward Fredkin 讨论的观点在本书中表现得很突出。Carl Hewitt、David Waltz 和 Patrick Winston 是与 Minsky 和 Papert 同级的学生，他们的想法也在本书中得到了体现。Jeff Siskind 和 Alexey Radul 指出并帮助解决了一些非常微妙的错误。

Chris 从在谷歌和 Datera 的工作中学到了很多关于大规模编程的知识，这些经验影响了本书的部分内容。Arthur Gleckler 在每两周一次的午餐会上为本书提供了有用的反馈意见。在谷歌时，Mike Salisbury 在我们的定期会议上总是很高兴听到最新的进展。Hongtao Huang 和 Piyush Janawadkar 阅读了本书的早期草稿。特别感谢 Rick Dukes，作为麻省理工学院的同学，是他向 Chris 介绍了关于 lambda 的论文，从而使他走上了编写本书的漫长道路。

感谢麻省理工学院电子工程和计算机科学系以及麻省理工学院计算机科学和人工智能实验室（CSAIL）的热情接待和后勤支持。感谢松下公司（即松下电器产业株式会社）通过讲席教授的方式对 Gerald Jay Sussman 的支持。Chris Hanson 在这项工作中也得到了 CSAIL 和谷歌的支持。

PPA 的 Julie Sussman 仔细阅读本书并提出了严肃的批评，迫使我们重新组织和改写了本书的主要部分。在这些年里，她同样鼓励和支持着 Gerald Jay Sussman。

Elizabeth Vickers 作为多年的伴侣，为 Chris 以及他们的孩子 Alan 和 Erica 提供了全方位的支持和稳定的环境。在缅因州长期工作期间，Elizabeth 还为两位作者烹饪了许多可口的饭菜。Alan 是早期草稿的读者，虽然读得断断续续，但满怀热情。

Chris Hanson 和 Gerald Jay Sussman

目　　录

第 1 章

自然和设计中的灵活性

我们很难设计出一种能很好地完成任何特定工作的通用机制，因此大多数工程系统都是为完成一项特定任务而设计的。像螺钉扣这样的通用发明是罕见且具有重大意义的。数字计算机是这类发明的一个突破，因为它是一种可以模拟任何其他信息处理机器的通用机器 ⊖。我们编写软件来配置计算机，使其在我们需要完成的具体工作中实现这种模拟。

作为过去工程实践的延伸，我们一直在设计软件来很好地完成特定的工作。每个软件都被设计用于完成一项相对小型的工作。当需要解决的问题发生变化时，必须对软件进行相应的修改。但是，问题的微小变化通常不等价于软件的微小修改。软件如果被设计得过于周密以致没有太大的灵活性，系统就不能优雅地演化，因此十分脆弱，必须在问题领域发生变化时用全新的设计来替代 ⊖。但这是很缓慢并且昂贵的。

我们的工程系统不一定非得是脆弱的。互联网已经从一个小系统扩展到具有全球规模的系统。我们的城市正在有机发展，以适应新的商业模式、生活方式以及交通和通信手段。事实上，从对生物系统的观察中，我们可以看到，构建适应环境变化的系统是可能的，无论是作为个体还是作为进化的整体。为什么这不能作为我们设计和构建大多数软件的方式呢？虽说可能存在历史原因，但最主要的原因是我们一般都不知道怎么做。在这种背景下，如果一个系统在面对需求变化时仍保持其稳健性，那纯属是一个意外。

增量式编程

本书的目标是研究如何构建计算系统，使其能够轻松适应不断变化的需求。人们不用去修改工作程序，而是对它进行补充，以实现新的功能，或者针对新的需求来调整旧的功能。我们将这种方式称为增量式编程（additive programming）。我们探索在不破坏现有程序的情况下为其增添功能的技术，该技术并不保证增添的功能是正确的：增添的内容本身必

⊖ Alan Turing 发现了通用图灵机的存在（见［124］），图灵机可以计算的函数集与 Alonzo Church 的 λ 微积分（见［16-18］）中可表示的函数集是等价的，与 Kurt gö del（见［45］）和 Jacques Herbrand（见［55］）的一般递归函数也是等价的，这些都是 20 世纪伟大的智力成果。

⊖ 当然，也有一些奇妙的例外。例如，Emacs 是一个可扩展的编辑器（见［113］），它一直在优雅地进化，以适应计算机环境的变化和用户期望的变化。计算世界刚刚开始探索"工程化框架"，例如，Microsoft 的 .net 和 Sun 的 Java，旨在成为基础架构并以此来支持可发展系统。

须经过调试，但它们不应该意外破坏现有功能。

　　本书中探讨的许多技术并不新颖，其中一些可以追溯到计算机的早期阶段。本书也不是一个全面的集合，而只是一些我们认为有用的东西。本书的目的不是推广这些技术的使用，而是鼓励一种注重灵活性的思维风格。

　　为了使增量式编程成为可能，有必要减少关于程序如何工作以及如何使用程序的假设。在设计和构建程序时做出的假设可能会减小程序未来扩展的可能性。本书不进行这样的假设，而是在构建程序时，根据程序运行的环境及时做出决定。本书将探讨几种支持这种设计的技术。

　　我们通过组合程序来整合每个程序支持的行为。但是，我们希望整体大于部分的总和，合并后系统的各个部分能够合作，使系统具有任何一个部分都无法单独提供的功能。但是，这里有一些权衡：组合成一个系统的各个部分必须有鲜明的独立特点。如果一个组件能很好地完成一件事，那么它就更容易被重复使用，同时也比结合了几种不同特点的组件更容易调试。如果我们进行增量式构建，那么重要的是各个部分的组合要有最小的意外交互。

　　为了方便增量式编程，有必要使所构建的组件尽可能简单和通用。例如，如果一个组件可接受的输入范围比当前问题的严格输入范围更广，那么这样的组件将比输入范围严格受限的组件具有更广泛的适用性。围绕一个标准化的接口规范建立起来的一系列组件可以组合与匹配，从而形成各种各样的系统。重要的是通过确定这一系列组件的领域语言，然后为这一系列语言建立相关系列的方式，来为我们的组件选择正确的抽象层次。我们将在第 2 章开始考虑这些需求。

　　为了获得最大的灵活性，一个组件（代码段）的输出范围应该相当小，且定义明确——比任何可能接受该输出组件的可接受输入范围小得多。类似在计算机系统入门科目中的数字抽象法的静态法则（见［126］）。数字抽象的本质是输出总是优于下一阶段可接受的输入，这样就可以抑制噪声。

　　在软件工程中，这一原则被称为"Postel 定律"，以纪念互联网先驱 Jon Postel。在描述互联网协议的 RFC760 中（见［97］），他写道："一个协议的实现必须是鲁棒的。每一个实现都必须要求与由不同个体创建的其他实现进行互相操作。虽然本规范的目标是明确协议要点，但仍有可能出现不同的解释。一般来说，一个实现在其发送行为中应该是保守的，在其接收行为中应该是开放的。"这通常被总结为"在你所做的事情上要持保守的态度，并以开明的态度接纳他人"。

　　使用比看起来更多的通用组件为系统的整个结构构建了一定程度的灵活性。对需求的小幅变动是可以容忍的，因为每一个组件构建都是为了接受扰动（噪声）的输入。

　　一组用于特定领域的组合与搭配组件是领域专用语言（domain-specific language）的基础。通常，解决一组困难问题的最好方法是创造一种语言——一套原语、组合手段和抽象方式——使得问题的解决方案更加易于表达。因此，本书希望能够依据需求创建适当的领域专用语言，并灵活地组合这些语言。本书将从第 2 章开始讨论领域专用语言。更强大的是，可以通过直接评估法来实现这种语言。本书将在第 5 章对这个想法进行扩展。

提高灵活性的一个策略是通用调度（generic dispatch），这对许多程序员来说应该很熟悉。本书将在第 3 章广泛探讨这个问题。通用调度根据传递给程序的参数细节，通过添加额外的处理程序（方法）扩展程序适用性。通过要求处理程序对不相干的参数集做出响应，可以避免在添加新的处理程序时破坏现有的程序。然而，与典型的面向对象编程环境中的通用调度不同，本书的通用调度并不涉及类、实例和继承等概念。这些概念都通过引进虚假的本体论承诺，削弱了关注点的分离。

第 6 章将探讨的是一种完全不同的策略——将数据和程序分层（layer）。这利用了数据通常包含相关元数据，这些元数据可以与数据一起被处理的想法。例如，数值型数据通常有相关单元。第 6 章将展示在无须对原始程序进行任何更改的情况下，如何在事后提供添加层的灵活性，以增强程序的新功能。

本书还可以建立将多个部分信息（partial information）来源结合起来的系统，以获得更完整的答案。当这些来源来自独立的信息源时，系统是最强大的。在第 4 章我们将看到类型推理实际上是一个结合多个部分信息来源的问题。关于一个值类型的局部可推导线索可以与其他局部类型约束相结合，产生非局部类型约束。例如，数字类型的比较需要数字输入并产生布尔输出。

在第 7 章中我们将看到结合部分信息的一种不同方式。与附近恒星的距离可以通过视差这种几何方式来估计：测量地球围绕太阳旋转时，恒星图像在参照系的天空中移动的角度。运用我们对恒星结构和演变的理解，与恒星的距离也可以通过考虑其亮度和光谱的形式来估计。这些估计方式可以结合起来，得到比单个方式更准确的估计。

另一个想法是简并性（degeneracy）的运用：有多种方法可计算某些东西，这些方法可以被组合或调制以供我们所需。简并性有许多有价值的运用，包括错误检测、性能管理和入侵检测。重要的是，简并性也是增量式的：每个贡献部分都是独立的，可以自行产生结果。简并性的一个有趣的用途是可根据上下文动态地选择算法的不同实现方式，避免做出关于如何使用该实现的假设。

灵活性设计和构建均有明确的成本。对于绝对必要的程序部分来说，一个可以接受比解决当前问题所需的更多种类输入的程序，会包含更多的代码，并且会让程序员花费更多的精力。通用调度、分层和简并性也是如此，每一种策略都涉及内存空间、计算时间和 / 或程序员花费时间的持续开销。但是，软件的主要成本是程序员在产品生命周期内花费的时间，包括维护和适应不断变化的需求。尽量减少重写和重构的设计可以将总体成本降低为用于添加额外的增量而不是完全重写。换句话说，长期成本呈叠加态势，而不是累乘。

1.1　计算体系结构

建筑学中的一个隐喻可能对我们所考虑的系统有所启发。在了解了所建场地的性质和对所建结构的要求之后，设计流程开始于 parti——设计组织原则 ⊖。parti 通常是各部分的几何排列草图，也可以体现出一些抽象的想法，正如 Louis Isadore Kahn 的作品那样，将其分为"服务空间"和"佣人空间"（见 [130]）。这种分离的目的是通过将基础设施（如走廊、洗手间、机械室和电梯）与需要支撑的空间（如学术楼的实验室、教室、办公室）分离，将建筑问题划分为几个部分。

parti 是一个模型，但它通常不是一个完全可行的结构，必须用功能元素进行装饰。怎样才能把楼梯和电梯装进去？暖通空调管道、管道、电力和通信分配系统在哪里？如何经营一条道路以适应服务车辆的交付模式？这些设计可能会引起对 parti 的修改，但 parti 依然作为一个建筑框架，这些装饰都是围绕这个建筑框架进行搭建的。

在编程中，parti 是要进行计算的抽象计划。在小规模程序中，parti 可能是一个抽象的算法和数据结构描述。在大规模系统中，它是一个抽象的组成阶段和并行计算分支。在更大规模的系统中，它是对逻辑（甚至是物理）区域的能力分配。

传统上，程序员不能像建筑师那样进行设计。在巧妙设计的语言（例如 Java）中，parti 与详细内容紧密地混合在一起。"服务空间"（即实际描述所需行为的部分）与"佣人空间"（如类型声明、类声明以及库的导入和导出）混为一谈 ⊖。更多没那么复杂的语言（如 Lisp 和 Python）则规避了 parti，几乎没有给服务空间留下任何多余空间，而且试图增加声明，甚至是临时性的声明。

建筑方面的 parti 应足够完整，以便能够创建可用于分析和推敲的模型。一个程序的大纲图应该足以用于分析和推敲，但它对于实验和调试来说应该是可执行的。就像建筑师必须填充 parti 以实现所设计的结构一样，程序员必须制定详细计划以实现所需的计算系统。分层（在第 6 章中介绍）是允许建立这种细化系统的一种方式。

1.2　灵活的智能组件

大型系统是由许多较小的组件构成的，每个组件都对整体的功能有所贡献，要么直接提供该功能的一部分，要么与其他组件合作，按照系统架构师指定的模式相互连接以建立所需的功能。系统工程中的一个核心问题是允许建立组件之间相互连接的接口，以便将这些组件的功能组合起来，建立复合功能。

对于相对简单的系统来说，系统架构师可以为各种接口制定正式的规范，这些接口必须由需要互连的组件的实现者来满足。事实上，电子学的惊人成功是基于这样一个事实：

⊖　parti（发音为 parTEE）是建筑作品的中心思想：它在建筑构图中被设想为一个整体，细节在以后被填入（见 [62]）。

⊖　Java 确实支持接口，这可以被认为是一种 parti，因为它们是程序的一种抽象表示。但是 parti 结合了抽象和具体的组件，而 Java 接口则是完全抽象的。更不用说过度使用接口被许多程序员认为是一种"代码异味（气味）"。

制定这样的规范并满足它们是可行的。高频模拟设备是通过具有标准化阻抗特性的同轴电缆和标准化的一组连接器进行互连的（见［4］）。一个元件的功能和它的接口行为通常只需要几个参数就可以指定（见［60］）。在数字系统中就更清楚了：有信号含义的静态规范（数字抽象）、有信号时间的动态规范（见［126］）、有元件形态因子的机械规范 ⊖。

不幸的是，随着系统复杂性的增加，这种先验的规范实施变得越来越困难。我们可以规定一个下棋的程序是合法的（即它不会作弊），但如何规定它能下一盘好棋呢？软件系统建立在大量定制的高度专业化的组件上，软件组件的个性化特性加剧了指定软件组件的难度。

相比之下，生物学在没有非常大规格（考虑到要解决的问题）的情况下构建了巨大且复杂的系统。我们身体里的每一个细胞都是单个受精卵的后代。所有的细胞都有完全相同的遗传基因（大约 1GB ROM），包括皮肤细胞、神经元、肌肉细胞等。这些细胞自己组建起来，成为独立的组织、器官和器官系统。事实上，这 1GB ROM 规定了如何从大量容易发生故障的组件中建立极其复杂的机器（人类）。它规定了如何操作这些基本组件以及如何配置它们。它还规定了如何在各种恶劣的条件下可靠地操作这台复合机器，使其具有很长的寿命，以及如何保护这台机器不被吃掉。

如果软件组件变得更简单或更通用，它们的规格就会更简单。如果组件能够自适应周围的环境，其规格的精确度就不那么重要了。生物系统利用以上两种策略来建立强大的复杂生物体。不同的是，生物细胞是动态可配置的，并且能够使自己适应环境。这是可能的，因为细胞的分化和特化方式取决于环境。但是软件通常没有这种能力，因此必须通过手动方式来调节每个部分。生物学是怎么工作的呢？

想想另一个例子。我们知道，大脑的各个组成部分是由巨大的神经元连接在一起的，而基因组中没有足够的信息来详细说明这种相互连接。大脑的各个部分很可能在互享重要经验的基础上，学会了相互交流 ⊜。因此，接口必须是自我配置的，基于一些一致性规则、来自环境的信息和广泛的探索行为。这在启动阶段是相当昂贵的（成长为一个具有正常机能的人类需要数年时间），但它提供了一种迄今为止在工程实体中没有发现过的鲁棒性。

一种观点认为，生物系统使用的是诱导性而非强制性的背景信号 ⊜。没有一个主指挥者规定每个部分必须做什么，相反，各部分根据其周围环境选择它们的角色。细胞的行为不在信号中编码，它们在基因组中单独表达。信号的组合只是使一些行为得以实现，而使另一些行为失效。这种微弱的联系允许在不修改定义位置机制的情况下，在不同位置上实施

⊖ *The TTL Data Book for Design Engineers*（见［123］）是一套成功的数字系统元件规格的典型例子。TTL 规定了几个内部一致的小型和中型集成电路元件组。这些元件组在速度和功率耗散上有所不同，但功能相同。该规范描述了每个元件组的静态和动态特性，每个元件组的可用功能以及物理封装。这些元件组是交叉一致的，同时也内部一致，因为每个元件组都可以提供对应各种功能、具有相同包装和一致的描述术语。因此，设计者可以设计一个复合功能，然后再选择元件组来实现。每个优秀的工程师（和生物学家）都应该熟悉 TTL。

⊜ Jacob Beal 在他的硕士论文（见［9］）中展示了这种自我配置行为的一个基础版本。

⊜ Kirschner 和 Gerhart 对此进行了研究（见［70］）。

被启用行为的变化。因此，以这种方式组织的系统是可进化的，因为它们可以容纳某些区域的适应性变化而不改变其他区域的子系统行为。

　　传统上，软件系统是围绕着命令式模型建立的，在这个模型中，有一个内置于结构中的控制层。各个部分被认为是沉默的工人，做他们被告知的事情。这让适应性变得非常困难，因为所有的变化都必须反映在整个控制结构中。在社会系统中，我们很清楚严格的权力结构和集中指挥所带来的问题，但软件设计却仍遵循这种有缺陷的模式。我们可以做得更好：让各部分更聪明，各自负责以简化适应性，因为只有那些直接接受变化影响的部分需要回应。

形体构造

　　所有脊椎动物的形体构造基本相同，但细节上的差异却很大。事实上，所有具有双侧对称性的动物都有同源基因，如 Hox 复合体。这种基因在发育中的动物体内产生一个近似的坐标系统，将发育中的动物分成不同的区域[⊖]，为细胞的分化提供区域背景。通过与近邻接触而获得的信息中会产生更多的背景资料，从细胞遗传程序中可能的行为里选择特定的行为[⊖]，甚至构造的方法也是一样的——导管腺、肺和肾等器官的形态形成是基于一个胚胎学的技巧，当上皮细胞内陷至间充质时，会自动[⊜]产生由分化间充质包围的盲端小管组成的分支迷宫[⊛]。

　　好的工程也有类似的考量（即好的设计是模块化的），比如无线电接收器的设计。目前有七种已被发现的重要的"形体构造"，如直接转换、TRF（调谐无线电频率）和超外差式接收器。每一种都有一系列由 Hox 复合体的工程等价物定义的位置，从天线到输出换能器的系统模式。例如，超外差式接收器（见图 1.1）有一套标准的位置（从头到尾）。

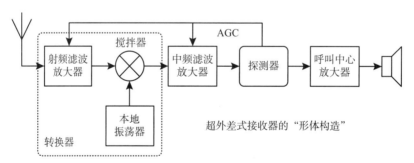

图 1.1　由 Edwin Armstrong 少校在 1918 年发明的超外差式接收器，
至今仍然是无线电接收器的主要"形体构造"

　⊖　这是对涉及形态物质梯度的复杂程序的一个非常模糊的描述。我们不打算在这里进行更精确的描述，因为本书不是关于生物学的，而是关于生物学如何为工程提供信息的。

　⊖　我们已经在无定形计算项目中调查了这种开发所涉及的一些编程问题（见 [2]）。

　⊜　自动："自动地，但由于某种原因（通常是因为它太复杂或太难看，甚至可能太微不足道），说话者不愿意解释。"摘自 *The Hacker's Dictionary*（见 [101，117]）。

　⊛　这类机制的一个经过充分研究的例子是小鼠下颌下腺的形成。例如，[11] 中的处理或 [7] 中 3.4.3 节的总结。

本构造中所确定的模块都可以分解成其他模块（如振荡器、混频器、滤波器和放大器等），直至各个电子元件。此外，每个模块都可以通过许多可能的方式进行实例化：射频部分可能只是一个滤波器，也可能是一个复杂的滤波器和放大器组合。事实上，在模拟电视接收器中，混频器的输出部分被视频链处理为 AM，另一部分被处理为 FM 以产生音频。而有些部分（如转换器）可能会被递归说明（就像 Hox 复合体的部分被重复一样）以获得多转换接收器。

在生物系统中，这种隔间结构在更高的组织层次上也得到了支持。有一些组织专门成为隔间的边界，并有导管将它们相互连接。器官被这种组织所包围，并由导管相互连接，整个结构被包装成体腔，是高等生物中排列着特殊组织的腔体。

类似的技术也可以用在软件设计中。软件主体只是一个包装器，它将部分指定的组件组合在一起。这是一类组合器（combinator）：将子部分组合在一起成为一个更大的部分。通过创建组合器语言（combinator languages），其中的组件和复合体都有相同的接口规范。在组合器语言中，有可能从少量组合与搭配的组件中建立任意大的组合。自相似结构使组合程序变得容易。在第 2 章将开始构建基于组合器的软件，这个主题将贯穿本书的所有内容。

类似的事情也可以用领域专用语言来做。通过对领域进行抽象，可以在不同的领域使用相同的领域独立代码。例如，在任何与数字方面相关的领域，微积分都是有用的；另一个例子是第 4 章中的模式匹配，它可以应用于各种领域。

生物学机制是普遍的，因为原则上每个组件都可以作为任何其他组件。模拟电子元件在这个意义上并不通用，因为它们不能根据本地信号来适应周围的环境。但是存在一些通用的电子构件（例如，带有模拟接口的可编程计算机）[注]。对于低频应用，人们可以用这种构件创建模拟系统。如果每个构件都有成为系统中任何构件所需的全部代码，但通过与相邻构件的相互作用而被专门化，或者在组件中还有额外的非专用"干细胞"，那么可以设想建立自我重新配置和自我修复的模拟系统。但现在仍然单独设计和建造这些组件。

在编程中，有一个通用元素的概念——评估器（evaluator）。评估器接受对某些要执行的计算的描述以及该计算的输入。如果将输入传递给实现所需计算的定制组件，它将提供相应的输出。在计算方面，我们有机会追求胚胎发育的强大灵活策略。本书将在第 5 章中详细阐述评估器技术的使用。

1.3　冗余和简并

生物系统已经进化出了强大的鲁棒性，一个显著特点是冗余（redundant）。像肝脏和肾脏这样的器官是高度冗余的：其能力远远超过完成工作所需的能力。因此，一个人缺少一个肾脏或部分肝脏，并不会明显丧失身体机能。生物系统也是高度简并（degenerate）的：通常有许多方法来满足一个特定的需求[注]。例如，如果一根手指受损，其他手指有办法相互

[注]　Piotr Mitros 开发了一种新的设计策略，用于从潜在的通用构建模块中构建模拟电路（见［92］）。

[注]　虽然在极端情况下很清楚，但生物学家对冗余和简并的区分在边界上是模糊的，更多信息详见［32］。

配合拾起一个物体。我们可以从各种来源获得生命所需的能量：可以代谢碳水化合物、脂肪和蛋白质，尽管从这些资源中消化和提取能量的机制是完全不同的。

遗传密码本身是简并的，因为从编码子（核苷酸的三联体）到氨基酸的映射关系不是一对一的：有 64 个可能的编码子只能对应大约 20 个可能的氨基酸（见 [54, 86]）。因此，许多点突变（单个核苷酸的变化）并不改变编码区所指定的蛋白质。此外，很多时候，一个氨基酸被一个类似的氨基酸取代并不会损害蛋白质的生物活性。这些简并为变异提供了途径且没有明显的表象后果。此外，如果一个基因被复制（这并不是一种罕见的情况），这些拷贝可能会悄悄地发生分歧，允许开发在未来可能变得有价值的变体，而不影响目前的生存能力。此外，这些拷贝可以被置于不同的转录控制之下。

简并是进化的产物，而且它肯定能促进进化。可能简并性本身就是被选择的，因为只有那些具有大量简并性的生物才有足够的适应性，以便在环境变化时能够生存 ⊖。例如，假设有一些生物（或工程系统）是简并的，那么有几种非常不同的依赖机制来实现某些基本功能。如果环境发生变化（或需求发生变化），使实现基本功能的其中一种方式变得不可行，该生物可以继续生存和繁殖（该系统可以继续满足其规格）。但是，已经失去功能的子系统这时可以进行突变（或修复），而不影响整个系统的生存能力（或当前的运作）。

物理学的理论结构是深度简并的。例如，经典的力学问题可以用多种方式来处理，例如牛顿向量力学公式、拉格朗日和哈密尔顿的变分力学公式。如果向量力学和变分力学的任何一种形式都适用，它们会产生等价的运动方程。对于分析具有耗散力（如摩擦力）的系统，向量力学是有效的，变分方法不太适合这种系统。拉格朗日力学在处理具有刚性约束的系统时远比向量力学有优势，而哈密尔顿力学则提供了典型变换的力量，有助于利用相空间的结构来理解系统。拉格朗日和哈密尔顿公式都有助于我们深入了解对称性和守恒量的作用。有三种重叠的方法可描述一个机械系统，当它们都适用的时候，它们是一致的，这一事实给了我们解决任何问题的多种途径（见 [121]）。

在故障成本极高的关键系统中，工程系统可能包含一些冗余设计。但它们几乎从未有意纳入生物系统中的那种简并现象，除非是作为非最佳设计的连带后果 ⊖。

简并可以为系统增加价值，就像冗余一样，可以交叉检查简并计算的答案以提高系统鲁棒性。但简并计算不仅仅是冗余的，而且是彼此不同的，这意味着一个错误不太可能影响其他的功能。对于可靠性和安全性来说，这是一个积极的特征，因为一个成功的攻击必须损害多个简并部分。

当简并部分产生部分信息时，其组合的结果可能比任何单独的结果都好。一些导航系统利用这个想法将几个位置预估结果结合起来，产生一个高度精确的结果。本书将在第 7 章中探讨结合部分信息的想法。

⊖ 一些计算机科学家利用模拟来研究进化性的演变（见 [3]）。

⊖ 事实上，人们经常听到反对在一个工程系统中建立简并性的观点。例如，在计算机语言 Python 的哲学中，人们声称"应该有一种，最好是只有一种明显的方法来完成工作"（见 [95]）。

1.4　探索行为

生物系统中最强大的鲁棒性机制之一是探索行为[⊖]。其思想是，期望结果是由一个生成 – 测试机制产生的（见图 1.2）。这种组织方式使生成机制具有普遍性，并独立于接受或拒绝特定生成结果的测试机制。

例如，支持细胞形状的刚性骨架的一个重要组成部分是微管阵列。每个微管是由蛋白质单元组成的，它们聚集在一起形成微管。微管在活细胞中不断地被创造和破坏，它们被创造出来，向各个方向生长。然而，只有遇到细胞膜上的动点或其他稳定器的微管才是稳定的，从而支持由稳

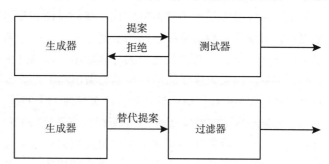

图 1.2　探索行为可以通过两种方式完成。一种方式是生成器提出一个提案（行动或一个结果），这可能会被测试器明确拒绝，然后生成器必须提出一个替代提案。另一种方式是生成器产生所有的替代提案，没有反馈，由一个过滤器选择一个或多个可接受的提案

定器位置决定的形状（见 [71]）。所以生长和维持形状的机制相对独立于指定形状的机制。这种机制部分决定了复杂生物体中许多类型细胞的形状，这在动物中几乎是普遍的。

探索行为出现在生物系统的各个细节层面。一个成长中的胚胎神经系统产生的神经元数量远远大于在成人中持续存在的数量。那些在其他神经元、感觉器官或肌肉中找到适当目标的神经元会存活下来，而那些没有找到目标的神经元则会自杀。比如，手是由手指之间物质的填充和细胞凋亡（程序性细胞死亡）而形成的（见 [131]）。我们的骨骼不断地被造骨细胞（建造骨骼）和破骨细胞（破坏骨骼）重新塑造。骨骼的形状和大小是由其环境的约束条件决定的，它们必须与其他部分（如肌肉、韧带、肌腱和其他骨骼）相关。

因为生成器不需要知道测试者如何接受或拒绝它的提案，而测试者也不需要知道生成器如何提出它的提案，所以这两部分可以独立发展。这使得适应和进化更加有效，因为对这两个子系统中的一个或另一个的突变不需要伴随着对另一个了系统的补充突变。然而，这种隔离可能是昂贵的，因为浪费了失败提案生成和拒绝的努力[⊜]。

事实上，生成和测试是所有进化的隐喻。生物变异的机制是随机突变，即遗传指令的修改。大多数突变是中性的，它们不直接影响身体机能，因为系统中存在简并现象。自然选择是测试阶段，它不依赖变异的方法，而变异的方法也并不预示选择的效果。

还有更惊人的现象：即使在密切相关的生物中，一些在成年后几乎相同的组件在胚胎

⊖　这一论题在 Kirschner 和 Gerhart 的书中得到了很好的探讨（见 [70]）。

⊜　如果有足够的信息存在，可以迅速减少必须测试的候选项的数量，那么这种支出就可以大大减少。我们将在第 7 章中研究这种优化的一个非常好的例子。

中是由完全不同的机制构建的 $^{\ominus}$。对于远亲来说，构建共同结构的不同机制可以归结为"趋同进化"，但对于近亲来说，这更可能是细节层次分离的证据，在这种情况下，结果以某种独立于完成方式的形式被指定。

工程系统可能显示出类似的结构。我们试图将规范与实现分开：通常有多种方法来满足规范，而设计可能会选择不同的实现方式。对一个数据集进行排序的最佳方法取决于数据集的预期大小，以及比较元素的计算成本。多项式的适当表示取决于它是稀疏的还是密集的。但是，如果像这样的选择是动态做出的（一个不寻常的系统），它们就是确定的：我们没有看到许多系统同时尝试几种方法来解决一个问题，并使用首先收敛的方法（所有这些核心方法到底是用来做什么的）。甚至很少有系统按顺序尝试多种方法：如果一种方法失败，就尝试另一种。我们将在第 4 章中讨论使用回溯来实现模式匹配中的生成 – 测试机制，将在第 5 章中学习如何在语言中建立自动回溯机制。第 7 章将学习如何建立一个依赖导向的回溯机制，从失败中吸取尽可能多的信息。

1.5　灵活性的成本

> Lisp 程序员知道万事万物的价值，但不知道它们的成本。
> ——Alan Perlis 改写 Oscar Wilde 的话

在运用通用、分层、冗余、简并性和探索行为的系统中，通用性和可进化性都得到了加强。如果孤立地看，其中每一项都很昂贵。一个在广泛输入范围内工作的机制必须比一个专门针对特定输入的机制做得更多才能得到同样的结果。冗余机制比同等的非冗余机制有更多的组件。简并机制甚至显得更加奢侈。一个通过生成 – 测试方法进行探索的机制很容易陷入不可行的指数搜索中。然而，这些都是可进化系统的关键因素。也许为了制造真正强大的系统，必须愿意为这些看起来相当复杂和昂贵的基础设施付出成本。

但是，在错误的条件下思考成本是一个问题。时间和空间的利用固然重要，但对这些成本来源的预估却没有做好。每个工程师都知道，评估一个系统的实际性能需要进行广泛而仔细的测量，这表明成本往往在一些令人惊讶的地方。随着复杂性的增加，这只会越来越难。但是，我们坚持在程序的各个层面进行不成熟的优化，却不知道其真正的价值。

假设我们把系统中必须快速的部分和必须智能的部分分开。在这个策略下，通用性和可进化性的成本可以限制在必须智能的部分。这在计算系统中是一个不寻常的观点，然而

$\ominus$　小鸡的角膜和小鼠的角膜几乎完全相同，但这两者的形态发生却完全不一样，甚至形态发生的顺序也不一样。[7] 的 3.6.1 节说，在不同的物种中有不同的方法来形成相同的结构，这是十分常见的。其中引用了一些例子。一个壮观的例子是，青蛙 Gastrotheca riobambae（见 [28]）从一个胚胎盘发育出普通青蛙的形态，而其他青蛙从一个近似球形的胚胎开始发育。

它在我们的生活经验中却无处不在。当我们试图学习一项新的技能（比如演奏一种乐器）时，最初阶段涉及有意识的活动，将预期的效果与产生它所需的身体运动联系起来。但随着技能的掌握，大部分的工作都是在没有意识的情况下完成的。这对于能够快速演奏是至关重要的，因为有意识的活动太慢了。

类似的论点可以在硬件和软件的区别中找到。硬件的设计是为了提高效率，其代价是有一个固定的接口。然后，人们可以在该接口的基础上建立软件——实际上是创建一个虚拟机器——然后使用软件。这个额外的抽象层产生了众所周知的成本，但这种权衡是非常值得的，因为它获得了普遍性（否则，我们仍然会用汇编语言编程）。这里的重点是，这种分层结构提供了一种既有效又灵活的方法。我们认为，要求以最有效的方式实现整个系统是适得其反的，它阻碍了适应未来需要的灵活性。

一个系统的真正成本是程序员花费的时间，例如设计、理解、维护、修改和调试系统。因此，增强适应性的价值可能更加极端。一个容易适应和维护的系统消除了最大的成本：教新的程序员现有的系统是如何工作的。所有的细节都是显而易见的，这样他们就知道该从哪里下手修改代码。事实上，我们脆弱的基础设施成本可能大大超过灵活设计的成本，包括灾难的成本和由于重新设计和重建的时间而损失的机会成本。如果为了一个新的需求而重新编程系统所花费的时间中，有很大一部分可以通过系统的自我适应来取代新的情况，那将是一个更大的胜利。

问题的正确性

> 对于乐观主义者来说，杯子是半满的。对悲观主义者来说，杯子是半空的。对工程师来说，杯子是实际所需的两倍大。
>
> ——作者不详

以一种使系统的适用范围大于我们在设计时考虑的一系列情况的方式来建立系统，可能会有更大的代价。因为将系统应用于并非为它们设计的环境中，不能确定它们是否能正确地工作。

在计算机科学中，软件的"正确性"是最重要的。正确性要通过建立组件和组件系统的形式化规范来实现，并且要提供证明，证明组件组合的规范是由组件的规范和它们的组合模式所满足的 ⊖。我们断言，这个原则使系统更加脆弱。事实上，为了制造真正鲁棒的系统，我们必须摒弃这样严格的原则。

要求证明的问题是，证明一般机制的一般属性通常比证明在受限情况下使用特殊机制的特殊属性要难。这鼓励我们使系统的部分和组合尽可能特别，以便简化证明。但是，严

⊖　要指定一个复杂的系统是很难的，也许是不可能的。正如前文所指出的，规定一个棋手必须下合乎规则的棋是很容易的，但我们如何规定下得好呢？国际象棋的规则是不会改变的，但大多数系统的规则是动态变化的，因为它们的使用条件发生了变化。例如，鉴于迅速变化的税法，我们如何指定一个会计系统？

格的专业化部分组合是很脆弱的，因为没有变化的空间 ⊖。

我们并不是在反对问题证明。如果有的话，证明是非常好的。事实上，证明对于关键的系统组件，如垃圾收集器（或核糖体）是必不可少的 ⊖。然而，即使对于如自动驾驶仪这样安全至上型系统，在系统被证明是正确的情况下，对其适用性的限制实际上可能导致不必要的故障。事实上，我们希望自动驾驶仪能真诚地尝试，以安全的方式驾驶一架以出乎设计者意料的方式损坏的飞机。

我们反对要求证明的原则：所有都必须被证明在某种情况下是适用的——然后才允许在那种情况下使用，这一要求过度抑制了可以增强设计鲁棒性的技术的使用。尤其是那些允许一种方法在其已被证实的领域之外被严格使用的技术，以及那些为未来的扩展提供条件而不对事物的扩展方式施加限制的技术。

不幸的是，我们提倡的许多技术使证明问题变得更加困难，甚至实际上是不可能的。另一方面，有时解决一个问题的最好方法是将其一般化，直到证明变得简单。

⊖ 的确，Postel 定律直接反对从精确和狭义的部分建立系统的做法。Postel 定律指示我们使每一个部分在任何特定的应用中都比绝对必要的更普遍适用。

⊖ 像垃圾收集器这样的原始存储管理子系统中的一个微妙的错误是非常难以调试的——尤其是在一个有协约进程的系统中。但是如果我们使这样的子系统保持简单，它们甚至可以用可操作的工作量来证明"正确"。

领域专用语言

在编程项目中建立灵活性的一个强有力的策略是创建领域专用语言，以获取待开发项目主题的概念结构。领域专用语言是一种抽象，其中语言的名词和动词都与问题领域直接相关。这样的语言允许直接用领域的术语来编写应用程序。就其性质而言，领域专用语言实现了一个相当完整的领域模型，超出特定应用程序所需的部分[一]。虽然这看起来像是并不重要的额外工作，对于手头特定问题的解决并不是必需的，但它通常比编写单一程序的工作量要少，而且所产生的程序更容易修改、调试和扩展。

因此，构建一个领域专用语言层，不仅仅是为了支持某个特定程序的开发。它为构建共享语言领域的各种相关程序提供了一个通用框架，简化了在该领域扩展现有应用程序的步骤，还提供了一个允许相关应用程序合作的底层基础。

本章首先介绍组合器系统，一种建立领域专用语言层的强大组织策略。我们通过演示如何将用于字符串匹配的正则表达式重组为嵌入 Scheme 中的基于组合器的领域专用语言，来展示这种策略的有效性。但有时一些组件并不容易融入一个干净的系统——有时需要一个适配器系统。然后，利用领域专用语言来说明这一点，这种语言可以为程序制作单元转换包装器，允许在假定一个单元系统与另一个单元系统共同使用的情况下编写程序。最后，考虑了棋盘游戏的广泛领域，可以看到如何通过建立一个游戏规则解释器来抽象该领域的细节。

2.1 组合器

生物系统通过使用非常通用的组件（细胞）来实现其大部分的适应性，这些组件是动态配置的，因此能够随着环境的变化而调整。计算系统通常不使用这种策略，而是依赖定制组件和组合的层次结构。近年来，大型的规范化高级组件库提高了这一结构的抽象级别。但是，除了"模式"之外，组合的手段很少被抽象化或共享[二]。

[一] 领域模型的通用性是 Postel 定律的一个例子。

[二] 有一些值得注意的例外。Java 8 引入的函数式编程扩展直接支持有用的组合。功能性编程语言（如 Lisp 和 Haskell）有一些有用的组合机制库。

在某些情况下，可以通过简单的策略来改进这种做法，促进共享组合机制的使用。如果我们建立的系统是由一系列"组合与搭配"组件组成的，这些组件组合起来就会成为这一系列组件的新成员，那么需求的变动有时可以通过组件的重新搭配来解决。

组合器系统包含一组原语组件和组合组件，组合组件的接口规范与原语组件的接口规范相同。这样就可以在各部分之间没有意外相互作用的情况下进行构建。类似组合器系统的一个典型例子是 TTL（见［123］），它是一个历史悠久的标准组件和组合库，用于构建复杂的数字系统。

组合器系统为领域专用语言提供了一种设计策略。系统中的元素相当于语言中的词汇，而组合器将它们组合成短语。组合器系统有一个显著的优势，即易于构建和推理。但也有局限性，我们将在 3.1.5 节中讨论。当它们适合这个领域时，会是一个不错的战略选择。

但是，该如何通过一系列组合与搭配组件的元素来构建系统呢？必须确定一组原语组件和一组组合器，这些组合器将组件组合起来，从而使复合组件具有与原始组件相同的界面。这样的组合器集合有时是显式的，但在数学符号中，更多时候是隐式的。

2.1.1　函数组合器

函数表示法在数学中的应用是一门组合学科。函数有一个定义域，可以从中选择它的参数，还有一个可能的取值范围（或值域）。一些组合器可以产生新的函数，作为其他函数的组合。例如，函数 f 和 g 的组合 $f \circ g$ 是一个新的函数，它接受函数 g 定义域中的参数并生成函数 f 取值空间中的值。如果两个函数具有相同的定义域和取值空间，并且算法定义在它们共同的取值空间上，那么我们可以定义函数的和（或积）：当给定它们共同取值空间中的参数时，是两个函数在该参数上的值的和（或积）。允许第一类程序的语言提供了一种机制来支持这种组合方式，但真正重要的是一个好的代码片段组。

利用组合器组织系统有几个好处。已有的代码段可以任意组合与匹配。任何组合都会产生一个合法的程序，其行为只取决于各组件的行为和它们的组合方式。组件出现的环境并不改变该组件的行为：在一个新的环境中使用复合组件总是可以接受的，而不必担心其在该环境中的行为。因此，这样的程序易写、易读、易验证。建立在组合器上的程序是可扩展的，因为引入新的部分或新的组合器并不影响现有程序的行为。

我们可以把函数组合器看作实现接线图的程序，接线图规定了函数通过组合它的各个部分来构建的方式。例如，函数组合表示一个由两个子盒组成的盒子，这样第一个子盒的输出就会反馈给第二个子盒的输入，如图 2.1 所示。实现这个想法的程序很简单：

```
(define (compose f g)
  (lambda args
    (f (apply g args))))
```

（如果我们想检查参数数量是否匹配，那就更令人兴奋了：程序 f 所代表的函数只需要一个参数，以匹配 g 的输出。如果 g 能返回多个值，f 必须接受这些参数，那么就更有趣了。我们可能还想检查传递给组合的参数对 g 来说是正确的数量。但这些都是细枝末节,我们将在后面处理。)

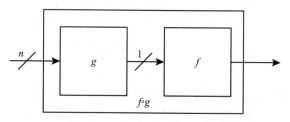

图 2.1 函数 *f* 和 *g* 的组合 *f*∘*g* 是一个新的函数,由
"接线图"定义。*f*∘*g* 的输入被赋予 *g*,然后 *g* 的
输出被传递给 *f*,它产生 *f*∘*g* 的输出

我们可以用一个简单的例子来展示组合程序。

```
((compose (lambda (x) (list 'foo x))
          (lambda (x) (list 'bar x)))
 'z)
(foo (bar z))
```

有时,命名组合器返回的程序会更好一些。例如,我们可以把 compose 写成

```
(define (compose f g)
  (define (the-composition . args)
    (f (apply g args)))
  the-composition)
```

命名 the-composition 并没有在 compose 定义的范围之外定义,所以这样写 compose 程序并没有明显的优势。我们经常在程序中使用由 lambda 表达式定义的匿名程序,如上面 compose 的第一个版本。所以选择如何写程序主要是一个风格问题 ⊖。

即使只用 compose 组合器,也可以写出一些相当优雅的代码。考虑一下计算函数 $f^n(x) = f(f^{n-1}(x))$ 的第 n 次迭代问题。可以优雅地写成一个程序:

```
(define ((iterate n) f)
  (if (= n 0)
      identity
      (compose f ((iterate (- n 1)) f))))

(define (identity x) x)
```

((iterate n) f) 的结果是一个新函数,与 f 的类型相同,能够在可以使用 f 的地方使用。所以 (iterate n) 本身就是一个函数组合器。现在,我们可以用它来确定重复平方一个数的结果:

⊖ 在这里事情很简单,但在有许多内部程序的复杂程序中,描述性的名称更容易阅读和理解。在 MIT/GNU Scheme 中,对返回的程序进行命名有一个小的好处,那就是调试器可以为一个本来是匿名的程序显示名字。

```
(((iterate 3) square) 5)
```
390625

注意这个类比：函数组合就像乘法，所以函数迭代就像指数化。

许多简单的组合器在编程中普遍适用。本章只介绍几个，让大家感受一下可能使用的范围。

我们可以安排并行使用两个函数，然后用指定的组合函数组合它们的结果（见图2.2）。这种并行组合是通过以下程序实现的。

```
(define (parallel-combine h f g)
  (define (the-combination . args)
    (h (apply f args) (apply g args)))
  the-combination)

((parallel-combine list
                   (lambda (x y z) (list 'foo x y z))
                   (lambda (u v w) (list 'bar u v w)))
 'a 'b 'c)
```
((foo a b c) (bar a b c))

`parallel-combine` 组合器在组织复杂的程序时很有用。例如，假设我们有一个蔬菜的图像源。第一个程序，给定图像可以估计蔬菜的颜色，第二个程序可以给出形状的描述（叶子、根、茎…）。第三个程序可以结合这些描述来识别蔬菜。这些程序都可以用 `parallel-combine` 来组合。

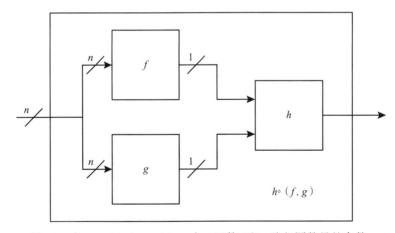

图 2.2　在 Parallel-combine 中，函数 f 和 g 取相同数量的参数，
"并行组合"的输入被传递给它们两个，然后，它们的
输出由两个参数的函数 h 合并

参数数量

在编程中可以使用一些通常不会想到的组合器组，其中许多出现在常见的数学背景中。例如，张量是线性代数对具有多个参数的线性算子的一种扩展。但这个想法更普遍：

两个程序的"张量组合"只是一个新的程序,其采用了一个结合两个程序参数的数据结构。它将这些参数分配给两个程序,产生一个结合两个程序值的数据结构。在编程中,解绑数据结构、单独操作各个部分并重新绑定结果的需求普遍存在。图 2.3 中的接线图展示了 spread-combine。它是多线性代数中张量积的泛化。在数学的张量积中,*f* 和 *g* 是其输入的线性函数,而 *h* 是对一些共享索引的追踪,但张量只是启发这个组合器的特殊情况。

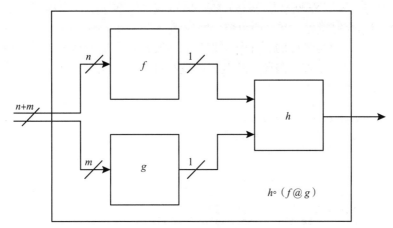

图 2.3 在 spread-combine 中,*n+m* 个参数在函数 *f* 和 *g* 之间
被分割,*n* 个参数首先传递给 *f*,余下的 *m* 个参数传递给 *g*,
产生的输出之后由两个参数的函数 *h* 组合

实现 spread-combine 的程序比 parallel-combine 更复杂,因为它必须给 f 和 g 分配正确的参数。以下是该代码的初稿。

```
(define (spread-combine h f g)
  (let ((n (get-arity f)))
    (define (the-combination . args)
      (h (apply f (list-head args n))
         (apply g (list-tail args n))))
    the-combination))
```

这段代码需要一种方法来确定程序中接受多少参数,因为它必须选出 f 的参数,然后将其余的参数传递给 g。

上述版本的 spread-combine 不是很好。最严重的问题是 the-combination 可以接受任何数量的参数,没有一个明确数值化的参数数量,因此它不能被传递给另一个需要其参数数量的组合器。例如,spread-combine 的结果不能作为 f 的第二个参数传递给另一个 spread-combine。因此,我们必须以某种方式为 the-combination 传递一个合适的参数数量。以下是该代码的第 2 个版本。

```
(define (spread-combine h f g)
  (let ((n (get-arity f)) (m (get-arity g)))
```

```
(let ((t (+ n m)))
  (define (the-combination . args)
    (h (apply f (list-head args n))
       (apply g (list-tail args n))))
  (restrict-arity the-combination t))))
```

在这里，被返回的程序 the-combination 已经指定了参数数量，所以可以成为其他需要参数数量组合器的输入。restrict-arity 程序接收上一个程序，对其进行标注，以便通过 get-arity 获得其参数数量，并返回被标注的程序。

这段代码很好，但是最好的程序是由偏执狂编写的。我们希望在错误变得难以定位或造成严重麻烦之前尽早发现。因此，让我们用偏执狂编程的风格来注解这段代码，以检查组合是否有正确的参数数量。

```
(define (spread-combine h f g)
  (let ((n (get-arity f)) (m (get-arity g)))
    (let ((t (+ n m)))
      (define (the-combination . args)
        (assert (= (length args) t))
        (h (apply f (list-head args n))
           (apply g (list-tail args n))))
      (restrict-arity the-combination t))))

((spread-combine list
                 (lambda (x y) (list 'foo x y))
                 (lambda (u v w) (list 'bar u v w)))
 'a 'b 'c 'd 'e)
((foo a b) (bar c d e))
```

特殊形式的 assert 只是在其参数没有真值时发出错误信号的一种便捷方式。

restrict-arity 和 get-arity 的一种写法是这样的：

```
(define (restrict-arity proc nargs)
  (hash-table-set! arity-table proc nargs)
  proc)

(define (get-arity proc)
  (or (hash-table-ref/default arity-table proc #f)
      (let ((a (procedure-arity proc))) ;arity not in table
        (assert (eqv? (procedure-arity-min a)
                      (procedure-arity-max a)))
        (procedure-arity-min a))))

(define arity-table (make-key-weak-eqv-hash-table))
```

这里我们使用哈希表来给程序附加一个"便利贴"[⊖]。这是一个向现有对象添加信息的简单技巧，但它取决于被注解对象的独特性，所以应该谨慎使用。

⊖　MIT/GNU Scheme 中哈希表程序的文档可以在［51］中找到。

如果程序 get-arity 无法在 arity-table 中找到一个明确的值，它就会使用底层 MIT/GNU Scheme 系统的基元来计算值。这涉及一些问题，因为这些基元支持一个更普遍的参数数量概念：程序需要一个最小的参数数量，并且可以有一个可选的最大参数数量。我们的参数数量代码期望参数数量是一个固定的数，因此 get-arity 不能用于任何其他类型的程序。不幸的是，这不包括像 "+" 这样的程序，它接受任何数量的参数。改变参数数量代码以使用更普遍的参数数量概念会使其复杂化，我们在这里的目标是要有一个清晰的解释而不是一个普遍的解决方案（见练习 2.2 ）。

> **练习 2.1（参数数量改进）**　我们所介绍的程序 compose 和 parallel-combine 并不满足它们展示的组合参数数量的要求。改进 compose 和 parallel-combine 的实现，以便于：
> - 它们检查自己的组件，以确保各方面都是可行的。
> - 它们构建的组合会检查在被调用时是否得到了正确的参数数量。
> - 该组合为 get-arity 正确地展示了它的参数数量。

> **练习 2.2（参数数量扩展）**　我们对有用的组合器的解释是有缺陷的，因为展示的参数数量机制不能处理 MIT/GNU Scheme 使用的更普遍的参数数量机制。例如，加法程序，也就是 "+" 的确切含义，可以接受任何数量的参数。
>
> ```
> (procedure-arity-min (procedure-arity +)) = 0
> (procedure-arity-max (procedure-arity +)) = #f
> ```
>
> 而正切程序可以接受 1 个或 2 个参数。
>
> ```
> (procedure-arity-min (procedure-arity atan)) = 1
> (procedure-arity-max (procedure-arity atan)) = 2
> ```
>
> 扩展对参数数量的处理是有用的，这样组合器就可以处理这些更复杂的情况。
>
> a. 草拟一个扩展组合器以使用更具有一般性的参数数量的计划。请注意，你可能并不总是能够在参数数量上使用算术。在重新格式化 spread-combine 时，你必须做出哪些选择？例如，在 spread-combine 中的程序 f、g 和 h 需要什么样的限制？
>
> b. 应用你的计划，让一切顺利进行。

对于任何语言来说，都有原语、组合方式和抽象手段。组合器语言定义了原语和组合方式，从基础编程语言中继承其抽象手段。在我们的例子中，原语是函数，组合方式是组合器 compose、parallel-combine、spread-combine，以及我们可能引入的其他组合器。

多值

请注意，parallel-combine 和 spread-combine 是相似的，都是将一个组合器 h 应

用于 f 和 g 的结果。但我们并没有用 compose 来构造这些组合。为了抽象出这种模式，需要能够从 f 和 g 的组合中返回多个值，然后用这些值作为 h 的参数。这可以通过返回一个复合数据结构来实现，但更好的方法是使用 Scheme 的多值返回机制。给定多个值，我们可以将 spread-combine 定义为两个部分的组合，即 h 以及 f 和 g 的组合 ⊖：

```scheme
(define (spread-apply f g)
  (let ((n (get-arity f)) (m (get-arity g)))
    (let ((t (+ n m)))
      (define (the-combination . args)
        (assert (= (length args) t))
        (values (apply f (list-head args n))
                (apply g (list-tail args n))))
      (restrict-arity the-combination t))))
```

Scheme 程序 values 返回了同时应用两种方法 f 和 g 的结果 ⊖。

下面将对 compose 进行推广，以便可以直接实现图 2.4 所示的抽象，具体如下。

```scheme
(define (spread-combine h f g)
  (compose h (spread-apply f g)))
```

这与原始版本有相同的行为。

```scheme
((spread-combine list
                 (lambda (x y) (list 'foo x y))
                 (lambda (u v w) (list 'bar u v w)))
 'a 'b 'c 'd 'e)
((foo a b) (bar c d e))
```

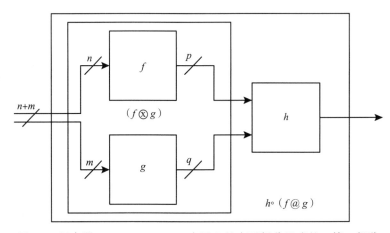

图 2.4　组合器 spread-combine 实际上是由两部分组成的。第一部分
spread-apply 是被传递了正确参数的函数 f 和 g 的组合。第二部分是
组合器 h，仅仅由第一部分组成。这种分解通过 Scheme 的多值机制实现

⊖　感谢 Guy L. Steele Jr. 建议我们展示这一分解。
⊖　关于 values、call-with-values 和 let-values 的文档可以在 [51] 和 [109] 中找到。

为了使其发挥作用，对 compose 进行了推广，允许组成的程序之间多个值的传递。

```
(define (compose f g)
  (define (the-composition . args)
    (call-with-values (lambda () (apply g args))
      f))
  (restrict-arity the-composition (get-arity g)))
```

这里，compose 的第二个参数返回两个值：

```
((compose (lambda (a b)
            (list 'foo a b))
          (lambda (x)
            (values (list 'bar x)
                    (list 'baz x))))
 'z)
(foo (bar z) (baz z))
```

现在可以进一步推广，允许所有要组合的函数返回多个值。如果 f 和 g 都返回多个值，可以将这些值合并为 the-combination 可返回的多个值：

```
(define (spread-apply f g)
  (let ((n (get-arity f)) (m (get-arity g)))
    (let ((t (+ n m)))
      (define (the-combination . args)
        (assert (= (length args) t))
        (let-values ((fv (apply f (list-head args n)))
                     (gv (apply g (list-tail args n))))
          (apply values (append fv gv))))
      (restrict-arity the-combination t))))

((spread-combine list
                 (lambda (x y) (values x y))
                 (lambda (u v w) (values w v u)))
 'a 'b 'c 'd 'e)
(a b e d c)
```

唯一的限制是，返回的数值总数必须与 h 的参数数量相对应。

　　练习 2.3（多值推广）　重新设计 parallel-combine，使其成为两个部分的组合，并允许这些部分返回多个值。

小型函数库

许多常见的使用模式可以被捕获为组合器，使用这种技术常常可以构造非常漂亮的程序。暴露和抽象这些常见的模式是有利的。下面是一些需要思考的问题。

通常有一个接口，它的通用性超过了在特定情况下的需要。在这种情况下，可能想要保留这个接口，但调用一些更专业的程序，而这些程序不需要在一般情况下可以提供的所有参数，所以可以选择制作一个能够忽略一些参数的专业程序。

程序 discard-argument 接受要被丢弃的参数索引 i，并返回一个组合器。组合器接收 n 个参数的函数 f，并返回一个含 n+1 个参数的新函数 the-combination，该函数将 f 应用于从 n+1 个给定参数中删除第 i 个参数后得到的 n 个参数。图 2.5 说明了这个想法。这个组合器的代码是：

```
(define (discard-argument i)
  (assert (exact-nonnegative-integer? i))
  (lambda (f)
    (let ((m (+ (get-arity f) 1)))
      (define (the-combination . args)
        (assert (= (length args) m))
        (apply f (list-remove args i)))
      (assert (< i m))
      (restrict-arity the-combination m))))

(define (list-remove lst index)
  (let lp ((lst lst) (index index))
    (if (= index 0)
        (cdr lst)
        (cons (car lst) (lp (cdr lst) (- index 1))))))

(((discard-argument 2)
  (lambda (x y z) (list 'foo x y z)))
 'a 'b 'c 'd)
(foo a b d)
```

可以把这个组合器推广到丢弃多个参数。

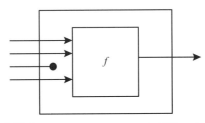

图 2.5　组合器（discard-argument 2）接受一个 3 个参数的
函数 f，并生成一个新的 4 个参数的函数，该函数忽略
其第 3 个参数（i=2），并将其余参数传递给 f

与 discard-argument 相反的情况也经常发生。在图 2.6 中，我们看到了一个特殊化程序的接线图，它事先指定除了一个参数之外的所有的参数，只留下一个参数在调用时传递。这在传统上被称为 currying，以纪念逻辑学家 Haskell Curry，他是一位早期的组合逻辑研究者 ⊖。

⊖　组合子逻辑是由 Moses Schönfinkel 发明的（见［108］），并由 Haskell Curry 在 20 世纪初开发（见［26］）。
他们的目标与计算无关，而是通过消除对量化变量的需要来简化数学的基础。

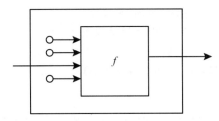

图 2.6　组合器（(curry-argument 2)'a'b'c）规定了
4 个参数的函数 f 的 3 个参数，剩下的第 3 个参数（$i=2$）
将在调用单参数函数时提供

curry-argument 的代码并没有带来什么惊喜：

```
(define ((curry-argument i) . args)
  (lambda (f)
    (assert (= (length args) (- (get-arity f) 1)))
    (lambda (x)
      (apply f (list-insert args i x)))))
(define (list-insert lst index value)
  (let lp ((lst lst) (index index))
    (if (= index 0)
        (cons value lst)
        (cons (car lst) (lp (cdr lst) (- index 1))))))

(((((curry-argument 2) 'a 'b 'c)
  (lambda (x y z w) (list 'foo x y z w)))
 'd)
(foo a b d c)
```

注意，这里不需要使用 restrict-arity，因为返回的程序正好有一个参数$^{\ominus}$。在练习 2.5 中，我们对此组合器进行了推广，使其能够提供多个参数。

　　有时我们想使用库中的程序，它的参数顺序与在当前应用程序中使用的标准参数不同。与其为这个程序设计一个特殊的接口，不如使用一个一般的置换程序来重新安排，如图 2.7 所示。这个程序也很简单，但是请注意，从组合器返回并在 args 上实际运行的程序 the-combination 不需要说明排列规范——这在围绕 the-combination 的 let 中完成过一次，并在其中引用。一般来说，这样写代码可以通过早期计算进行一些深度优化，即使是在接口绑定非常晚的情况下。

```
(define (permute-arguments . permspec)
  (let ((permute (make-permutation permspec)))
    (lambda (f)
      (define (the-combination . args)
        (apply f (permute args)))
      (let ((n (get-arity f)))
```

```
          (assert (= n (length permspec)))
          (restrict-arity the-combination n)))))

(((permute-arguments 1 2 0 3)
  (lambda (x y z w) (list 'foo x y z w)))
 'a 'b 'c 'd)
```
(foo b c a d)

程序 make-permutation 很简单，但它并不高效：

```
(define (make-permutation permspec)
  (define (the-permuter lst)
    (map (lambda (p) (list-ref lst p))
         permspec))
  the-permuter)
```

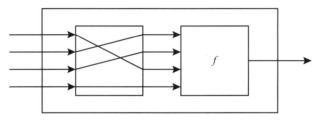

图 2.7　组合器（permute-arguments 1 2 0 3）
接收一个 4 个参数的函数 *f*，并产生一个 4 个参数的
新函数，该函数在将参数传递给 *f* 之前，根据
提供的排列对其参数进行排列

2.1.2　组合器和形体构造

这个故事的寓意是，由组合器的组合组成的结构是一个形体构造，很像动物的形体构造或像超外差式接收器的工程模式（见图 1.1）。考虑组合器 compose，它提供了对程序 f 和 g 的位置安排。位置由标准接口相互连接，但这就是 f 和 g 的全部所需。事实上，这些组件可以是可接受正确数量的参数并返回正确数量的值的任何东西。因此，组合器是组织化原则，就像 Hox 基因一样，它们指定了区域及其关系，而没有规定每个区域内发生什么。

> **练习 2.4（组合重构）**　你可能已经注意到，由 discard-argument、curry-argument 和 permute-arguments 组成的组合器都可以被认为是参数操作和程序的组合。使用多值返回机制，将这些组合器重构为新的组合。

> **练习 2.5（有用的组合器）**　现在是时候把这个小型函数库再充实一下了。
>
> a. 组合器 discard-argument 和 curry-argument 可以被推广为允许忽略或预

处理一个以上的参数。为 `permute-arguments` 指定排列的方法似乎是一种相当普遍的方法，通过它们在调用中的顺序来指定参数（基于零）。建立这些程序的通用版本，它们有这样一个接口。把它们命名为 `discard-arguments` 和 `curry-arguments`。让你的代码与文中的代码兼容，你的（`curry-arguments 2`）应该做和（`curry-argument 2`）完全相同的事情。

　　b. 你还发现哪些组合器是有用的？编制一个列表，其中包括你在实际代码中可能遇到的适当用例。为你的库写出它们的实现。

　　c. 进一步推广 `compose`，使其可以接受任何数量的函数参数。表达式（`compose f g h`）等同于（`compose f (compose g h)`）。请注意，它也应该等同于（`compose (compose f g) h`）。要注意什么是零参数的组合。

2.2　正则表达式

　　正则表达式被广泛用于字符串匹配。尽管正则表达式系统是从完美的数学形式主义中衍生出来的，但实现者为了将形式主义扩展到有用的软件系统中而做出的特殊选择往往是灾难性的：所采用的引号惯例高度不规范；滥用小括号，无论是用于分组还是用于后向引用，都令人震惊。此外，试图提高表达能力和解决早期设计的缺陷导致不兼容衍生语言的激增。

　　从表面上看，正则表达式像一个组合语言，因为表达式片段可以被组合成更复杂的表达式。但是一个片段的含义在很大程度上取决于它所嵌入的表达式。例如，如果我们想在括号表达式［...］中使用字符"^"，它不能出现在第一个字符的位置，因为如果该字符出现在第一个字符之后，它就只是一个普通字符，但是如果它作为第一个字符出现，则否定了括号表达式的意义。因此，括号表达式不能只包含一个该字符。

　　综上所述，正则表达式语言的语法是很糟糕的，有各种不兼容的语言形式，而且引号惯例也很糟糕。虽然正则表达式语言是领域专用语言，但它们是糟糕的语言。研究正则表达式的部分价值在于体验事情可能有多糟糕。

　　然而，大量有用的软件（例如 `grep`）使用正则表达式来指定所需的行为。本书使用一种更好的用于指定正则表达式的领域专用组合器语言，以及一种将这种语言翻译成传统正则表达式语法的方法。本书将使用 POSIX 基本正则表达式（BRE）语法作为翻译器的目标（见［96］），因为它是大多数其他正则表达式语法的一个子集。POSIX 还定义了一个更强大的扩展正则表达式（ERE）语法，我们将在练习中思考这个语法。

　　利用上述方法可以在 Scheme 环境中使用 `grep` 等系统功能，拥有组合器语言的所有优势。它具有干净的、模块化的描述，同时保留了使用现有工具的能力。这门语言的用户将没有什么好抱怨的，除非他们重视简洁的表达而不是可读性。

与任何语言一样，这门语言也有原语、组合方式和抽象手段。我们的语言允许构建模式，像 grep 这样的实用程序可以匹配字符串数据。因为这门语言嵌入在 Scheme 中，所以继承了 Scheme 的能力：可以使用 Scheme 结构来组合模式，并使用 Scheme 程序来抽象它们。

2.2.1　一种正则表达式组合语言

模式是由这些原语模式建立的：

- (r:dot) 匹配除换行之外的任何字符。
- (r:bol) 只匹配一行的开始。
- (r:eol) 只匹配一行的结束。
- (r:quote *string*) 匹配字符串。
- (r:char-from *string*) 匹配字符串中的一个字符。
- (r:char-not-from *string*) 匹配一个不在字符串中的字符。

模式可以被组合成复合模式：

- (r:seq *pattern...*)，该模式从左到右依次匹配每个参数模式。
- (r:alt *pattern...*)，该模式从左到右遍历每个参数模式，直到其中一个选项匹配为止。如果没有匹配的，则该模式不匹配。
- (r:repeat *min max pattern*)，该模式试图与参数模式进行最小次数的匹配，但不超过最大次数的匹配。如果 *max* 以 #f 的形式给出，则不指定最大值。如果 *max* 等于 *min*，那么给定的模式必须精确匹配该次数。

下面是一些模式的实例。

- (r:seq (r:quote "a")(r:dot)(r:quote "c"))

匹配任何以 a 开头、以 c 结尾的三个字符的字符串，例如，它将匹配 abc、aac 和 acc。

- (r:alt (r:quote "foo")(r:quote "bar")(r:quote "baz"))

匹配 foo、bar 或 baz。

- (r:repeat 3 5 (r:alt (r:quote "cat")(r:quote "dog")))

匹配 catdogcat、catcatdogdog 和 dogdogcatdogdog，但不匹配 catcatcatdogdogdog。

我们将把模式实现为 Scheme 表达式，可以随意将它们与任何 Scheme 代码混合在一起，拥有该编程语言的所有能力。

2.2.2　翻译器的实现

让我们来看看这门语言是如何实现的。正则表达式将被表示为 POSIX 基本正则表达式语法中的字符串。

```
(define (r:dot) ".")
(define (r:bol) "^")
(define (r:eol) "$")
```

这些直接对应正则表达式的语法。

接下来，r:seq 实现了一种将给定的正则表达式片段集作为独立元素处理的方法：

```
(define (r:seq . exprs)
  (string-append "\\(" (apply string-append exprs) "\\)"))
```

在结果中使用圆括号可以将给定的表达式片段内容与周围的环境隔离开。不幸的是，在翻译后的输出中使用反斜杠是必要的。在基本的正则表达式中，圆括号字符被视为自引字符。这里，需要将它们作为分组操作，通过在每个操作前面加一个反斜杠来实现。雪上加霜的是，当这个正则表达式被放到 Scheme 字符串中时，有必要用另一个反斜杠来引用每个反斜杠字符。所以上述例子（r:seq（r:quote "a"）（r:dot）（r:quote"c"））翻译为 \(\(a\).\(c\)\)，或者作为一个 Scheme 字符串 "\\(\\(a\\).\\(c\\)\\)"。

r:quote 的实现有点困难。在正则表达式中，大多数字符都是自引的。然而，有些字符是正则表达式的运算符，必须被明确引用。利用 r:seq 来包装结果，以保证被引号括起来的字符串是独立的。

```
(define (r:quote string)
  (r:seq
   (list->string
    (append-map (lambda (char)
                  (if (memv char chars-needing-quoting)
                      (list #\\ char)
                      (list char)))
                (string->list string)))))

(define chars-needing-quoting
  '(#\. #\[ #\\ #\^ #\$ #\*))
```

我们在子表达之间插入一个竖线，并使用 r:seq 包装结果，以实现可选的子表达式。

```
(define (r:alt . exprs)
  (if (pair? exprs)
      (apply r:seq
             (cons (car exprs)
                   (append-map (lambda (expr)
                                 (list "\\|" expr))
                               (cdr exprs))))
      (r:seq)))
```

（r:alt（r:quote"foo"）（r:quote"bar"）（r:quote"baz"））翻译为 \(\(foo\)\|\(bar\)\|\(baz\)\)。除了引用圆括号字符外，还必须引用竖线字符，否则它在这个语法中就是一个自引用字符。请注意，与这里支持的其他正则表达式不同，BRE 语法不支持替代表达式：它们是 GNU grep 定义的一个扩展，被许多实现所支持。（替代表达式是由 ERE 语法支持的。）

　　通过使用给定正则表达式的副本很容易实现重复：

```
(define (r:repeat min max expr)
  (apply r:seq
         (append (make-list min expr)
                 (cond ((not max) (list expr "*"))
                       ((= max min) '())
                       (else
                        (make-list (- max min)
                                   (r:alt expr "")))))))
```

这个操作将 expr 复印了 min 份，之后是 (-max min) 的可选副本，其中每个可选的副本都是表达式和空表达式的替代。如果没有最大化 ⊖，则在表达式后面加一个星号，以匹配任意次数。所以 (r:repeat 3 5(r:alt(r:quote"cat")(r:quote"dog"))) 会翻译成可能导致读者抓狂的东西。

　　r:char-from 和 r:char-not-from 的实现由于需要巴洛克式引用而变得复杂。这最好分为两部分，第一部分用于处理它们之间的差异，第二部分用于处理它们共同的引号：

```
(define (r:char-from string)
  (case (string-length string)
    ((0) (r:seq))
    ((1) (r:quote string))
    (else
     (bracket string
              (lambda (members)
                (if (lset= eqv? '(#\- #\^) members)
                    '(#\- #\^)
                    (quote-bracketed-contents members)))))))
(define (r:char-not-from string)
  (bracket string
           (lambda (members)
             (cons #\^ (quote-bracketed-contents members)))))

(define (bracket string procedure)
  (list->string
   (append '(#\[)
           (procedure (string->list string))
           '(#\]))))
```

r:char-from 的特殊情况处理了空字符集和单元字符集，简化了一般情况。对于只包含脱字符和连字符的集合，还有一种特殊情况。但 r:char-not-from 没有这种特殊情况。

　　一般情况下，将三个具有特殊含义的字符放在括号内，将它们置于不是运算符的位置，以处理引号。

　　⊖　我们通过调用 r:repeat 与 #f 来表示没有最大值。

```
(define (quote-bracketed-contents members)
  (define (optional char)
    (if (memv char members) (list char) '()))
  (append (optional #\])
          (remove
            (lambda (c)
              (memv c chars-needing-quoting-in-brackets))
            members)
          (optional #\^)
          (optional #\-)))

(define chars-needing-quoting-in-brackets
  '(#\] #\^ #\-))
```

为了测试这段代码，我们可以输出相应的 grep 命令，并使用剪切和粘贴在 shell 中运行它。由于不同的 shell 使用不同的引用约定，我们不仅需要引用正则表达式，还需要选择使用哪个 shell。Bourne shell 十分普遍，并且有一个相对简单的引用约定。

```
(define (write-bourne-shell-grep-command expr filename)
  (display (bourne-shell-grep-command-string expr filename)))

(define (bourne-shell-grep-command-string expr filename)
  (string-append "grep -e "
                 (bourne-shell-quote-string expr)
                 " "
                 filename))
```

Bourne 引号惯例使用单引号字符包围一个字符串，引出字符串中除单引号以外的任何内容，以单引号作为被引字符串的结束。因此，为了引用一个单引号字符，必须结束字符串，用反斜杠明确引用单引号，然后开始另一个被引用字符串。shell 将这种拼接解释为一个单一符号。

```
(define (bourne-shell-quote-string string)
  (list->string
   (append (list #\')
           (append-map (lambda (char)
                         (if (char=? char #\')
                             (list #\' #\\ char #\')
                             (list char)))
                       (string->list string))
           (list #\'))))
```

这个故事的寓意

我们的翻译器非常复杂，因为大多数正则表达式都不能合成更大的正则表达式，除非采取极端措施来隔离这些部分。我们的翻译器做了这项工作，但结果是它生成的正则表达式有很多不必要的模板文件。人类不会这样写正则表达式，因为他们只在必要的地方使用模板文件，但经常会错过有必要使用模板文件的情况，造成难以发现的错误。

这个故事的寓意是，正则表达式是一个很好的例子，说明了如何避免以这样的形式构建系统。使用可组合的组件和组合器，通过组合其他组件来制造新的组件，可以带来更简单和更鲁棒的实现。

练习 2.6（在正则表达式中添加 ∗ 和 +）　在传统的正则表达式语言中，子模式后面的星号（∗）运算符意味着该子模式的零或多份副本。该语言的一个常见扩展是增加了加号（+）运算符。子模式后面的加号意味着该子模式的一个或多个副本。

定义 Scheme 程序 r:∗ 和 r:+ 来获取模式，并根据需要进行迭代。这可以用 r:repeat 来完成。在复杂模式的真实数据上演示你的程序。

练习 2.7（一个错误、一个坏笑话、两个调整和一个启示）　Ben Bitdiddle 注意到了我们在实现（r:repeat *min max expr*）时的问题。

在 r:repeat 程序的结尾使用（r:alt expr ""）是有点可疑的。这个代码片段翻译成 \(*expr*\|\)，其中 *expr* 是 expr 的值。这依赖这样一个事实，即"有"和"无"的交替相当于说"一个或没有"。（我们将在接下来的解释中省略必要但令人困惑的反斜线。）就是说，(*expr*|) 表示一个或没有 *expr* 的实例。不幸的是，这取决于 GNU 对 RE 的正式 POSIX 标准的一个无文档扩展。

具体来说，POSIX 标准 ⊖ 的 9.4.3 节规定，紧接在封闭小括号之前（或紧接在开放小括号之后）出现的竖线会产生未定义的行为。从本质上讲，RE 不能是一个空序列。

当出现 (*x*|) 时，GNU grep 恰好"做正确的事"。并非所有的 grep 实现都如此宽容。

因此，Ben 要求他团队中的三人（Louis、Alyssa 和 Eva）提出其他的解决方法。最终，他提出自己的主张，交给你实现。

- Louis Reasoner 建议，一个简单而优雅的修复方法是将代码片段（r:alt expr""）替换为直接调用（r: repeat 0 1 expr）。
- Alyssa P. hacker 提议重写 r:repeat 的 else 子句，将（r:repeat 3 5 *x*）翻译成与（*xxx*|*xxxx*|*xxxxx*）等价的内容，而不是代码产生的不符合 POSIX 标准的不明确的正则表达式 *xxx*(*x*|)(*x*|)。她提到了 POSIX 正则表达式文档的 9.4.7 节 ⊜。
- Eva Lu Ator 指出 9.4.6.4 节 ⊜ 中的问号（?）运算符，并提议更好的修复方法是

⊖　ERE 特殊字符，见［96］#tag 09_04_03。
⊜　ERE 交替，见［96］#tag_09_04_07。
⊜　ERE 匹配多个字符，见［96］#tag_09_04_06。

　　　　实现 r:? 运算符，用 (r:? expr) 代替 (r:alt expr"")。

- 同时，Ben 仔细研究了 RE 规范并提出启示。他提议重新实现 r:repeat，以产生区间表达式。见 POSIX 文档的 9.3.6.5 节 ⊖。

让我们逐个考虑每项建议：

a. 每个人都在嘲笑 Louis 的提议。他的想法有什么问题？请用一句话概括。

b. 在代码和数据方面，Eva 的建议相比 Alyssa 的建议有什么优势？请用简洁而有说服力的几句话概括。

c. Ben 的建议与其他建议相比有什么优势？具体来说，请思考他引用了 POSIX 文件中的哪一节，而其他人引用了哪一节，然后快速浏览一下练习 2.10，并考虑其含义。另外，考虑一下这段新代码中输出字符串的大小，以及代码的整体清晰度。请用一两句简短的话概括。

d. 按照 Ben 的提议，重新实现 r:repeat，以产生区间表达式。提示，Scheme 的 number->string 程序是很方便的，但要小心反斜线。

展示 r:repeat 在几个精心挑选的样本输入上产生的输出。在一些复杂模式的真实数据上演示你的程序。

练习 2.8（过度嵌套）　上述程序产生了过度嵌套的正则表达式，它甚至在没有必要的情况下也进行分组。例如，下面这个简单的模式导致了一个过于复杂的正则表达式。

```
(display (r:seq (r:quote "a") (r:dot) (r:quote "c")))
\(\(a\).\(c\)\)
```

另一个问题是，BRE 可能涉及回溯引用（参考 POSIX 正则表达式文档的 9.3.6.3 节 ⊖）。回溯引用指的是先前的括号子表达式。所以重要的是，括号内的子表达式必须是由模式的作者明确放置的。（这是我们听过的最糟糕的想法之———分组。这对迭代是必要的，但却与命名混淆了，以便以后参考。）

任务：编辑上述程序，尽可能多地消除不必要的嵌套。注意，这里有一些微妙的情况，你必须要注意。演示更好版本的程序，并展示它是如何处理这些微妙情况的。

提示：上述程序使用字符串作为中间表示以及结果。你可以考虑使用一个不同的中间表示。

⊖　ERE 匹配多个字符，见 [96] #tag_09_03_06。

⊖　BRE 匹配多个字符，见 [96] #tag_09_03_06。

练习 2.9（回溯引用） 增加一个构建回溯引用的程序（见练习 2.8）。享受对 BRE 感到困惑的乐趣。

练习 2.10（标准）

> 有关标准的最好的事情是有这么多可供选择。
>
> ——Andrew S. Tannenbaum

除了 BRE，还有 ERE，定义在 POSIX 正则表达式文档［96］中。一些软件（例如 egrep）使用这种版本的正则表达式。不幸的是，ERE 并不是 BRE 的保守扩展。ERE 语法实际上与 BRE 语法不一致。扩展 Scheme 模式语言，使目标可以是 BRE 或 ERE，这是一个有趣的项目。

　　a. BRE 和 ERE 之间有哪些显著的区别使得拓展难以实现？列出必须解决的差异。

　　b. 如何对翻译器进行分解，以便根据需要将语言翻译成任意一种正则表达？怎样才能保持独立于目标正则表达式语言的抽象层？阐述你的策略。

　　c. 实现你在 b 部分设计的策略。演示你的工作，确保可以运行 egrep 和 grep。在测试你在 a 部分中发现的差异的情况下，确保可以得到等价的结果。

2.3　包装器

　　有时我们可以通过包装现有程序而不是重写程序来重新利用现在程序。考虑计算在保持压力不变的情况下，气体球体的半径如何随温度变化的问题。理想气体定律是：

$$PV = nRT \qquad\qquad (2.1)$$

其中 P 是压强，V 是气体体积，n 是物质的量，R 是气体常数，T 是绝对温度。因此，体积的计算方法是：

```
(define (gas-law-volume pressure temperature amount)
  (/ (* amount gas-constant temperature) pressure))

(define gas-constant 8.3144621)          ;J/(K*mol)
```

而球体半径的计算方法是：

```
(define (sphere-radius volume)
  (expt (/ volume (* 4/3 pi)) 1/3))

(define pi (* 4 (atan 1 1)))
```

（注意，4/3 和 1/3 是有理常数——斜线不是除法运算符。）因为气体常数的选择，程序使用国际单位制，所以压力的单位是 N/m^2，温度的单位是 K，物质的量的单位是 mol，体积的单位是 m^3，半径的单位是 m。

这看起来很简单，但使用其他单位会使事情变得复杂。假设我们想用华氏度测量温度，用磅 / 平方英寸 ⊖ 测量压力，用英寸测量半径。确定正确的公式比计算数字答案更复杂。我们可以修改简单的公式来表示这些单位，但这模糊了程序的意义，并使其专门用于特定的问题。另外，也可以使用一个模块化的方式来转换单位。

单位转换是一个与它的逆运算相关联的程序。我们可以写出常规单位之间的温度转换，如华氏和摄氏温度，以及国际单位制和常规单位之间的温度转换。

```
(define fahrenheit-to-celsius
  (make-unit-conversion (lambda (f) (* 5/9 (- f 32)))
                        (lambda (c) (+ (* c 9/5) 32))))

(define celsius-to-kelvin
  (let ((zero-celsius 273.15)) ;kelvins
    (make-unit-conversion (lambda (c) (+ c zero-celsius))
                          (lambda (k) (- k zero-celsius)))))
```

我们可以使用 unit:invert 来访问逆运算程序。比如：

```
(fahrenheit-to-celsius -40)
```
-40

```
(fahrenheit-to-celsius 32)
```
0

```
((unit:invert fahrenheit-to-celsius) 20)
```
68

我们可以组合单位转换：

```
((compose celsius-to-kelvin fahrenheit-to-celsius) 80)
```
299.81666666666666

我们还可以定义复合单位转换。例如，可以用每平方英寸磅数或每平方米牛顿数来表示压力 ⊖。

```
(define psi-to-nsm
  (compose pound-to-newton
           (unit:invert inch-to-meter)
           (unit:invert inch-to-meter)))
```

⊖　1 磅 =0.4536 公斤。——编辑注
　　1 英寸 =2.54 厘米。——编辑注
⊖　注意，米 – 英寸的两个实例的组成是将平方米转换为平方英寸的合理方式。有一些单位转换不是这样的。例如，取开尔文到摄氏度转换的平方是没有意义的，尽管数字计算产生一致的结果。这是一个事实，即摄氏温度与有物理意义的开尔文温度有一个偏差。事实上，摄氏温度的平方没有物理意义。

因此，现在可以计算出，在 68 ℉和 14.7psi 条件下，由 1mol 理想气体占据的球体的半径，单位为英寸。

```
((unit:invert inch-to-meter)
 (sphere-radius
  (gas-law-volume
   (psi-to-nsm 14.7)
   ((compose celsius-to-kelvin fahrenheit-to-celsius) 68)
   1)))
7.049624635839811
```

这真是一团糟！这种单位转换的实现，虽然编程简单，但很难读，也很难用。另一方面，它很好地分离了几个问题。气体定律的物理学与球体的几何学和测量单位是分开的。物理学和几何学的描述并不杂乱，每一个都很容易阅读。

我们可以做得更好。我们可以建立一个小型的领域专用语言，其中的领域是单位。这将简化构建新转换器的工作，并使生成的转换器更易读。

2.3.1　定制化包装器

一种方法是建立一个通用的包装器组，它可以采用像 gas-law-volume 这样的程序，并通过对其输出和输入的单位转换产生一个该程序的专用版本。尽管我们将展示如何为单位转换做这件事，但代码将足够通用，可以为数据的任意转换建立包装器。

对于手头的问题，我们可以为 gas-law-volume 程序构建一个知道其原始单位（用国际单位制）的定制器。定制器由一种简单的语言定义，这种语言被编译成原始单位转换的适当组合。这有点像一个组合器系统，只是组合器是由编译器根据高层次的规范生成的。我们将在第 4 章利用它来编译来自模式匹配程序的组合。

```
(define make-specialized-gas-law-volume
  (unit-specializer
    gas-law-volume
    '(expt meter 3)                      ; output (volume)
    '(/ newton (expt meter 2))           ; pressure
    'kelvin                              ; temperature
    'mole))                              ; amount
```

为了使 gas-law-volume 程序版本可以使用其他单位，我们提供了想要使用的单位：

```
(define conventional-gas-law-volume
  (make-specialized-gas-law-volume
    '(expt inch 3)                       ; output (volume)
    '(/ pound (expt inch 2))             ; pressure
    'fahrenheit                          ; temperature
    'mole))                              ; amount
```

然后，这个程序可以用来产生以立方英寸为单位的体积，因此可以得到以英寸为单位的半径。

```
(sphere-radius (conventional-gas-law-volume 14.7 68 1))
7.04962463583981
```

2.3.2　实现定制器

怎样才能使其发挥作用呢？有两个部分：unit-specializer 程序，它用必要的单位转换来包装一个给定的程序；以及一个将给定单位表达式翻译成适当单位转换的方法。第一部分是：

```
(define (unit-specializer procedure implicit-output-unit
                            . implicit-input-units)
  (define (specializer specific-output-unit
                         . specific-input-units)
    (let ((output-converter
           (make-converter implicit-output-unit
                             specific-output-unit))
          (input-converters
           (map make-converter
                specific-input-units
                implicit-input-units)))
      (define (specialized-procedure . arguments)
        (output-converter
         (apply procedure
                (map (lambda (converter argument)
                       (converter argument))
                     input-converters
                     arguments))))
      specialized-procedure))
  specializer)
```

程序 unit-specializer 接收一个要被定制化的程序和其隐含的本地单位，并返回一个定制器，该定制器接收特定的单位并创建一个给定程序的定制化版本。唯一棘手的部分是要确保单位表达式以正确的顺序传递给 make-converter。

解决方案的第二部分是 make-converter，它接收两个单位表达式，并返回一个转换程序，将第一个单位的数据转换到第二个单位。对于这个问题，我们将制作一个非常愚蠢的 make-converter 版本：它将单位表达式视为可以与 equal? 比较的文字常数。通过简化，make-converter 可以使用查表以查找适当的转换器，意味着必须明确地提供每个必要的转换，而不是从原始的单位转换中得出。下面是一个关于如何创建表格的例子。

```
(register-unit-conversion 'fahrenheit 'celsius
                          fahrenheit-to-celsius)

(register-unit-conversion 'celsius 'kelvin
                          celsius-to-kelvin)
```

这就注册了先前定义的转换。一旦这些转换被注册，就可以通过传递给 make-converter 参数的顺序来查找任意转换目标。

然而，我们需要的不是这两种转换，而是从 `fahrenheit` 到 `kelvin` 的转换。由于不想从现有的定义中推断出这一点——这是一个有趣但更复杂的实现——我们将不得不从现有的定义中建立复合转换。为了使之容易，将引入一个单位转换的"代数"，如下所示。

```
(define (unit:* u1 u2)
  (make-unit-conversion (compose u2 u1)
                        (compose (unit:invert u1)
                                 (unit:invert u2))))
```

`unit:*` 程序与 `unit:invert` 相结合，提供了组合单位转换的一般能力。为了方便起见，将添加以下内容，这些内容很容易从 `unit:*` 和 `unit:invert` 中导出。

```
(unit:/ u1 u2)
(unit:expt u n)
```

有了这个代数，就可以写出想要的转换结果。

```
(register-unit-conversion 'fahrenheit 'kelvin
   (unit:* fahrenheit-to-celsius celsius-to-kelvin))

(register-unit-conversion '(/ pound (expt inch 2))
                          '(/ newton (expt meter 2))
   (unit:/ pound-to-newton
           (unit:expt inch-to-meter 2)))

(register-unit-conversion '(expt inch 3) '(expt meter 3)
   (unit:expt inch-to-meter 3))
```

2.3.3 适配器

我们在这里所展示的是一种可能的技术，即在不改变原始程序的情况下，采用现有程序并扩大其适用性。由此产生的"适配器"机制本身是可扩展的，可以用来推广许多其他类型的程序。

这是一个重要的原则：与其重写一个程序来适应一个新的目的，不如从一个简单而通用的基础程序开始，然后对其进行包装，使其专门用于某个特定目的。程序对包装器一无所知，而包装器也不会对底层程序做假设。`unit-specializer` 程序对两者都知之甚少。因为这些部分都是松散的，所以它们都可以被泛化为许多目的，包括那些在这里没有想到的目的。这是一种分层策略，我们将在第 6 章中展开讨论。

练习 2.11（实现单位转换） 在这里，要求你填写使这个系统运作的细节。

a. 作为热身，写出程序 `register-unit-conversion` 和 `make-converter`。

b. 编写程序 `unit:/` 和 `unit:expt`。

c. 填写常规单位到国际单位制单位的转换库。这需要对质量和长度进行转换。

（时间在两个系统中都是以秒为单位。然而，你可能对分钟、小时、天、周、年等感兴趣。不要为了追求通用性而陷入困境。）

　　d. 制作一些有用的复合，如速度和加速度。

　　e. 对于一个真正的项目，为其他一些程序的其他数据转换扩展这个专用系统，与单位无关。

　　f. 另一个大的扩展是建立 `make-converter`，这样它就可以根据需要从以前注册的转换中导出复合转换。这将需要图搜索。

2.4　抽象领域模型

　　让我们来看看如何创建领域专用语言层，作为棋牌游戏软件的基础。棋盘游戏有许多共同的特点，每个游戏都结合了其中的一些特点。

　　我们可以建立领域模型来捕捉一类棋类游戏的整体结构，即描述棋类游戏的抽象概念，如棋子、下一步要走的棋以及原始行为（如移动和吃棋）。

　　一个特定的棋牌游戏程序可以完全按照领域模型来构建。如果领域模型有足够的通用性，它将支持未来的变化而无须改变模型本身。

　　让我们考虑一下国际象棋和跳棋等棋类游戏。它们都是在一个长方形网格的棋盘上进行的双人游戏。玩家有排列在棋盘上的棋子。棋盘上的任何位置都不会多于一个棋子。棋手们交替移动。在每一步棋中，玩家选择一个棋子并将其移动到棋盘上的其他位置。有时对手的棋子会被吃掉。这是对一类棋盘游戏的领域模型的非正式描述。

　　基于这种领域模型，我们将构建一个跳棋的裁判员，它将计算一个棋手在给定的游戏状态下的所有合法棋步。这个领域模型的实现相当复杂，提供了棋子、坐标和棋盘的实现。为了简化介绍，我们将只关注裁判员所需要的东西。

　　裁判员的一般组织结构是：分别为每个棋子生成所有的合法棋步，然后将它们汇总。为了做到这一点，需要有一个抽象来跟踪移动一个棋子产生的效果。例如，一个效果可能会改变一个棋子的位置，另一个效果可能会改变其类型（例如跳棋中的"国王"），还有一个效果可能会吃掉对手的棋子。每一步合法的移动都包含了一系列适用于该移动初始状态的变化。

　　一个好的程序必须写很多遍。我们展示的程序也是如此。第一遍可能没有清楚地把关注点分开，但通过这一遍，程序员可以了解问题的结构。我们将展示两个不同的实现方案，以此揭示程序的演变，因为我们发现了初始版本程序中的不足之处。

2.4.1　单一化实现

让我们从一个简单版本的裁判开始，有人可能会通过写它来理解真正需要做什么。

跳棋领域模型

第一个实现将建立在一个专门针对跳棋的领域模型上，并且相当简单。在以后的实现中，我们将抽象出跳棋的特定部分，并隐藏领域模型的许多细节。最终的领域模型将支持其他类似的棋类游戏，也许还有其他领域。

我们将使用的领域模型有三种抽象类型。棋盘（board）追踪移动棋子和下一个要移动棋手（当前棋手）的颜色。可以得知是什么棋子，如果有的话，是在一个特定的位置。棋子（piece）包括颜色、位置，以及它是否是国王。位置（position）是由相对要移动的棋手的坐标（coordinate）来指定的。以下是棋盘上的操作。

- （current-pieces *board*），获取属于当前棋手的棋子列表。
- （is-position-on-board? *coords board*），测试给定的坐标是否指定了棋盘上的一个位置。不满足这个前提条件的坐标在与其他操作一起使用时将导致错误。
- （board-get *coords board*），获取位于 *coords* 指定位置的棋子。如果该位置上没有棋子，则返回 #f。
- （position-info *coords board*），描述在棋盘中占据该位置坐标：如果这个位置是空的，那么这个值就是未被占领的；如果它包含当前棋手的一个棋子，那么这个值就是被自己占领的；如果它包含一个对手的棋子，那么这个值就是被对手占领的。
- （is-position-unoccupied? *coords board*），相当于 position-info 返回 unoccupied。
- （is-position-occupied-by-self? *coords board*），相当于 position-info 返回 occupied-by-self。
- （is-position-occupied-by-opponent? *coords board*），相当于 position-info 返回 occupied-by-opponent。

对棋子的操作也有一个类似的小集合：

- （piece-coords *piece*），获得棋子的坐标。
- （should-be-crowned? *piece*），测试棋子是否应该被加冕——特别是如果它还没有成为国王并且在对手的主行上。
- （crown-piece *piece*），得到一个与棋子相同的新棋子，但它是一个国王。
- （possible-directions *piece*），得到一个该棋子可能考虑的下棋方向的列表。这并没有考虑到该方向的移动是不是允许的。

坐标系统很简单：只有行和列的整数。当提到坐标或 *coords* 时，我们指的是棋盘上的绝对坐标，用偏移量（offset）这个词来表示相对坐标。一个偏移量可以加到一些坐标上以产生新的坐标，或者反过来说，两个坐标可以被减去以产生一个偏移。一个方向是一个偏移量，其中行和列是 0、1 或 –1。对于跳棋，可能的方向是两个正对角线，行是 1，列是 –1 或 1。一旦一个棋子成为国王，它还可以使用后方的对角线，行 –1。在国际象棋中，可能棋步使用额外的方向，这取决于棋子，而骑士的棋步需要更复杂的定义。我们将不定义这些用于操作坐标的程序，它们应该是不言自明的。

跳棋裁判员

我们需要一个数据结构来表示每一步棋。由于任何给定的棋步可能需要多次改变棋子的位置，我们将使用一个步骤（step）对象的列表，每一个对象都指定了该步骤之前的棋子、该步骤之后的棋子、该步骤之后的棋盘，以及该步骤是否是一个跳跃。这样一个列表，我们称之为路径（path），从最新的一步到最老的一步排序。这种排序有利于共享共同的子路径，当一步棋能够以多种方式继续进行时，可能会出现这种情况。

- (step-to *step*)，走完这一步后，得到棋子。
- (step-board *step*)，走完这一步后，得到棋盘。
- (make-simple-move *new-coords piece board*)，获得一步，将棋子移动到棋盘上的新坐标。
- (make-jump *new-coords jumped-coords piece board*)，获得一步，将棋子移动到棋盘上的新坐标，并将对手在跳过的坐标处的棋子移除。
- (replace-piece *new-piece old-piece board*)，获得一步，用棋盘上的新棋替换老棋。
- (path-contains-jumps? *path*)，测试路径中的任何步骤是否为跳跃。

让我们来建立裁判员。我们将首先描述从一个给定的起点到一个给定的方向有哪些简单的步骤是可能的。try-step 程序确定了潜在的下一步，增加了给定的路径。如果没有这样的步骤，它将返回 #f。

```
(define (try-step piece board direction path)
  (let ((new-coords
         (coords+ (piece-coords piece) direction)))
    (and (is-position-on-board? new-coords board)
         (case (position-info new-coords board)
           ((unoccupied)
            (and (not (path-contains-jumps? path))
                 (cons (make-simple-move new-coords
                                         piece
                                         board)
                       path)))
           ((occupied-by-opponent)
            (let ((landing (coords+ new-coords direction)))
              (and (is-position-on-board? landing board)
                   (is-position-unoccupied? landing board)
                   (cons (make-jump landing
                                    new-coords
                                    piece
                                    board)
                         path))))
           ((occupied-by-self) #f)
           (else (error "Unknown position info"))))))
```

这个程序沿着给定的方向观察一步范围的位置。如果它没有被占据，那么就有可能移动到那里。（我们明确地测试这是不是跳跃的延续，因为这在跳棋中是不允许的。）如果该位置被棋手的一个棋子占据，则不可能移动。但是如果该位置被对手的棋子占据，而该方向的下一个位置没有被占据，那么就可以跳到对手的棋子上并吃掉它。

必须尝试每个可能的方向。程序 compute-next-steps 通过将现有路径增加一步来返回可能的下一个路径列表。

```
(define (compute-next-steps piece board path)
  ;; filter-map drops false values
  (filter-map (lambda (direction)
                (try-step piece board direction path))
              (possible-directions piece)))
```

跳棋的规则规定，当可能有一个或多个跳棋时，需要选择一个跳棋：

```
(define (evolve-paths piece board)
  (let ((paths (compute-next-steps piece board '())))
    (let ((jumps (filter path-contains-jumps? paths)))
      (if (null? jumps)
          paths
          (evolve-jumps jumps)))))
```

而在最初的跳跃之后，必须测试其他可能的跳跃：

```
(define (evolve-jumps paths)
  (append-map (lambda (path)
                (let ((paths
                       (let ((step (car path)))
                         (compute-next-steps (step-to step)
                                             (step-board step)
                                             path))))
                  (if (null? paths)
                      (list path)
                      ;; continue jumping if possible
                      (evolve-jumps paths))))
              paths))
```

这就是生成一个简单棋子走法的逻辑，裁判员必须对每一个棋子都这样做，并对结果进行汇总：

```
(define (generate-moves board)
  (crown-kings
   (mandate-jumps
    (append-map (lambda (piece)
                  (evolve-paths piece board))
                (current-pieces board)))))
```

这个程序除了生成移动之外还做了两件事。第一，汇总的移动可能包含一些棋子的跳跃和其他棋子的普通移动，在这种情况下只有跳跃是合法的移动。

```
(define (mandate-jumps paths)
  (let ((jumps (filter path-contains-jumps? paths)))
    (if (null? jumps)
        paths
        jumps)))
```

第二，如果任何棋子到达对方的主行，就必须把它变成国王。

```
(define (crown-kings paths)
  (map (lambda (path)
         (let ((piece (step-to (car path))))
           (if (should-be-crowned? piece)
               (cons (replace-piece (crown-piece piece)
                                    piece
                                    (step-board (car path)))
                     path)
               path)))
       paths))
```

评估

这段代码相当不错，它出乎意料地紧凑，而且是按照领域模型来写的。然而，跳棋的规则分布在整个代码中。跳跃的可用性是在程序 try-step 中发现的，但跳跃可能连锁的事实在 evolve-jumps 中。另外，如果跳转是可用的，就必须跳转的规则被分割在程序 evolve-paths 和 mandate-jumps 中。一个更微妙的问题是，裁判员的控制结构与规则交织在一起。例如，变化的积累（路径中的步骤）是建立在控制结构中的，就像多跳的连锁一样。授权跳转的逻辑之所以出现在两个地方，是因为控制结构的分布需要。

2.4.2　领域模型分解

让我们试着改善前面实现程序中注意到的问题。我们能把领域模型和控制结构与跳棋的规则分开吗？

领域模型

我们可以重新使用整体实现中的坐标、棋子和棋盘，因为它们基本上没有变化。然而，我们将取消国王和非国王棋子的具体概念，转而使用一个符号类型，从而引入了两个新的操作。

- (piece-type piece)，得到棋子的类型。
- (piece-new-type piece type)，得到一个与棋子相同的新棋子，不过它有给定的类型。

我们重新定义了 should-be-crowned? 和 crown-piece，以使用棋子类型，所以它们的行为和以前一样，但不再是核心领域模型的一部分。

尽管程序 possible-directions 是跳棋所特有的，我们仍然在这里使用它，但只是在定义跳棋的规则时使用，而不是新领域模型的一部分。

步骤数据结构也是跳棋所特有的，因为它指定了一个步骤是否是一个跳跃。我们将用一个更通用的结构来代替它，这个结构叫作变化（change）：

(make-change *board piece flags*)，创建一个新的变化对象。*flags*（标记）参数是一个符号列表，可以用它来表示状态的变化，如吃掉一个棋子。选择器 get-board、get-piece 和 get-flags 可以用来获取变化的相应部分。

和棋子类型一样，变化的标记提供了一种将游戏的特定功能添加到领域模型中的方法，而不需要将它们强行拼凑进去。

我们将用一个更抽象的概念来取代路径的概念，即局部移动（partial move）。局部移动包括一个初始棋盘和棋子，以及零个或多个变化。代码使用标识符 pmove 来表示局部移动。

- (initial-pmove *board piece*)，创建一个没有变化、没有标记的 pmove。
- (is-pmove-empty? *pmove*)，测试 *pmove* 是否为空：换句话说，如果它没有变化。
- (is-pmove-finished? *pmove*)，测试 *pmove* 是否被标记为完成。
- (current-board *pmove*)，返回 *pmove* 中最近一次变化的棋盘，如果没有变化，它将返回作为参数传递给 initial-pmove 的棋盘。
- (current-piece *pmove*)，返回 *pmove* 中最新变化的棋子；如果没有变化，它返回作为参数传递给 initial-pmove 的棋子。

接下来的操作以不同的方式扩展 *pmove*。当我们说"通过 *foo* 扩展 *pmove* 时"，意思是"通过添加一个执行 *foo* 的变化对象扩展 *pmove*"。

- (new-piece-position *coords pmove*)，通过将其棋子移动到 *coords*，扩展了 *pmove*。
- (update-piece *procedure pmove*)，扩展 *pmove*，通过在棋子上调用程序的方式替换它的棋子。
- (finish-move *pmove*)，通过添加一个带有标记的变化对象来扩展 *pmove*，该标记表明移动已经完成。其结果总满足谓词 is-pmove-finished?。

在 2.4.1 节的实现中，我们交替使用了跳跃和捕捉这两个术语。但是捕捉是一个更普遍的想法。例如，在国际象棋中，捕捉是通过置换一个棋子而不是跳在它的上方来完成的。使用一个变化标记来编码捕捉棋子的行为，并使用以下程序来管理该标记。

- (captures-pieces? *pmove*)，测试是否有棋子被 *pmove* 吃掉。
- (capture-piece-at *coords pmove*)，通过移除 *coords* 处的棋子来扩展 *pmove*。由 *coords* 指定的位置必须包含一个对手的棋子。该操作还在新的变化对象中设置了一个标记，表示一个棋子被吃掉了。结果 *pmove* 总是满足 captures-pieces?。

执行器

为了帮助将控制结构与跳棋的规则分开，我们建立了一个规则执行器，它可以捕捉到控制结构，而不包含规则的具体内容。在这种游戏中有两种规则。一种称之为演化规则

（evolution rule），对一个棋步进行扩充，可能返回多个派生棋步。另一种规则是聚合规则（aggregate rule），作用于一组 pmoves，消除不被允许的棋子，或扩展棋子以纳入变化，如加冕国王。

这里有一个执行器，它从一些空的 pmoves 开始，每个棋手的棋子都有一个，并将这些棋子演化为代表已完成棋步的棋子集合。然后，它将聚合规则应用于已完成的棋步集合，最终返回一个合法棋步的集合。

演化规则被实现为一个程序，该程序将给定的 pmove 转化为新的 pmoves 集合，其中一些可能已经完成（满足 is-pmove-finished?）。执行器递归地将所有演化规则应用到 pmoves 集合中，直到所有 pmoves 都完成。

聚合规则被实现为一个程序，接受一个已完成的 pmoves 集合并产生一个新的集合。每个聚合规则只应用一次，而且聚合规则之间没有排序限制，所以执行器可以将它们组合成一个单一程序，即复合聚合规则。如果没有聚合规则，那么复合程序只返回其参数。

```
(define (execute-rules initial-pmoves evolution-rules
                       aggregate-rules)
  ((reduce compose (lambda (x) x) aggregate-rules)
   (append-map (lambda (pmove)
                 (evolve-pmove pmove evolution-rules))
               initial-pmoves)))

(define (evolve-pmove pmove evolution-rules)
  (append-map (lambda (new-pmove)
                (if (is-pmove-finished? new-pmove)
                    (list new-pmove)
                    (evolve-pmove new-pmove evolution-rules)))
              (append-map (lambda (evolution-rule)
                            (evolution-rule pmove))
                          evolution-rules)))
```

演化规则通过程序 define-evolution-rule 注册在执行器中使用，而聚合规则通过程序 define-aggregate-rule 注册。每条规则都有名字、它被注册使用的游戏，以及实现其行为的程序。

国际跳棋规则

这里有一条简单棋步的规则。在一个可能的方向上寻找任何未被占据的相邻位置，并将 pmove 扩展到包括对该位置的移动。在这样的移动之后，继续移动是不合法的，因此将 pmove 标记为完成。

```
(define-evolution-rule 'simple-move checkers
  (lambda (pmove)
    (if (is-pmove-empty? pmove)
        (get-simple-moves pmove)
        '())))
```

```
(define (get-simple-moves pmove)
  (filter-map
   (lambda (direction)
     (let ((landing (compute-new-position direction 1 pmove))
           (board (current-board pmove)))
       (and (is-position-on-board? landing board)
            (is-position-unoccupied? landing board)
            (finish-move (new-piece-position landing pmove)))))
   (possible-directions (current-piece pmove))))
```

在 get-simple-moves 中，程序 compute-new-position 得到可能被移动棋子的建议着陆点，并给出移动的方向和距离。程序 offset* 将一个偏移量和一个数字相乘，得到一个由数字缩放的新偏移量。

```
(define (compute-new-position direction distance pmove)
  (coords+ (piece-coords (current-piece pmove))
           (offset* direction distance)))
```

跳跃的规则是类似的，只是它必须在给定的方向上寻找一个被占领的位置和一个未被占领的位置。当不可能有跳跃时，一个 pmove 就结束了。

```
(define-evolution-rule 'jump checkers
  (lambda (pmove)
    (let ((jumps (get-jumps pmove)))
      (cond ((not (null? jumps))
             jumps)
            ((is-pmove-empty? pmove)
             '())  ; abandon this pmove
            (else
             (list (finish-move pmove)))))))

(define (get-jumps pmove)
  (filter-map
   (lambda (direction)
     (let ((possible-jump
            (compute-new-position direction 1 pmove))
           (landing (compute-new-position direction 2 pmove))
           (board (current-board pmove)))
       (and (is-position-on-board? landing board)
            (is-position-unoccupied? landing board)
            (is-position-occupied-by-opponent? possible-jump
                                               board)
            (capture-piece-at possible-jump
                              (new-piece-position landing
                                                  pmove)))))
   (possible-directions (current-piece pmove))))
```

加冕国王是与其他规则无关的，只需查看所有已完成的棋步，并为位于对方主行的任何非国王的棋子加冕。

```
(define-aggregate-rule 'coronation checkers
  (lambda (pmoves)
    (map (lambda (pmove)
           (let ((piece (current-piece pmove)))
             (if (should-be-crowned? piece)
                 (update-piece crown-piece pmove)
                 pmove)))
         pmoves)))
```

　　最后，规定在有一步或多跳的情况下必须跳的规则，是在最后通过检测这种情况并丢弃所有非跳的棋步来完成的。

```
(define-aggregate-rule 'require-jumps checkers
  (lambda (pmoves)
    (let ((jumps (filter captures-pieces? pmoves)))
      (if (null? jumps)
          pmoves
          jumps))))
```

评估

　　裁判员基于规则的实现解决了我们前面发现的问题。它将控制结构从程序中移除，并将其定位在执行器中。因此，规则是具体的，每条跳棋规则都由单一的程序规则来表达。这些规则并不像早期实现时那样分散。

　　然而，这也是有代价的，必须为每条规则添加适用性条件，以防止它被应用于不合适的 pmoves[⊖]。例如，simple-move 规则必须包括它所给出的任何非空 pmoves，因为一个非空 pmoves 可能包括一个或多个跳，而这些跳不能用简单移动来继续。这是基于规则的系统的一个普遍的错误特征：每个规则都必须能够接受任何规则的输出，这通常通过在规则所应用的数据中编码控制状态来进行处理。

　　练习 2.12（国际象棋初步）　使用与跳棋相同的领域模型，就有可能对国际象棋的规则进行捕捉。除了国际象棋涉及许多类型的棋子这一事实外，还有几个重要的区别。一个区别是，车、象和国王的运动范围只受限于障碍物。另一个区别是，捕获是通过位移而不是跳跃。在这个练习中，将只考虑车和骑士，其余的棋子将在练习 2.13 中讨论。

　　　a. 构建一个类似的裁判员来生成车的合法棋步。不要试图实现王车易位规则。
　　　b. 增强你的裁判员，以模拟骑士的行为。

　　练习 2.13（国际象棋进阶）　使国际象棋的规则得到全面落实。

⊖　然而，由于规则执行器明确地处理了完成的 pmoves，我们不需要在规则中测试这些。

> **练习 2.14（项目拓展）** 选择一些其他的领域，而不是棋盘游戏，并使用规则执行器和你设计的领域模型建立一些程序规则的实现。这并不容易。

2.5 小结

本章所展示和阐述的技术对每个大型系统的设计和开发都有帮助，使用具有明确接口的组合与搭配的互换组件来构建系统，几乎总是对我们有利的。

在具有高阶程序和词法作用域的语言（如 Scheme 或 Java）中，很容易制作组合器系统——标准的组合方式（如 compose）——用于可互换组件的库。而且，制作共享公共接口规范的参数化组件也很方便。例如，如果接口规范是接受一个参数并返回一个值的程序，那么

```
(define(make-incrementer dx)
    (lambda(x)(+x dx)))
```

定义了一组可互换的增量器。用像 C 这样没有词义作用域的高阶程序语言来制作组合器系统和可组合部分的库要难得多。但只要仔细规划并付出一些努力，还是可以做到的。

当面对一个基于部分不能整齐组合的系统时（比如正则表达式），往往可以通过元编程来减轻困难。在这种情况下，我们建立了一种新的基于组合器的语言，并将其编译到正则表达式语言中，形成了一种令人愉快但冗长的选择。对于需要匹配字符串的程序来说，正则表达式组合器语言是一种很好的领域专用的中间语言，但作为用户输入的脚本语言，它就不那么好了。为此，我们希望为匹配字符串设计一种干净、更简洁的语法，可以编译成基于组合器的中间语言 ⊖。

包装器是使旧代码在新环境中发挥作用的一种常见策略。我们展示了如何通过建立一个自动进行必要单位转换的包装器系统，让假设了特定单位系统的程序能够用于其他单位系统。为了做到这一点，我们制作了一个小型的领域专用语言来表示单位转换，并将其编译到适当的包装器中。

但是包装器不仅仅可以用作旧代码的适配器。我们可以用一个包装器来包装一个程序，包装器可以检查输入参数的合理性，并检查输出是否是一个给定输入的合理结果。如果这种检查失败，包装器就会发出一个错误信号。这种"偏执型编程风格"是一种非常强大的工具，可以保护系统不被滥用并进行调试。

正如用正则表达式和单位转换所说明的那样，解决一类问题的最好方法往往是用一种领域专用语言来表示解决方案。为了探索这种策略，把为一个棋盘游戏生成合法移动的问题分成了三个可单独扩展的部分：领域模型、控制结构执行器和游戏的具体规则。领域模

⊖ SRFI 115 是一个有趣的例子，见［110］。

型提供了一组基元，这些基元被组合成规则，提供了一种表达规则的语言。规则的应用是由控制结构执行器来排序的。这种组合构成了表达类似跳棋的棋盘游戏规则的领域专用语言的本质。

　　每种好的语言都有基元、这些基元的组合方式以及组合的抽象手段。本章所展示的例子是嵌入 Scheme 中的，因此能够使用 Scheme 强大的组合方式和抽象手段。但这仅仅是个开始。在第 5 章中，将超越这种嵌入策略，使用抽象语言学的强大思想。

第 3 章

算术主题

本章介绍谓词调度通用程序的极其强大但具有潜在危险的灵活性技术。首先从相对简单的算术运算入手，熟悉运算符号的含义。然后将算术运算推广到处理符号代数表达式，再推广到函数。最后使用一套组合器系统，其中被组合的元素是算术操作的包。

在这之后，我们会希望有更大的灵活性。因此，我们设计了可动态扩展的通用程序，其中处理程序的适用性由程序参数的谓词决定。通用程序的功能是非常强大且有趣的。通过使用通用程序将算术运算扩展为以对"微分对象"进行的操作，只需很少的工作就可以实现自动微分。

谓词调度非常消耗资源，因此本章研究了减少开销的方法。在这个程序中，设计了一种标记数据，其中标记只是一种记忆谓词值的方式。为了完成本章，我们通过设计一个简单但易于制作的冒险游戏，来展示通用程序的强大功能。

3.1 组合算术

假设有一个可以计算一些有用数值结果的程序，功能取决于程序文本引用的算术运算符的含义。虽然这个程序是被设计用来处理数值类型数据的，但可以将这些运算符进行扩展以处理数字以外的事情。通过这些扩展，程序就能够做一些在编写程序时没有考虑，但却有用的事情。其中，一个常见的模式是一个带有数字形式的权重和一些其他参数的程序，通过将加权的参数相加来构成一个线性组合。如果能够在原始数字的基础上，将加法和乘法运算符扩展为可以对数字元组进行操作，那么这个程序就可以实现向量的线性组合。这种扩展是有效的，因为算术运算符集合是一个定义明确且连贯的实体。具有更强大算术运算功能的数值程序的扩展也同样有效，除非新的数量不遵守程序设计者假设的约束。例如，矩阵的乘法不可以交换，因此依赖数字乘法是可交换的事实的数值程序的扩展将不起作用。我们先暂时忽略这个问题。

3.1.1 一个简单的 ODE 积分器

微分方程是对系统状态如何随着自变量变化而变化的描述，将其称为系统状态的演

化 ⊖。可以通过在多个点对自变量进行采样并近似计算每个采样点的状态变化来近似计算系统状态的演化。这种近似程序称为数值积分（numerical integration）。

　　下面来研究一下二阶常微分方程数值积分器中数值运算的一般性。使用一个积分器，以均匀的间隔对其自变量进行采样，每个间隔称为一个步骤。考虑下面这个等式：

$$D^2 x\,(t) = F\,(t,\,x\,(t)) \tag{3.1}$$

其表达的基本思想是将对未知函数二阶导数的离散逼近表示为之前一些步骤的二阶导数的线性组合。特定系数是通过数值分析选择的，这里并不关心这些系数。

$$\frac{x\,(t+h) - 2x\,(t) + x\,(t-h)}{h^2} = \sum_{j=0}^{k} A\,(j)\,F\,(t-jh,\,x\,(t-jh)) \tag{3.2}$$

其中 h 为步骤的大小，A 为魔法系数数组。

　　例如，Stormer 的 2 阶积分器是

$$x\,(t+h) - 2x\,(t) + x\,(t-h)$$

$$= \frac{h^2}{12}\,(13F\,(t,\,x\,(t)) - 2F\,(t-h,\,x\,(t-h)) + F\,(t-2h,\,x\,(t-2h))) \tag{3.3}$$

　　为了使用它来计算 x 将来的值，我们编写了一个程序。stormer-2 返回的程序是一个给定了函数和步骤大小的积分器，其作用是给定 x 的过去的值 history，生成 x 在下一个时间点的估值，记为 $x\,(t+h)$。程序 t 和 x 从 history 中提取 x 过去的时间和值：(x 0 history) 返回 $x\,(t)$，(x 1 history) 返回 $x\,(t-h)$，(x 2 history) 返回 $x\,(t-2h)$。我们使用类似的方法从历史中获取指定步骤的时间点：(t 1 history) 返回 $t-h$。

```
(define (stormer-2 F h)
  (lambda (history)
    (+ (* 2 (x 0 history))
       (* -1 (x 1 history))
       (* (/ (expt h 2) 12)
          (+ (* 13 (F (t 0 history) (x 0 history)))
             (* -2 (F (t 1 history) (x 1 history)))
             (F (t 2 history) (x 2 history)))))))
```

　　stepper 返回的程序带有一个参数 history，并为给定的积分器返回一个 h 之前的 history 值。

```
(define (stepper h integrator)
  (lambda (history)
    (extend-history (+ (t 0 history) h)
                    (integrator history)
                    history)))
```

　　程序 stepper 用在程序 evolver 中，用来生成程序 step，程序 step 会将 history 前进一个步骤。程序 step 用在程序 evolve 中，它的功能是给定参数 n-steps 的值，将

⊖　ODE（Ordinary Differential Equation，常微分方程）是表示具有单个自变量的微分方程。

history 向前推进 n-steps 个步骤，而每个步骤的大小为 h。我们在这里明确使用专门的整数算法（名为 n:> 和 n:- 的程序）来计算 step 的个数。这将允许我们在不影响简单计数的情况下针对不同的任务使用不同类型的算术运算 [注]。

```
(define (evolver F h make-integrator)
  (let ((integrator (make-integrator F h)))
    (let ((step (stepper h integrator)))
      (define (evolve history n-steps)
        (if (n:> n-steps 0)
            (evolve (step history) (n:- n-steps 1))
            history))
      evolve)))
```

像式（3.1）这样的二阶微分方程通常需要两个初始条件 $x(t_0)$ 和 $x'(t_0)$ 来确定唯一的轨迹，这样就能够得到所有 t 对应的 $x(t)$。而使用的 Stormer 多步积分器则需要三个历史值 $x(t_0)$、$x(t_0-h)$ 和 $x(t_0-2h)$ 来计算下一个值 $x(t_0+h)$。因此，要使用这个积分器来演化轨迹，必须从具有三个过去 x 值的初始 history 开始。

考虑下面这个非常简单的微分方程：

$$D^2x(t) + x(t) = 0$$

在式（3.1）所示的形式中，右侧是：

```
(define (F t x) (- x))
```

因为这个方程的解都是正弦曲线的线性组合，可以通过用三个正弦函数的值初始化 history 来得到简单的正弦函数：

```
(define numeric-s0
  (make-initial-history 0 .01 (sin 0) (sin -.01) (sin -.02)))
```

其中，程序 make-initial-history 的参数如下：

```
(make-initial-history t h x(t) x(t − h) x(t − 2h))
```

使用 Scheme 的内置算术运算，在 100 个步骤之后（步骤的大小 $h = .01$），得到了一个很好的 $\sin(1)$ 的近似值：

```
(x 0 ((evolver F .01 stormer-2) numeric-s0 100))
.8414709493275624
(sin 1)
.8414709848078965
```

3.1.2　调整算术运算符

现在，考虑一下调整加法、乘法等运算符用于新类型的可能性。例如，可以将算术运

⊖　因为我们预计 MIT/GNU Scheme 系统中许多运算符的含义会有所不同，所以我们制作了一组特殊的运算符，用于命名我们稍后可能需要的原始程序。我们用前缀 n: 命名副本。在 MIT/GNU Scheme 中，具有初始名称的初始程序在 system-global-environment 中始终可用，因此我们可以选择从那里获取它们。

算符用于符号运算并生成符号表达式，而不是数值。这在调试纯数值计算时是非常有用的，因为如果将符号作为参数，可以检查作为结果的符号表达式，以确保程序的计算与预期一致。这也可以作为部分评估器的基础，用来优化数值程序。

这里有一种实现这个目标的方法。引入算术包的概念。所谓算术包，或者只是算法，是从运算符名称到其操作（实现）的映射。可以在用户的 read-eval-print 环境中安装一个算法，然后，就可以用算法实现去替换那些在算术运算中定义的运算符的默认功能了。

程序 make-arithmetic-1 生成一个新的算术包。它带有两个参数，一个是新算法的名字，另一个是操作生成器程序，它为指定名字的运算符构造对应的操作，此处是一个处理程序。程序 make-arithmetic-1 调用算术运算符对应的操作生成器程序，将结果归集到一个新的算术包中。对于符号算法，该操作被实现为一个程序，这个程序会创建一个符号表达式，创建的方式是将运算符名称与其对应行的参数列表构成一个点对。

```
(define symbolic-arithmetic-1
  (make-arithmetic-1 'symbolic
    (lambda (operator)
      (lambda args (cons operator args)))))
```

为了使用这个新定义的算法，我们先要安装。这将重新定义算术运算符以使用此算法 [⊖]：

```
(install-arithmetic! symbolic-arithmetic-1)
```

install-arithmetic! 将用户的全局变量的值，也就是在算术运算中定义的算术运算符的名称，更改为该算法中的值。例如，在此安装之后：

```
(+ 'a 'b)
```
(+ a b)

```
(+ 1 2)
```
(+ 1 2)

现在可以观察 Stormer 进化一个步骤的结果 [⊖⊖]：

```
(pp (x 0
     ((evolver F 'h stormer-2)
      (make-initial-history 't 'h 'xt 'xt-h 'xt-2h)
      1)))
```
(+ (+ (* 2 xt) (* -1 xt-h))
* (* (/ (expt h 2) 12)*
*   (+ (+ (* 13 (negate xt)) (* -2 (negate xt-h)))*
*   (negate xt-2h))))*

⊖ 最新的 Scheme 标准（见［109］）引入了"libraries"，它提供了一种指定程序中自由引用绑定的方法。我们可以使用库将算术运算与使用它的代码连接起来。但在这里我们通过修改读取 – 评价 – 输出环境来展示想法。

⊖ 程序 pp 通过使用换行符和缩进来显示列表的结构，从而"漂亮地"输出列表。

⊜ 你可能已经注意到，在这些符号表达式中，加法和乘法被表示为二元运算，尽管在 Scheme 中它们允许采用许多参数，安装程序将 n 元版本实现为嵌套的二元操作。同样，一元 – 被转换为否定。带有多个参数的减法和除法也被实现为嵌套的二元运算。

通过将 `symbolic-arithmetic-1` 中的 `cons` 替换为一个代数简化器，可以轻松地生成简化的表达式，进而得到一个符号操纵器。（我们将在 4.2 节探讨代数简化。）

这种转换非常容易，但最初设计并没有为符号计算做任何规定，可以很容易地添加对向量算法、矩阵算法等的支持。

运算符重定义问题

"事后"重定义运算符的能力在提供了极大灵活性的同时，也有可能导致全新的类型错误。（在程序 evolver 中预料到了这样的问题，并通过使用专用的算术运算符 `n:>` 和 `n:-` 计算 `steps` 来避免这个问题。）

还有一些更加不易察觉的问题。依赖整数运算准确性的程序可能无法正确处理不精确的浮点数。这正是生物或技术系统进化带来的风险，有些突变甚至是致命的！当然，也有一些突变是非常有益的。这种冒险有可能以狭窄而脆弱的结构为代价，需要权衡利弊。

事实上，当原始程序可以被重新定义时，很可能程序的很大一部分是无法证明的，除非不改变它所操作的类型。这是一条简单但危险的一般化路径。

3.1.3　组合运算

符号运算不能进行数值计算，因此通过替换运算符的定义打破了之前积分示例的限制。由于希望运算符的操作依赖它的参数，例如，对 (+ 1 2) 进行数字加法，但为 (+'a'b) 构建一个列表。因此，算术包必须能够确定哪个处理程序适合当前的参数。

改进的算术抽象

通过为每个操作添加适用性规范（通常简称为适用性）的注释，可以组合不同种类的运算。例如，可以组合符号和数值运算，以便组合操作可以确定哪种实现更适合它的参数。

适用性规范只是一个案例列表，其中的每个案例都是一个谓词列表，例如 `number?`、`symbolic?` 等。如果参数满足其中的某个案例，也就是说，如果该案例中的每个谓词对于相应的参数都为真，则程序被认为适用于这个参数序列。例如，对于二元运算符，希望数字运算仅适用于 (`number?` `number?`) 的情况，而符号运算可以适用于以下这些情况：((`number?` `symbolic?`)(`symbolic?` `number?`)(`symbolic?` `symbolic?`))。

使用 `make-operation` 来创建一个操作，该操作包含处理程序的适用性，如下所示：

```
(define (make-operation operator applicability procedure)
  (list 'operation operator applicability procedure))
```

然后可以获得一个操作的适用性：

```
(define (operation-applicability operation)
  (caddr operation))
```

引入为操作编写适用性信息的抽象。程序 `all-args` 有两个参数，第一个参数是操作接受的参数个数（即元数），第二个参数是对于每个参数都必须为真的谓词。程序 `all-args`

返回一个适用性规范，可用于确定操作是否适用于提供给它的参数。在数值运算中，每个操作的所有参数都必须是数字。

使用 all-args，可以为最简单的操作实现一个构造函数：

```
(define (simple-operation operator predicate procedure)
  (make-operation operator
                  (all-args (operator-arity operator)
                            predicate)
                  procedure))
```

我们还会发现，对于给定算术运算作为参数的对象（例如函数或矩阵）而言，拥有一个值为真的域谓词是很有用的，例如，number? 之于数字运算。为了支持这个更复杂的想法，我们将为算术包创建一个构造程序 make-arithmetic。程序 make-arithmetic 类似于 make-arithmetic-1，但它具有附加参数。

```
(make-arithmetic name
                 domain-predicate
                 base-arithmetic-packages
                 map-of-constant-name-to-constant
                 map-of-operator-name-to-operation)
```

由 make-arithmetic 生成的算术包有一个有助于调试的名称、一个上面提到的域谓词和一个算术包列表，我们称之为 bases，新的运算将从中构建。此外，算术运算将包含一组命名常量和一组运算符及其相应的操作。最后两个参数用于生成这些集合。

使用基本算法的一个例子是向量。向量表示为坐标的有序序列，因此向量的运算是根据其坐标的运算定义的，向量的基本运算是对向量坐标进行恰当的计算。具有数字坐标的向量运算以数字运算为基，而具有符号坐标的向量运算以符号运算为基。简单起见，我们通常使用术语"over"来指定它们的基，如"vectors over numbers"或"vectors over symbols"。

基运算还决定了派生运算定义的常量和运算符。派生运算定义的常量是基中定义的常量的并集，派生运算定义的运算符是基中运算符的并集。如果没有基，则定义常量和运算符名称的标准集合。

有了这些新的能力，可以定义具有适用性信息的数值运算。由于数值运算以 Scheme 为基础，因此，对于 Scheme 数字参数的运算符来说，恰当的处理程序只是 Scheme 实现中运算符的值。此外，某些符号（例如加法和乘法的恒等常数）是专门用于映射的。

```
(define numeric-arithmetic
  (make-arithmetic 'numeric number? '()
    (lambda (name)                    ;constant generator
      (case name
        ((additive-identity) 0)
        ((multiplicative-identity) 1)
        (else (default-object))))
```

```
(lambda (operator)              ;operation generator
  (simple-operation operator number?
    (get-implementation-value
      (operator->procedure-name operator)))))))
```

此代码的最后两行查找由 Scheme 实现定义的程序，而该定义由操作符确定 $\ominus$。

类似地，可以编写 symbolic-extender 构造器来构造基于给定运算的符号运算。

```
(define (symbolic-extender base-arithmetic)
  (make-arithmetic 'symbolic symbolic? (list base-arithmetic)
    (lambda (name base-constant)           ;constant generator
      base-constant)
    (let ((base-predicate
            (arithmetic-domain-predicate base-arithmetic)))
      (lambda (operator base-operation) ;operation generator
        (make-operation operator
                        (any-arg (operator-arity operator)
                                 symbolic?
                                 base-predicate)
                        (lambda args
                          (cons operator args)))))))
```

这与数值运算之间的一个区别是，只要有一个参数是符号表达式，就可以使用符号运算 $\ominus$。这一点通过 any-arg 而不是 all-args 来体现，如果至少有一个参数满足作为第二个参数传递进来的谓词，并且所有其他参数满足作为第三个参数传递进来的谓词，则 any-arg 匹配成功 $\ominus$。此外，还要注意的是此符号运算基于参数 base-arithmetic，它使我们能够构建多种该类型的算法。

适用性规范不用作处理程序的守卫，它们不会阻止将处理程序应用于错误的参数。适用性规范仅用于在组合运算时，对运算符可能的操作进行区分，如下文所述。

算术组合器

从结构上看，符号运算和数值运算具有相同的形式。程序 symbolic-extender 为运算符生成一个运算，这些运算符就是传递给它的基本运算中的运算符。为了构建复合算法，设计一款组合器语言可能是一种很好的方法。

下面的程序 add-arithmetics 是一个运算的组合器。它创建了一个新的运算，其域谓词是给定运算的域谓词的析取，并且其每个域谓词的运算符都映射到给定运算的操作的并集 $\circledast$。

$\ominus$ 程序 default-object 生成一个与任何可能的常量都不同的对象，程序 default-objcet? 识别该值。

$\ominus$ 你可能已经注意到的另一个不同之处是数值算术的常量生成器和操作生成器程序只有一个形式参数，而符号扩展器的生成器程序有两个。符号算术建立在基本算术上，因此基本算术的常数或运算被提供给生成器。

$\ominus$ 调用 (any-arg 3 p1? p2?) 将产生一个具有七种情况的适用性规范，因为有七种方法可以满足这种适用性：((p2? p2? p1?)(p2? p1? p2?)(p2? p1? p1?)(p1? p2? p2?)(p1? p2? p1?)(p1? p1? p2?)(p1? p1? p1?))。

$\circledast$ disjoin* 是一个谓词组合器，它接受一个谓词列表并产生作为它们析取的谓词。

```
(define (add-arithmetics . arithmetics)
  (add-arithmetics* arithmetics))

(define (add-arithmetics* arithmetics)
  (if (n:null? (cdr arithmetics))
      (car arithmetics)                   ;only one arithmetic
      (make-arithmetic 'add
                       (disjoin*
                        (map arithmetic-domain-predicate
                             arithmetics))
                       arithmetics
                       constant-union
                       operation-union)))
```

make-arithmetic 的第 3 个参数是一个被组合的算术包的列表。算术包必须兼容，因为它们为拥有相同名称的运算符指定操作。第 4 个参数是 constant-union，它组合了多个常量。此处，选择一个参数常量用于组合运算，稍后我们将详细说明这一点 [⊖]。

```
(define (constant-union name . constants)
  (let ((unique
         (remove default-object?
                 (delete-duplicates constants eqv?))))
    (if (n:pair? unique)
        (car unique)
        (default-object))))
```

最后一个参数是 operation-union，它为结果的运算中指定的运算符构造操作。如果一个操作适用于任何组合的运算，则该运算是可应用的。

```
(define (operation-union operator . operations)
  (operation-union* operator operations))

(define (operation-union* operator operations)
  (make-operation operator
                  (applicability-union*
                   (map operation-applicability operations))
                  (lambda args
                    (operation-union-dispatch operator
                                              operations
                                              args))))
```

程序 operation-union-dispatch 必须根据提供给它的参数来确定要使用的操作。它从给定的运算中选择合适的运算并将其应用于参数。如果有多个给定的运算具有可应用的运算，则选择传递给 add-arithmetics 的参数中的第一个运算中的操作。

⊖ 做出这种武断的选择事实上并不一定真的合理。例如，*0* 向量不但与数字 0 有区别，不同向量的维数也不同。此处选择忽略这个问题。

```
(define (operation-union-dispatch operator operations args)
  (let ((operation
          (find (lambda (operation)
                  (is-operation-applicable? operation args))
                operations)))
    (if (not operation)
        (error "Inapplicable operation:" operator args))
    (apply-operation operation args)))
```

一种常见的模式是将基本运算与建立在该运算之上的一个扩展相结合。数值运算和符号运算的组合就是这种情况，其中，符号运算建立在数值运算之上。所以为该模式提供了一个抽象：

```
(define (extend-arithmetic extender base-arithmetic)
  (add-arithmetics base-arithmetic
                   (extender base-arithmetic)))
```

可以使用 extend-arithmetic 来组合数值运算和符号运算。由于适用情况是不相交的——数值运算的所有数字和符号运算的至少一个符号表达式——add-arithmetics 的参数顺序在这里无关紧要，除了可能存在性能问题。

```
(define combined-arithmetic
  (extend-arithmetic symbolic-extender numeric-arithmetic))

(install-arithmetic! combined-arithmetic)
```

让我们来试一下复合运算：

```
(+ 1 2)
```
3

```
(+ 1 'a)
```
(+ 1 a)

```
(+ 'a 2)
```
(+ a 2)

```
(+ 'a 'b)
```
(+ a b)

积分器仍然以数值进行运算：

```
(define numeric-s0
  (make-initial-history 0 .01 (sin 0) (sin -.01) (sin -.02)))

(x 0 ((evolver F .01 stormer-2) numeric-s0 100))
```
.8414709493275624

下面的程序以符号方式进行运算：

```
(pp (x 0
       ((evolver F 'h stormer-2)
        (make-initial-history 't 'h 'xt 'xt-h 'xt-2h)
        1)))
(+ (+ (* 2 xt) (* -1 xt-h))
   (* (/ (expt h 2) 12)
      (+ (+ (* 13 (negate xt)) (* -2 (negate xt-h)))
         (negate xt-2h))))
```

下面的程序以组合方式进行运算, `history` 是数值, 而 `step` 的大小 h 是符号:

```
(pp (x 0 ((evolver F 'h stormer-2) numeric-s0 1)))
(+ 9.999833334166664e-3
   (* (/ (expt h 2) 12)
      -9.999750002487318e-7))
```

现在已经将可以进行符号运算的代码和可以进行数值运算的代码进行了组合。首先创建了一个系统, 该系统的运算依赖这两种能力。这不仅仅是两种能力的并集, 它是通过两种机制的合作来解决一个问题的, 而这两者中的任何一个都无法单独解决这个问题。

3.1.4 算术函数

传统数学将数值计算扩展到了许多其他类型的对象。几个世纪以来, "运算" 已经扩展到复数、向量、线性变换、矩阵等。其中, 函数是一个特别具有启发性的扩展, 可以使用算术运算符组合相同类型的函数:

$$(f + g)(x) = f(x) + g(x)$$
$$(f - g)(x) = f(x) - g(x)$$
$$(fg)(x) = f(x)g(x)$$
$$(f / g)(x) = f(x) / g(x)$$
$$\vdots$$

组合的函数必须具有相同的定义域和值域, 并且运算必须定义在值域上。

扩展到函数并不难。提供一个定义在要组合的函数值域上的算术包, 并且假设函数以程序的形式实现, 可以制作一个实现函数运算的算术包。

```
(define (pure-function-extender codomain-arithmetic)
  (make-arithmetic 'pure-function function?
                   (list codomain-arithmetic)
    (lambda (name codomain-constant)   ; *** see below
      (lambda args codomain-constant))
    (lambda (operator codomain-operation)
      (simple-operation operator function?
        (lambda functions
          (lambda args
            (apply-operation codomain-operation
                             (map (lambda (function)
                                    (apply function args))
                                  functions)))))))))
```

请注意，常量生成器（带有注释 ***）必须为每个值域常量生成一个常量函数。例如，函数的加法单位元必须是每个数值参数的函数，这个函数返回值域加法单位元。例如，函数的加法标识必须是返回值域中加法标识的任意数量参数的函数。

将函数运算与值域上的算术运算组合成一个有用的包：

```
(install-arithmetic!
  (extend-arithmetic pure-function-extender
                     numeric-arithmetic))

((+ cos sin) 3)
-.8488724885405782

(+ (cos 3) (sin 3))
-.8488724885405782
```

如果建立在 combined-arithmetic 上，可以获得更有趣的结果：

```
(install-arithmetic!
  (extend-arithmetic pure-function-extender
                     combined-arithmetic))

((+ cos sin) 3)
-.8488724885405782

((+ cos sin) 'a)
(+ (cos a) (sin a))

(* 'b ((+ cos sin) (+ (+ 1 2) 'a)))
(* b (+ (cos (+ 3 a)) (sin (+ 3 a))))
```

数学惯例还允许将数值量与函数混合运算，方法是将数值量视为与它们将要组合的函数类型相同的常数函数。

$$(f+1)(x) = f(x) + 1 \tag{3.4}$$

我们通过对程序 pure-function-extender 的微小修改，可以很容易地将数值强制转换为常数函数：

```
(define (function-extender codomain-arithmetic)
  (let ((codomain-predicate
         (arithmetic-domain-predicate codomain-arithmetic)))
    (make-arithmetic 'function
                     (disjoin codomain-predicate function?)
                     (list codomain-arithmetic)
     (lambda (name codomain-constant)
       codomain-constant)
     (lambda (operator codomain-operation)
       (make-operation operator
                       (any-arg (operator-arity operator)
                                function?
```

```
                           codomain-predicate)
        (lambda things
          (lambda args
            (apply-operation codomain-operation
              (map (lambda (thing)
                     ;; here is the coercion:
                     (if (function? thing)
                         (apply thing args)
                         thing))
                   things))))))))))
```

为了能够将值域量（例如数字）强制转换为常数函数，新函数运算的定义域必须同时包含函数和函数值域中的元素（函数的可能值）。如果每个参数都是函数，则运算符实现是可行的，并且函数应用于给定的参数。请注意，`make-arithmetic` 的常量生成器不需要将值域常量改写为函数，因为此时可以直接使用这些常量。

　　使用这个版本，我们可以：

```
(install-arithmetic!
  (extend-arithmetic function-extender combined-arithmetic))

((+ 1 cos) 'a)
(+ 1 (cos a))

(* 'b ((+ 4 cos sin) (+ (+ 1 2) 'a)))
(* b (+ 4 (cos (+ 3 a)) (sin (+ 3 a))))
```

　　这就引出了一个有趣的问题：有 a 和 b 这样的符号来代表数字文字，但没有任何符号代表函数文字。例如，如果我们写

```
(* 'b ((+ 'c cos sin) (+ 3 'a)))
```

其中的算术运算会将 c 视为数字文字。但是我们可能希望 c 是一个组合为函数的函数文字。当前的设计很难做到这一点，因为 c 不携带类型信息，通过上下文不足以区分其用法。

　　但是可以创建一个除了名称之外没有任何属性的文字函数。这样的函数只是将其名称附加到其参数列表中。

```
(define (literal-function name)
  (lambda args
    (cons name args)))
```

　　有了这个定义，就可以将函数文字 c 与其他函数正确地结合起来：

```
(* 'b ((+ (literal-function 'c) cos sin) (+ (+ 1 2) 'a)))
(* b (+ (+ (c (+ 3 a)) (cos (+ 3 a))) (sin (+ 3 a))))
```

这是一个处理有用案例的狭义解决方案。

3.1.5 组合器问题

到目前为止，我们一直在构建的运算结构是使用组合器通过组合更简单的结构来构建复杂结构的一个例子。但是使用组合器构建这个系统有一些严重的缺陷。首先，结构的某些特性是通过组合的方式确定的。例如，我们指明 add-arithmetics 的参数是有优先级的，因此参数的顺序非常重要。其次，这种设计中隐含的分层，使得必须在函数运算之前构造值域运算，这意味着在构造器运算之后将无法扩充值域运算。最后，我们可能希望为返回函数的函数定义一个运算。在不引入另一种自引用机制的前提下，在这个框架内是不能以通用的方式完成的，而且使用自引用也很麻烦。

组合器的功能强大且实用，但是由组合器构建的系统却不是很灵活。一个问题是部分的形状必须提前制定：可用的通用性取决于部分形状的详细方案，并且必须有部分如何组合的本地方案。这对于一个很好理解的领域来说不是问题（比如算术），但它不适合开放的结构。在 3.2 节中将看到如何以增量模式添加新的算术类型，而不必决定它们在层次结构中的位置，也不必更改现有的可用部分。

组合器的其他问题是，组合器系统任何部分的行为都必须独立于其上下文。而创建依赖上下文的系统却正是设计者可以获得灵活性的一个有力来源。通过改变系统的上下文，可以获得行为的变化。这是非常危险的，因为可能很难预测哪种变化起作用。然而，仔细控制的变化可能是有效的。

> **练习 3.1（布尔运算）** 在数字设计中，布尔运算 and、or 和 not 分别用运算符 *、+ 和 - 表示。
>
> Scheme 中有一个谓词 boolean? 只能是 #t 和 #f。使用它来制作一个布尔算术包，可以与已有的运算相结合。请注意，所有其他运算符均未有布尔值的定义，因此将 cos 之类的内容应用于布尔值时，比较合适的结果是报告错误。
>
> 下面的模板可以帮助我们入门：
>
> ```
> (define boolean-arithmetic
>   (make-arithmetic 'boolean boolean? '()
>     (lambda (name)
>       (case name
>         ((additive-identity) #f)
>         ((multiplicative-identity) #t)
>         (else (default-object))))
>     (lambda (operator)
>       (let ((procedure
>               (case operator
>                 ((+) <...>)
>                 ((-) <...>)
>                 ((*) <...>)
> ```

```
              ((negate) <...>)
              (else
               (lambda args
                 (error "Operator undefined in Boolean"
                        operator)))))))
        (simple-operation operator boolean? procedure)))))
```

在数字设计中，运算符 - 通常仅用作一元运算符，并被解释为 negate（取反）。安装运算时，二元运算符 +、*、- 和 / 被扩展为 n 元算子。一元应用（- 操作数）由安装程序转换为（negate 操作数）。因此，要使 - 有效，需要为运算符 negate 定义一元布尔运算。

练习 3.2（向量运算）　我们将制作并安装一个关于几何向量的算术包。这是一项重大任务，它将使我们迄今为止开发的系统的许多困难和不足暴露出来。

a. 将向量表示为 Scheme 中的数值 vector。向量的元素是笛卡儿坐标系的坐标。这里有几个问题。加法（和减法）仅适用于相同维度的向量，因此运算必须获得维度的信息。首先，在适用于向量坐标的基本运算基础上，设计一个运算，该运算仅定义向量的加法、取反和减法。将任何其他操作应用于向量都应该报告错误。提示，以下步骤是有用的：

```
(define (vector-element-wise element-procedure)
  (lambda vecs     ; Note: this takes multiple vectors
    (ensure-vector-lengths-match vecs)
    (apply vector-map element-procedure vecs)))

(define (ensure-vector-lengths-match vecs)
  (let ((first-vec-length (vector-length (car vecs))))
    (if (any (lambda (v)
               (not (n:= (vector-length v)
                         first-vec-length)))
             vecs)
        (error "Vector dimension mismatch:" vecs))))
```

这里 apply 的用法很微妙。探讨这个问题的一种方式是想象这种语言支持这样的省略号：

```
(define (vector-element-wise element-procedure)
  (lambda (v1 v2 ...)
    (vector-map element-procedure v1 v2 ...)))
```

构建所需的运算并证明它适用于数值向量以及具有数值和符号混合坐标的向量。

b. 向量的加法需要将坐标相加。坐标加法程序可以是运算符 + 的值，这个运算符将在用户环境中通过 install-arithmetic! 变为可用，也可以是向量扩展的基本算法中的加法运算。这两者中的任何一个都可以满足许多测试，并且使用已安装的加法实际上可能更通用。思考一下，你会使用哪一种呢？展示如何实施其他选择。这个选择如何影响你将来扩展此系统的能力？请解释一下理由。

提示：控制程序中运算符的解释的一个好方法是将每个运算符的程序作为参数传递给 maker procedure 程序，该程序返回所需的程序。例如，要控制 vector-magnitude 中使用的运算，可以写成如下形式：

```
(define (vector-magnitude-maker + * sqrt)
  (let ((dot-product (dot-product-maker + *)))
    (define (vector-magnitude v)
      (sqrt (dot-product v v)))
    vector-magnitude))
```

c. 我们现在来讨论一下乘法。首先，对于两个向量，将乘法定义为它们的点积是合理的。但是，这里有一些问题。需要能够使用加法和乘法运算，也许是来自坐标的运算，这不难解决。可以修改向量算法，将两个向量的乘法定义为它们的点积，并证明点积是有效的。

d. 将向量大小添加到向量运算中，扩展数值运算符 magnitude 以给出向量的长度。上面的代码已经完成了大部分的工作。

e. 向量乘以标量或标量乘以向量应产生标量积（每个坐标乘以标量的向量）。因此，乘法可以表示点积或者标量积，具体取决于其参数的类型。修改向量算法以使其工作，并证明向量运算可以处理点积和标量积。提示：3.2.1 节中的程序 operation-union 提供了一种非常优雅的方法来解决这个问题。

练习 3.3（扩展排序） 考虑将向量扩展（练习 3.2）与现有算法相结合的两种可能的顺序：

```
(define vec-before-func
 (extend-arithmetic
  function-extender
  (extend-arithmetic vector-extender combined-arithmetic)))
(define func-before-vec
 (extend-arithmetic
  vector-extender
  (extend-arithmetic function-extender combined-arithmetic)))
```

扩展的顺序如何影响生成的算术运算的属性？以下程序在单位圆上生成点，

```
(define (unit-circle x)
  (vector (sin x) (cos x)))
```

如果我们在安装了 `vec-before-func` 和 `func-before-vec` 的环境中执行以下每个表达式：

`((magnitude unit-circle) 'a)`

`((magnitude (vector sin cos)) 'a)`

结果（未化简）应该是：

(sqrt (+ ((sin a) (sin a)) (* (cos a) (cos a))))*

然而，这些表达式中的每一个都因扩展的两个排序之一而失败。那么，是否有可能做出一个二者都正确评估的运算呢？试着解释一下。

3.2　可扩展的通用程序

　　如 3.1 节所述，由组合器可以构建出像钻石一样漂亮的系统。有些时候这种想法是正确的，也有可能看到类似的系统再次出现，但却很难将它添加到像钻石一样漂亮的系统中。如果构建的系统像泥球一样，则容易添加更多的泥巴进去 ⊖ 。

　　所谓像泥球一样的组织是一个建立在可扩展通用程序基础上的系统。现代动态类型编程语言（例如 Lisp、Scheme 和 Python）通常具有对各种类型的数值（例如整数、浮点数、有理数和复数）通用的内置运算（见 [64，105，115]）。但是基于这些语言构建的系统通常不易扩展。

　　在 3.1.5 节中指出的问题是由使用组合器 `add-arithmetics` 导致的。为了解决这些问题，我们选择放弃那个组合器。然而，算术包抽象和扩展器的思想仍然有用。通过构建一个算术包，其中的操作使用的通用程序可以通过新行为动态扩充，然后可以扩展通用运算并将扩展添加到通用运算中 ⊖ 。

　　接下来从实现通用程序开始，这些程序可以在定义通用程序后，通过添加处理程序来

⊖　据报道，在 APL-79 会议上，Joel Moses 曾说过："APL 就像一颗美丽的钻石——完美且漂亮的对称。但是你不能添加任何东西。如果你试图将它粘在另一颗钻石上，将不会得到一颗更大的钻石。Lisp 就像一个泥球，即使添加更多的泥巴进去，它仍然是一团泥球——它仍然看起来像 Lisp。"但 Joel 否认他说过这句话。

⊖　这种机制在大多数"面向对象语言中是隐含的"，但它通常与诸如继承之类的本体机制紧密结合。可扩展泛型的基本思想出现在 SICP 中（见 [1]），在 tinyCLOS（见 [66]）和 SOS（见 [52]）中提供了有用的内容。

　　基于谓词调度的可扩展泛型系统被用于实现 SICM 中的数学表示系统（见 [121]）。Ernst 对谓词调度进行了一个很好的阐述（见 [33]）。

　　泛型过程是一个强大工具这一想法已经在 Lisp 社区中流传了几十年。这些思想的最充分发展是在公共 Lisp 对象系统（CLOS）中（见 [42]）。底层结构在元对象协议中得到了完美的表达（见 [68]）。它在"面向方面编程"运动中得到了进一步的阐述（见 [67]）。

动态扩展。通用程序是与一个规则集合结合的调度程序，每个规则描述一个适用于给定参数集的处理程序。这样的规则将处理程序与其适用性相结合。

让我们通过定义一个名为 plus 的通用程序来检查它是如何工作的，工作方式类似于数值和符号的加法：

```
(define plus (simple-generic-procedure 'plus 2 #f))

(define-generic-procedure-handler plus
  (all-args 2 number?)
  (lambda (a b) (+ a b)))

(define-generic-procedure-handler plus
  (any-arg 2 symbolic? number?)
  (lambda (a b) (list '+ a b)))

(plus 1 2)
3

(plus 1 'a)
(+ 1 a)

(plus 'a 2)
(+ a 2)

(plus 'a 'b)
(+ a b)
```

程序 simple-generic-procedure 带有三个参数。第一个参数是调试时标识程序的任意名称。第二个参数是程序的元数。第三个参数用于提供默认处理程序，如果没有提供默认处理程序（由 #f 指明），那么在没有指定适用的特定处理程序时，会提示错误。这里 plus 绑定由 simple-generic-procedure 返回的新通用程序。它是一个 Scheme 程序，可以在调用时使用指定数量的参数。

程序 define-generic-procedure-handler 将规则添加到现有的通用程序中。它的第一个参数是要扩展的通用程序，第二个参数是所添加规则的适用性规范，第三个参数是满足该规范的参数的处理程序。

```
(define-generic-procedure-handler generic-procedure
                                  applicability
                                  handler-procedure)
```

通常需要指定一个规则，其中不同的参数具有不同的类型。例如，要制作向量算术包，需要指定运算符 * 的解释。如果两个参数都是向量，则恰当的处理程序应该计算点积。如果一个参数是标量而另一个是向量，则恰当的处理程序要按照标量对向量元素进行缩放。适用性论证是实现这一点的方法。

上面用来制作通用程序 plus 的构造器 simple-generic-procedure 是由程序 generic-procedure-constructor 创建的。

```
(define simple-generic-procedure
  (generic-procedure-constructor make-simple-dispatch-store))
```

其中 make-simple-dispatch-store 是一个程序，它封装了保存策略、检索策略和选择处理程序策略。

　　generic-procedure-constructor 带有一个 dispatch-store 构造器并生成一个通用程序构造器，这个构造器带有三个参数——一个在调试中有用的名称、一个元数，以及一个默认处理程序。在没有适当的处理程序时，将使用默认处理程序。如果默认处理程序参数是 #f，则默认处理程序会发出错误信号：

```
((generic-procedure-constructor dispatch-store-constructor)
 name
 arity
 default-handler)
```

以这种方式制作通用程序，是因为我们需要一系列通用程序，这些程序在选择调度器时会有所不同。

　　在 3.2.3 节中将看到实现这种机制的一种方式，但首先来看看如何使用它。

3.2.1　通用运算

　　我们可以使用这种新的通用程序机制来构建算术包，其中运算符映射到作为通用程序实现的操作。这将使我们能够制作自我参照的结构。例如，想要创建一个包含向量运算的通用运算，其中向量和向量的分量都由相同的通用程序操作。仅仅使用前面介绍的 add-arithmetics 来构建这样的结构是不够的。

```
(define (make-generic-arithmetic dispatch-store-maker)
  (make-arithmetic 'generic any-object? '()
    constant-union
    (let ((make-generic-procedure
            (generic-procedure-constructor
             dispatch-store-maker)))
      (lambda (operator)
        (simple-operation operator
                          any-object?
                          (make-generic-procedure
                           operator
                           (operator-arity operator)
                           #f))))))
```

程序 make-generic-arithmetic 创建一个新的运算。对于每个运算符，它构造一个适用于任何参数的操作，并由通用程序实现。（谓词 any-object? 对任何事物都是真的。）可以用通用的方式安装这个算法。

但首先，为通用程序定义一些处理程序。这是非常简单的，因为已经有了通用运算对象。例如，可以从任何已经构建的运算中获取操作和常量。

```
(define (add-to-generic-arithmetic! generic-arithmetic
                                    arithmetic)
  (add-generic-arith-constants! generic-arithmetic
                                arithmetic)
  (add-generic-arith-operations! generic-arithmetic
                                 arithmetic))
```

参数是一个通用算术包和一个具有相同运算符的普通算术包。它使用 `constant-union` 将常量合并到通用运算中。对于给定运算的每个运算符，它都会向相应的通用程序添加一个处理程序。

为特定运算符添加处理程序会使用标准通用程序机制，从运算中提取必要的适用性和程序。

```
(define (add-generic-arith-operations! generic-arithmetic
                                       arithmetic)
  (for-each
   (lambda (operator)
     (let ((generic-procedure
            (simple-operation-procedure
             (arithmetic-operation operator
                                   generic-arithmetic)))
           (operation
            (arithmetic-operation operator arithmetic)))
       (define-generic-procedure-handler
         generic-procedure
         (operation-applicability operation)
         (operation-procedure operation))))
   (arithmetic-operators arithmetic)))
```

程序 `add-generic-arith-operations!` 为给定运算中的每个运算符查找必须扩充的通用程序。然后，使用给定运算中该处理程序的适用性，为该通用程序定义一个处理程序，该处理程序是给定运算中该运算符的处理程序。

将运算中的常量添加到通用运算中的代码是类似的。对于通用运算中的每个常量名称，会在名称与通用运算中的常量值的关联中找到条目。然后，将常量值替换为现有常量和从给定运算中获得的相同名字的常量的 `constant-union`。

```
(define (add-generic-arith-constants! generic-arithmetic
                                      arithmetic)
  (for-each
   (lambda (name)
     (let ((binding
            (arithmetic-constant-binding name
                                         generic-arithmetic))
           (element
```

```
                (find-arithmetic-constant name arithmetic)))
       (set-cdr! binding
                 (constant-union name
                                 (cdr binding)
                                 element)))))
   (arithmetic-constant-names generic-arithmetic)))
```

通用运算的乐趣

可以将许多运算添加到通用运算中以赋予其有趣的行为：

```
(let ((g
       (make-generic-arithmetic make-simple-dispatch-store)))
  (add-to-generic-arithmetic! g numeric-arithmetic)
  (add-to-generic-arithmetic! g
    (function-extender numeric-arithmetic))
  (add-to-generic-arithmetic! g
    (symbolic-extender numeric-arithmetic))
  (install-arithmetic! g))
```

这生成了一个通用运算，将数字运算与符号算术相结合，函数运算与数字运算相结合：

```
(+ 1 3 'a 'b)
(+ (+ 4 a) b)
```

甚至可以运行一些更复杂的问题：

```
(pp (x 0 ((evolver F 'h stormer-2) numeric-s0 1)))
(+ 9.999833334166664e-3
   (* (/ (expt h 2) 12)
      -9.999750002487318e-7))
```

和之前一样，我们可以混合符号和函数：

```
(* 'b ((+ cos sin) 3))
(* b -.8488724885405782)
```

但下面尝试将符号量（cos a）和（sin a）添加为数字的运算将会发出错误信号：

```
(* 'b ((+ cos sin) 'a))
```

得到这个错误是因为 cos 和 sin 是数字运算符，类似于 +。由于存在由数字运算扩展而来的符号运算，因此，对于符号输入（即这里的 a）将会生成符号输出，（cos a）和（sin a）。还可以在数值运算之上添加函数运算，所以如果函数以数字方式组合（这里是 +），它们的输出只有在输出是数字时才可以组合。但是符号结果不能以数字的方式相加。这是构建运算 g 的方式的结果。

但是通用运算是有魔力的。它可以是封闭的，因为通用运算的所有扩展都可以在通用运算上进行。

```
(let ((g
       (make-generic-arithmetic make-simple-dispatch-store)))
  (add-to-generic-arithmetic! g numeric-arithmetic)
  (extend-generic-arithmetic! g symbolic-extender)
  (extend-generic-arithmetic! g function-extender)
  (install-arithmetic! g))
```

这里使用了一个新的程序 extend-generic-arithmetic!，它可以捕捉一个共同的模式。

```
(define (extend-generic-arithmetic! generic-arithmetic
                                    extender)
  (add-to-generic-arithmetic! generic-arithmetic
    (extender generic-arithmetic)))
```

现在可以使用复杂的混合表达式，因为函数是在通用运算上定义的：

```
(* 'b ((+ 'c cos sin) (+ 3 'a)))
(* b (+ (+ c (cos (+ 3 a))) (sin (+ 3 a))))
```

甚至可以使用返回函数的函数：

```
(((+ (lambda (x) (lambda (y) (cons x y)))
     (lambda (x) (lambda (y) (cons y x))))
  3)
 4)
(+ (3 . 4) (4 . 3))
```

所以，也许我们已经得到了升华

3.2.2 构建取决于顺序

不幸的是，规则严重依赖将规则添加到通用程序的顺序。这并不奇怪，因为通用程序系统的构建是通过赋值进行的。可以通过改变构造顺序来看到这一点：

```
(let ((g
       (make-generic-arithmetic make-simple-dispatch-store)))
  (add-to-generic-arithmetic! g numeric-arithmetic)
  (extend-generic-arithmetic! g function-extender)    ;*
  (extend-generic-arithmetic! g symbolic-extender)    ;*
  (install-arithmetic! g))
```

然后会发现这个例子：

```
(* 'b ((+ 'c cos sin) (+ 3 'a)))
```

它在之前的运算中是可行的，这里之所以失败，是因为符号运算捕获（+'c cos sin）以生成符号表达式，该表达式是不能应用于（+3a）的函数。问题在于 + 的符号运算的适用性要求它带有的参数至少要包含一个符号参数，其他参数这是来自基中的域谓词。但是符号运算是以通用运算为基创建的，通用运算的域谓词接受任何东西。对于 +，还有一个函数操作也适用于相同的参数，但由于扩展的偶然排序而没有被选中。不幸的是，选择的规则是模糊的。因此，最好是不要有多个适用的操作。

解决此问题的一种方法是限制表示数字的符号量。可以通过构建通用运算来实现这一点，就像前文所做的那样，符号运算覆盖数字运算，而不是整个通用运算：

```
(let ((g
        (make-generic-arithmetic make-simple-dispatch-store)))
  (add-to-generic-arithmetic! g numeric-arithmetic)
  (extend-generic-arithmetic! g function-extender)
  (add-to-generic-arithmetic! g
      (symbolic-extender numeric-arithmetic))
  (install-arithmetic! g))
```

这是有效的，与排序无关，因为在选择规则时没有歧义。所以现在 'c 将被解释为一个常量，被函数扩展器强制转换为一个常量函数。

```
(* 'b ((+ 'c cos sin) (+ 3 'a)))
(* b (+ (+ c (cos (+ 3 a))) (sin (+ 3 a))))
```

不幸的是，我们可能想要对除数字之外的其他数量进行符号表达式，还不能对这个问题应用一个通用的解决方案。但是如果真的想要一个名为 c 的文字函数，可以像之前一样使用文字函数 literal-function：

```
(* 'b ((+ (literal-function 'c) cos sin) (+ 3 'a)))
(* b (+ (+ (c (+ 3 a)) (cos (+ 3 a))) (sin (+ 3 a))))
```

这将独立于通用运算的构造顺序工作。

通过这种机制，现在可以使用文字函数评估 Stormer 积分器：

```
(pp (x 0 ((evolver (literal-function 'F) 'h stormer-2)
          (make-initial-history 't 'h 'xt 'xt-h 'xt-2h)
          1))
(+ (+ (* 2 xt) (* -1 xt-h))
   (* (/ (expt h 2) 12)
      (+ (+ (* 13 (f t xt))
            (* -2 (f (- t h) xt-h)))
         (f (- t (* 2 h)) xt-2h))))
```

这样非常难看，如果查看两个集成步骤的输出，情况会更糟。但观察简化两步集成的结果很有趣。使用一个神奇的符号表达式简化器，得到一个非常易读的表达式。这对于调试数值程序非常有用。

```
(+ (* 2 (expt h 2) (f t xt))
   (* -1/4 (expt h 2) (f (+ (* -1 h) t) xt-h))
   (* 1/6 (expt h 2) (f (+ (* -2 h) t) xt-2h))
   (* 13/12
      (expt h 2)
      (f (+ h t)
         (+ (* 13/12 (expt h 2) (f t xt))
```

```
            (* -1/6 (expt h 2) (f (+ (* -1 h) t) xt-h))
            (* 1/12 (expt h 2) (f (+ (* -2 h) t) xt-2h))
            (* 2 xt)
            (* -1 xt-h))))
     (* 3 xt)
     (* -2 xt-h))
```

例如，注意到对加速函数 f 只有四个不同的顶级调用。第四个顶级调用的第二个参数使用了三个已经计算过的 f 调用。如果消除共有的子表达式会得到：

```
(let* ((G84 (expt h 2)) (G85 (f t xt)) (G87 (* -1 h))
       (G88 (+ G87 t)) (G89 (f G88 xt-h)) (G91 (* -2 h))
       (G92 (+ G91 t)) (G93 (f G92 xt-2h)))
  (+ (* 2 G84 G85)
     (* -1/4 G84 G89)
     (* 1/6 G84 G93)
     (* 13/12 G84
        (f (+ h t)
           (+ (* 13/12 G84 G85)
              (* -1/6 G84 G89)
              (* 1/12 G84 G93)
              (* 2 xt)
              (* -1 xt-h))))
     (* 3 xt)
     (* -2 xt-h)))
```

在这里清楚地看到只有四个不同的 f 调用。尽管基本积分器中的每个积分步骤都会对 f 进行三次调用，但这两个步骤在两次中间调用上重叠。虽然这对于这样一个简单的例子是显而易见的，但我们看到符号评估是怎样有助于理解数值计算的。

3.2.3 实现通用程序

现在已经可以使用通用程序来完成令人惊奇的事情，但是如何让这样的事情发挥作用呢？

为通用程序制作构造器

在前文中，我们创建了一个简单的通用程序构造器：

```
(define simple-generic-procedure
  (generic-procedure-constructor make-simple-dispatch-store))
```

程序 generic-procedure-constructor 被赋予一个 dispatch-strategy 程序，它返回一个通用程序构造器，这个构造器带有三个参数，分别是一个名称、一个元数和一个默认处理程序规范。当使用这三个参数调用此程序时，它返回一个通用程序，该程序与新构造的元数据存储相关联，该存储包含名称、参数、调度策略的实例和默认处理程序（如果有）。调度策略实例将维护处理程序、它们的适用性以及决定为通用程序的给定参数选择哪个处理程序的机制。

实现 `generic-procedure-constructor` 的代码如下：

```
(define (generic-procedure-constructor dispatch-store-maker)
  (lambda (name arity default-handler)
    (let ((metadata
            (make-generic-metadata
              name arity (dispatch-store-maker)
              (or default-handler
                  (error-generic-procedure-handler name)))))
      (define (the-generic-procedure . args)
        (generic-procedure-dispatch metadata args))
      (set-generic-procedure-metadata! the-generic-procedure
                                       metadata)
      the-generic-procedure)))
```

该实现使用一个普通的 Scheme 程序 `the-generic-procedure` 来表示通用程序以及一个决定程序行为的元数据存储（用于规则等）。该存储与使用"便签"的通用程序相关联，稍后可以通过调用 `generic-procedure-metadata` 获得。这允许诸如 `define-generic-procedure-handler` 之类的程序修改给定通用程序的元数据。

`generic-procedure-constructor` 的参数是一个程序，它创建一个用于保存和检索处理程序的调度器（`dispatch store` 指派空间）。调度器封装了选择处理程序的策略。

这是迄今为止使用的简单调度器构造器，调度器被实现为一个消息接受程序：

```
(define (make-simple-dispatch-store)
  (let ((rules '()) (default-handler #f))
    (define (get-handler args)
      ;; body will be shown in text below.
      ...)
    (define (add-handler! applicability handler)
      ;; body will be shown in text below.
      ...)
    (define (get-default-handler) default-handler)
    (define (set-default-handler! handler)
      (set! default-handler handler))
    (lambda (message)        ; the simple dispatch store
      (case message
        ((get-handler) get-handler)
        ((add-handler!) add-handler!)
        ((get-default-handler) get-default-handler)
        ((set-default-handler!) set-default-handler!)
        ((get-rules) (lambda () rules))
        (else (error "Unknown message:" message))))))
```

简单的调度器只维护一个规则列表，每个规则将一个适用性与一个处理程序配对。当使用通用程序的参数调用 `get-handler` 内部程序时，它顺序扫描列表以寻找一个适用性可以满足被提交参数的处理程序，并返回这个处理程序，如果没有找到，则返回 `#f`：

```
(define (get-handler args)
  (let ((rule
          (find (lambda (rule)
                   (predicates-match? (car rule) args))
                 rules)))
     (and rule (cdr rule)))))
```

选择要运行的处理程序有许多可能的策略。上面的代码返回列表中第一个适用的处理程序。另一种策略是返回所有适用的处理程序。如果有多个处理程序适用，也许应该尝试所有处理程序（通过并行的方式）并比较结果。将 `dispatch-store` 构造器作为参数传递给 `generic-procedure-constructor` 允许在创建通用程序构造器时选择策略，而不是硬编码到实现中。

向通用程序添加处理程序

处理程序定义程序（见下文）通过调用调度器的内部程序 `add-handler` 来添加新规则。对于上面的 `make-simple-dispatch-store`，`add-handler` 将新规则添加到规则列表的前面。（但如果已经有处理该适用性的规则，它只是替换处理程序。）

```
(define (add-handler! applicability handler)
  (for-each (lambda (predicates)
              (let ((p (assoc predicates rules)))
                (if p
                    (set-cdr! p handler)
                    (set! rules
                          (cons (cons predicates handler)
                                rules)))))
            applicability))
```

程序 `define-generic-procedure-handler` 使用元数据表来获取通用程序的元数据记录。它向调度器请求 `add-handler!` 程序，并使用该程序将规则添加到元数据中，将适用性与处理程序相关联。`dispatch-store` 实例是通过 `generic-metadata-dispatch-store` 从通用程序的元数据中提取的。

```
(define (define-generic-procedure-handler generic-procedure
                                           applicability
                                           handler)
  (((generic-metadata-dispatch-store
     (generic-procedure-metadata generic-procedure))
    'add-handler!)
   applicability
   handler))
```

最后，该机制的核心是由一个通用程序调用的分发，它找到一个合适的处理程序并应用它。如果没有适用的处理程序，则会调用在构建通用程序期间提供的默认处理程序 [⊖]。

⊖ `generic-metadata-getter` 和 `generic-metadata-default-getter` 从存储在通用程序元数据中的调度器实例中提取程序 `get-handler` 和 `get-default-handler`。

```
(define (generic-procedure-dispatch metadata args)
  (let ((handler
          (get-generic-procedure-handler metadata args)))
    (apply handler args)))

(define (get-generic-procedure-handler metadata args)
  (or ((generic-metadata-getter metadata) args)
      ((generic-metadata-default-getter metadata))))
```

通用程序的扩展能力

在可扩展的通用程序基础上构建系统是一个强大的想法。在本书示例中，可以为语言设计者无法想象的新数据类型定义加法、乘法等的含义。例如，如果系统的算术运算符被实现为可扩展的通用类型，用户可以扩展它们以支持四元数、向量、矩阵、以素数为模的整数、函数、张量、微分形式等的运算。这不仅使新功能成为可能，还扩展了旧程序，因此编写用于操作简单数值的程序可能对操作标量值函数很有用。

但是，使用可扩展的通用程序存在潜在问题，另一方面，一些"突变"将非常有价值。例如，可以将运算扩展到符号量。最简单的方法是对所有运算符进行通用扩展，以将符号量作为参数并返回一个表示对参数的指示操作的数据结构。通过添加代数表达式的简化器，有了一个符号操纵器。这在调试纯数值计算时很有用，因为如果给它们符号参数，可以检查结果符号表达式，以确保程序正在计算想要的东西，这也是优化数值程序的部分评估器的基础。功能微分可以被视为运算对复合数据类型的通用扩展（见 3.3 节）。用来教授经典力学的 scmutils 系统（见 [121]）正是以这种方式实现微分的。

练习 3.4（函数值） 通用运算结构允许关闭系统，以便返回函数的函数可以工作，如下所示：

```
((((* 3
     (lambda (x) (lambda (y) (+ x y)))
     (lambda (x) (lambda (y) (vector y x))))
  'a)
 4)
(* (* 3 (+ a 4)) #(4 a))
```

a. 在 3.1 节中介绍的纯粹基于组合的运算中，要安排这项工作有多困难？为什么？

b. 练习 3.3 询问了向量和功能扩展的排序的含义。通用系统是否能够支持那里讨论的两种表达式（并在下面复制）？请解释。

```
((magnitude unit-circle) 'a)
((magnitude (vector sin cos)) 'a)
```

c. 有什么好方法可以使以下工作正常进行？

```
((vector cos sin) 3)
#(-.9899924966004454 .1411200080598672)
```
展示使这项工作有效的代码或解释其中的困难。

练习 3.5（一个奇怪的错误） 考虑 arith.scm 中的 +-like（*plus-like*）程序，如下所示，它实现了 *n*-ary 程序 + 和 * 作为安装运算的一部分。它返回一对名称和程序，安装程序将名称绑定到程序。

似乎是为了执行 get-identity 程序而编写的，该程序在每次不带参数调用操作时计算身份。

```
(define (+-like operator identity-name)
  (lambda (arithmetic)
    (let ((binary-operation
           (find-arithmetic-operation operator arithmetic)))
      (and binary-operation
           (let ((binary
                  (operation-procedure binary-operation))
                 (get-identity
                  (identity-name->getter identity-name
                                         arithmetic)))
             (cons operator
                   (lambda args
                     (case (length args)
                       ((0) (get-identity))
                       ((1) (car args))
                       (else (pairwise binary args)))))))))))
```

也许运算符的身份应该只计算一次，而不是每次调用处理程序时都计算。因此，建议修改代码如下：

```
(define (+-like operator identity-name)
  (lambda (arithmetic)
    (let ((binary-operation
           (find-arithmetic-operation operator arithmetic)))
      (and binary-operation
           (let ((binary
                  (operation-procedure binary-operation))
                 (identity
                  ((identity-name->getter identity-name
                                          arithmetic))))
             (cons operator
                   (lambda args
                     (case (length args)
                       ((0) identity)
                       ((1) (car args))
                       (else (pairwise binary args)))))))))))
```

然而，这有一个微妙的错误。你能指出这个错误吗？你能解释一下为什么会出现这个错误吗？

练习 3.6（矩阵）　矩阵在科学和技术计算中无处不在。

a. 为数字矩阵制作并安装一个算术包，包含 +、-、`negate` 和 * 操作。该运算需要能够知道矩阵中的行数和列数，因为只有当第一个矩阵的列数等于第二个矩阵的行数时，才定义矩阵乘法。

确保你的乘法器可以将矩阵与标量或向量相乘。要使矩阵与向量配合良好，你可能需要区分行向量和列向量。这如何影响向量包的设计？（参见练习 3.2。）

你可以假设向量和矩阵的维数很小，因此不需要处理稀疏表示。矩阵的合理表示是 Scheme 向量，其中每个元素都是表示行的 Scheme 向量。

b. 向量和矩阵可能包含符号数字量。使你的运算包能做这种运算。

c. 矩阵求逆适合你的运算。如果符号矩阵是稠密的，则逆矩阵可能会占用维度中阶乘的空间。为什么？

注意：不要求实现矩阵求逆。

练习 3.7（文字向量和矩阵）　还可以使用向量和矩阵的符号表达式的代数对文字矩阵和文字向量进行运算。你能让这些复合结构的符号代数与以符号数值表达式为元素的向量和矩阵很好地结合在一起吗？注意：这很难，也许它适合作为长期项目的一部分。

3.3　示例：自动微分

可扩展通用程序的一个显著应用是自动微分 [⊖]。这是获得计算一个由给定程序计算得来的函数的微分 [⊖] 的美妙方式。自动微分现在是机器学习应用程序中的一个重要组成部分。

我们将看到实现自动微分的一种简单方法是扩展通用运算原语以与微分对象一起工作，这是一种新的复合数据类型，将使符号和数字函数的自动微分成为可能。它还能够使自动

⊖　术语自动微分是由 Wengert 在 1964 年首先提出的（见 [129]）。

⊖　这里的导数是函数的导数，而不是表达式的导数。如果 f 是一个函数，则 f 的导数是 Df 一个新函数，将其应用于 x 时，它给出一个值 D$f(x)$。它与表达式导数的关系是：

$$Df(t) = \frac{\mathrm{d}}{\mathrm{d}x}f(x)|_{x=t}$$

微分与将其他程序作为值返回的高阶程序一起工作。

下面以一个简单的自动微分例子来说明我们在谈论什么：

```
((derivative (lambda (x) (expt x 3))) 2)
12
```

请注意，计算其参数立方的函数的导数是一个新函数，当给定 2 作为其参数时，返回 12 作为其值。

如果扩展运算以处理符号表达式，并对结果进行一些代数简化，可以得到：

```
((derivative (lambda (x) (expt x 3))) 'a)
(* 3 (expt a 2))
```

并且可以使用编程语言的全部功能，包括更高阶的程序。这种系统在处理有趣的物理问题中出现的非常大的表达式时很有用 $\ominus$。

下面我们来讨论一个简单的应用：用牛顿迭代法计算方程的根。这个想法是想要找到 $f(x)=0$ 的 x 值。如果 f 足够平滑，并且有足够接近的猜测 x_0，可以通过下面的公式计算新的猜测 x_1 来对猜测进行改进：

$$x_{n+1} = x_n - \frac{f(x_n)}{Df(x_n)}$$

这可以根据需要重复，以获得足够准确的结果。完成此任务的基本程序是：

```
(define (root-newton f initial-guess tolerance)
  (let ((Df (derivative f)))
    (define (improve-guess xn)
      (- xn (/ (f xn) (Df xn))))
    (let loop ((xn initial-guess))
      (let ((xn+1 (improve-guess xn)))
        (if (close-enuf? xn xn+1 tolerance)
            xn+1
            (loop xn+1))))))
```

请注意 root-newton 中名为 Df 的局部程序，它计算一个函数的导数，这个函数是由被作为 f 传入的程序计算得到的。

例如，假设想知道当第一象限中的角度 θ 是多少时，$\cos(\theta) = \sin(\theta)$（答案是 $\pi/4 \approx$ .7853981633974484）。可以写为：

```
(define (cs theta)
  (- (cos theta) (sin theta)))

(root-newton cs 0.5 1e-8)
.7853981633974484
```

$\ominus$　我们在此展示的自动微分代码源自我们为支持 Sussman 在麻省理工学院与 Jack Wisdom 教授的高级经典力学课程而编写的代码，见 [121，122]。

该结果对全机器精度来说是正确的。

3.3.1 自动微分的工作原理

自动微分程序直接从导数的定义推导出来。假设给定一个函数 f 和其作用域中的一个点 x, 想知道函数在附近点 $f(x+\Delta x)$ 处的值, 其中 Δx 是一个小增量。函数 f 的导数定义为函数 $\mathrm{D}f$, 其特定参数 x 的值可以 "乘以" 参数的增量 Δx 以得到对 f 增量的最佳线性近似:

$$f(x+\Delta x) \approx f(x) + \mathrm{D}f(x)\Delta x$$

我们使用称为微分对象的数据类型来实现此定义。一个微分对象 $[x, \delta x]$ 可以被认为是一个带有小增量的数字 $x + \delta x$。但是我们把它当作一个类似于复数的新数值量: 它有两个分量, 一个有限部分和一个无穷小部分 $\ominus$。扩展每个原始算术函数来处理微分对象, 每个原始算术函数 f 必须知道其导函数 $\mathrm{D}f$, 使得:

$$[x, \delta x] \overset{f}{\mapsto} [f(x), \mathrm{D}f(x)\,\delta x] \tag{3.5}$$

请注意, f 在 x 点的导数 $\mathrm{D}f(x)$ 是 δx 在所得微分对象的无穷小部分中的系数。

现在这是一个强大的想法, 如果将 $f[x, \delta x]$ (式 (3.5)) 的结果传递给另一个函数 g, 将获得链式法则答案:

$$[f(x), \mathrm{D}f(x)\,\delta x] \overset{g}{\to} [g(f(x)), \mathrm{D}g(f(x))\,\mathrm{D}f(x)\,\delta x]$$

因此, 如果可以计算微分对象上所有原始函数的结果, 就可以计算微分对象上所有函数组合的结果。给定这样的结果, 可以提取组合的导数, 它是所得微分对象的最小增量的系数。

为了扩展通用算术运算符以计算微分对象, 只需要提供一个程序来计算运算符命名的原始算术函数的导数, 然后可以使用普通的 Scheme 组合来获得原始函数的任何组合的导数 $\ominus$。

给定一个实现一元函数 f 的程序, 程序 derivative 生成一个新程序 the-derivative, 它计算由 f 计算的函数的导数 $\ominus$。当应用于某个参数 x 时, 导数会创建一个新的无穷小增量 dx 并将其添加到参数中以获得新的微分对象 $[x, \delta x]$, 这代表 $x + \delta x$。然后将程序 f 应用于这个微分对象, 并通过从值中提取最小增量 dx 的系数来获得 f 的导数:

```
(define (derivative f)
  (define (the-derivative x)
    (let* ((dx (make-new-dx))
           (value (f (d:+ x (make-infinitesimal dx)))))))
```

$\ominus$ 像这样的微分对象有时被称为对偶数。对偶数由 Clifford 在 1873 年引入 (见 [20]), 通过连接一个属性为 $\varepsilon^2=0$ 的新元素 ε 来扩展实数。然而, 为了方便地计算多个导数 (和具有多个参数的函数的导数), 它有助于为每个自变量引入一个新的无穷小部分。所以微分代数空间比单对偶数空间复杂得多。微分对象也类似于超实数, 由 Edwin Hewitt 在 1948 年发明 (见 [59])。

$\ominus$ 这个想法是由 Dan Zuras (当时的惠普公司) 和 gerald Jay Sussman 在 1992 年的一个通宵编程狂潮中 "发现" 的。我们当时假设这个想法也被许多其他人发现了, 事实也确实如此 (见 [12, 129]), 但是当我们自己第一次理解这个想法时, 我们欣喜若狂。有关自动微分的正式说明, 请参见 [94]。

$\ominus$ 我们很快就会讨论二元函数。这只是为了在事情变得复杂之前弄清楚这个想法。我们将在 3.3.2 节扩展到 n 元函数。

```
    (extract-dx-part value dx)))
  the-derivative)
```

程序 make-infinitesimal 生成一个微分对象，它的有限部分为零，无穷小部分是 dx。程序 d:+ 添加了不同的对象。详细内容将在 3.3.3 节中说明。

扩展原语

我们需要制作处理程序来扩展原始算术通用程序以对不同的对象进行操作。对于每个一元程序，必须求出结果的有限部分和无穷小部分，并将它们拼到一起，如式（3.5）所示。因此，计算函数 f 的一元原始算术程序的处理程序是由 diff:unary-proc 构造的，从程序 f 得到 f，从程序 df 得到导数 Df。它们使用特殊的用于微分对象的加法和乘法程序 d:+ 和 d:* 黏合在一起，本书将在 3.3.3 节中对此进行解释。

```
(define (diff:unary-proc f df)
  (define (uop x)          ; x is a differential object
      (let ((xf (finite-part x))
            (dx (infinitesimal-part x)))
        (d:+ (f xf) (d:* (df xf) dx))))
  uop)
```

例如，不同对象的 sqrt 程序处理程序就是：

```
(define diff:sqrt
  (diff:unary-proc sqrt (lambda (x) (/ 1 (* 2 (sqrt x))))))
```

diff:unary-proc 的第一个参数是 sqrt 程序，第二个参数是计算 sqrt 导数的程序。

使用以下命令将新处理程序添加到通用 sqrt 程序中：

```
(assign-handler! sqrt diff:sqrt differential?)
```

其中 differential? 是一个只对微分对象为真的谓词。程序 assign-handler! 只是一个有用模式的简写：

```
(define (assign-handler! procedure handler . preds)
  (define-generic-procedure-handler procedure
    (apply match-args preds)
    handler))
```

程序 match-args 根据谓词序列制定适用性规范。

其他一元原语的处理程序很简单 ⊖：

```
(define diff:exp (diff:unary-proc exp exp))
```

```
(define diff:log (diff:unary-proc log (lambda (x) (/ 1 x))))
```

```
(define diff:sin (diff:unary-proc sin cos))
```

⊖ 我们显示了处理程序的定义，但我们没有在这里显示处理程序的分配。

```
(define diff:cos
        (diff:unary-proc cos (lambda (x) (* -1 (sin x)))))
```

⋮

二元算术运算稍微复杂一些。

$$g(x+\Delta x, y+\Delta y) \approx g(x, y) + \partial_0 g(x, y)\Delta x + \partial_1 g(x, y)\Delta y \qquad (3.6)$$

其中 $\partial_0 f$ 和 $\partial_1 f$ 是 f 关于两个参数的偏导函数。设 f 是一个有两个参数的函数，那么 $\partial_0 f$ 是一个有两个参数的新函数，用于计算 f 相对于其第一个参数的偏导数：

$$\partial_0 f(x, y) = \frac{\partial}{\partial u} f(u, v)|_{u=x, v=y}$$

所以二元运算的规则是：

$$([x, \delta x], [y, \delta y]) \overset{f}{\mapsto} [f(x, y), \partial_0 f(x, y)\delta x + \partial_1 f(x, y)\delta y]$$

为了实现二元运算，可以简单地遵循一元运算的方案，其中 d0f 和 d1f 是两个偏导函数：

```
(define (diff:binary-proc f d0f d1f)
  (define (bop x y)
    (let ((dx (infinitesimal-part x))
          (dy (infinitesimal-part y))
          (xf (finite-part x))
          (yf (finite-part y)))
      (d:+ (f xf yf)
           (d:+ (d:* dx (d0f xf yf))
                (d:* (d1f xf yf) dy)))))
  bop)
```

这是一个很好的方案，但并不完全正确：它不能确保为两个参数始终选择有限部分和无穷小部分。需要更加谨慎地选择部分。本书将在 3.3.3 节中解释这个技术细节并修复它，但现在使用这个大致正确的代码。

加法和乘法很简单，因为偏导很简单，但除法和求幂更有趣。我们只展示分配给 diff:+ 的处理程序，因为所有其他的都是相似的。

```
(define diff:+
  (diff:binary-proc +
                    (lambda (x y) 1)
                    (lambda (x y) 1)))

(assign-handler! + diff:+ differential? any-object?)
(assign-handler! + diff:+ any-object? differential?)

(define diff:*
  (diff:binary-proc *
                    (lambda (x y) y)
                    (lambda (x y) x)))

(define diff:/
```

```
(diff:binary-proc /
                  (lambda (x y)
                    (/ 1 y))
                  (lambda (x y)
                    (* -1 (/ x (square y))))))
```

求幂 $f(x, y) = x^y$ 的处理程序稍微复杂一些。关于第一个参数的部分很简单：$\partial_0 f(x, y) = yx^{y-1}$。但是关于第二个参数的部分通常是 $\partial_1 f(x, y) = x^y \log x$，除了一些特殊情况：

```
(define diff:expt
  (diff:binary-proc expt
    (lambda (x y)
      (* y (expt x (- y 1))))
    (lambda (x y)
      (if (and (number? x) (zero? x))
          (if (number? y)
              (if (positive? y)
                  0
                  (error "Derivative undefined: EXPT"
                         x y))
              0)
          (* (log x) (expt x y))))))
```

提取导数值

为了计算函数的导数值，将函数应用于微分对象并得到结果，必须从该结果中提取导数的值。有几种可能性必须处理：如果结果是一个微分对象，必须从对象中取出导数的值；如果结果不是微分对象，则导数的值为零；还有一些没有提到的情况。这需要调用一个具有产生零的默认值的通用程序。

```
(define (extract-dx-default value dx) 0)

(define extract-dx-part
  (simple-generic-procedure 'extract-dx-part 2
                            extract-dx-default))
```

在返回微分对象的情况下，dx 的系数是所需的导数。这将变得有点复杂，但基本思想可以表达如下：

```
(define (extract-dx-differential value dx)
  (extract-dx-coefficient-from (infinitesimal-part value) dx))

(define-generic-procedure-handler extract-dx-part
  (match-args differential? diff-factor?)
  extract-dx-differential)
```

这不太正确的原因是存在技术问题，不同对象的结构比已经展示的更复杂。这将在 3.3.3 节中详细说明。

注意：我们使提取器具有通用性，以便将来可以扩展返回函数或复合对象（例如向量、矩阵和张量）的函数（参见练习 3.12）。

除了可能要包含更多的原始运算符和数据结构这一事实之外，这就是实现自动微分所真正需要的。处理程序中提到的所有程序都是一般的运算通用程序，它们可能包括符号运算和函数运算。

3.3.2 *n* 元函数的导数

对于具有多个参数的函数，需要能够计算每个参数的偏导数。一种方法是[一]：

```
(define ((partial i) f)
  (define (the-derivative . args)
    (if (not (< i (length args)))
        (error "Not enough arguments for PARTIAL" i f args))
    (let* ((dx (make-new-dx))
           (value
            (apply f (map (lambda (arg j)
                            (if (= i j)
                                (d:+ arg
                                     (make-infinitesimal dx))
                                arg))
                          args (iota (length args))))))
      (extract-dx-part value dx)))
  the-derivative)
```

这里，在将 f 应用于提供的参数的结果中提取最小 dx 的系数，其中第 *i* 个参数增加了 dx[二]。

现在考虑一个有两个参数的函数 *g*。对式（3.6）进行扩展，发现导数 D*g* 被乘上了一个参数的增量向量：

$$
\begin{aligned}
g\,(x + \Delta x,\, y + \Delta y) &\approx g\,(x,\, y) + \mathrm{D}g\,(x,\, y) \cdot (\Delta x,\, \Delta y) \\
&= g\,(x,\, y) + \left[\, \partial_0 g\,(x,\, y),\, \partial_1 g\,(x,\, y)\,\right] \cdot (\Delta x,\, \Delta y) \\
&= g\,(x,\, y) + \partial_0 g\,(x,\, y)\Delta x + \partial_1 g\,(x,\, y)\Delta y
\end{aligned}
$$

g 在 *x*, *y* 点的导数 D*g* 是方括号中的一对偏导数。部分协向量与增量向量的内积是函数 *g* 的增量。general-derivative 程序计算这个结果：

```
(define (general-derivative g)
  (define ((the-derivative . args) . increments)
    (let ((n (length args)))
      (assert (= n (length increments)))
      (if (= n 1)
          (* ((derivative g) (car args))
             (car increments))
          (reduce (lambda (x y) (+ y x))
                  0
                  (map (lambda (i inc)
```

[一] 有关替代策略，请参阅练习 3.8。

[二] 程序 iota 返回一个从 0 到 (length args) 的连续整数列表。

```
            (* (apply ((partial i) g) args)
               inc))
         (iota n)
         increments)))))
the-derivative)
```

不幸的是，一般导数不返回偏导数的结构。在许多情况下，拥有一个实际上给出偏导数的协向量的导数程序梯度是很有用的（见练习 3.10）。

练习 3.8（偏导数） 考虑偏导数的另一种方法是使用 λ 演算局部套用。绘制描述数据流动的图表。使用局部套用来固定保持不变的参数，生成一个应用于普通导数的单参数程序。写出那个版本的偏导数程序。

练习 3.9（添加处理程序） 有些基本的算术函数，我们没有为差分对象添加处理程序，例如 tan。

a. 为 tan 和 atan1 添加处理程序（atan1 是一个参数的函数）。

b. 让 atan 可以有选择地接受两个参数是一件很好的事情，就像在 [109] 中一样，因为我们通常希望保留正在工作的象限。修正通用程序 atan 以正确执行此操作，使用 atan1 针对一个参数，使用 atan2 针对两个参数。此外，为差分安装 atan2 处理程序。请记住，它必须与 atan1 处理程序共存。

练习 3.10（向量和协向量） 如上所述，导数的概念可以推广到具有多个参数的函数。多参数函数的梯度是关于每个参数的偏导数的协向量。

a. 为向量和协向量开发数据类型，使得 Dg（x, y）的值是部分的协向量。编写一个传递该值的程序 gradient。请记住，向量和协向量的乘积应该是它们的内积，也就是它们元素的分量乘积之和。

b. 请注意，如果函数的输入是向量，则类似于多个输入，因此梯度的输出应该是一个协向量。还要注意，如果函数的输入是一个协向量，那么梯度的输出应该是一个向量。完成这项工作。

3.3.3 一些技术细节

尽管自动微分背后的想法并不复杂，但必须解决许多微妙的技术细节才能使其正常工作。

微分代数

如果计算二阶导数，必须取一个导数函数的导数。对这样一个函数的评估将有两个无穷小值起作用。为了能够计算多个变量的多重导数和导函数，定义"无穷小空间"中的微分对象的代数。对象是多元幂级数，其中最小增量的指数不大于 1[−]。

微分对象由幂级数项的标记列表表示。每一项都有一个系数和一个无穷小增量因子列表。术语按降序排序。（顺序是增量的数量。所以 $\delta x \delta y$ 比 δx 或 δy 的顺序更高。）这是一个快速而肮脏的实现[−]：

```
(define differential-tag 'differential)

(define (differential? x)
  (and (pair? x) (eq? (car x) differential-tag)))

(define (diff-terms h)
  (if (differential? h)
      (cdr h)
      (list (make-diff-term h '()))))
```

术语列表只是微分对象的 cdr。然而，如果得到一个不是显式微分对象的对象（例如一个数字），将它强制转换为一个具有单个项且没有增量因子的微分对象。当从（预先排序的）术语列表中创建一个微分对象时，尝试返回一个简化版本，它可能只是一个数字，而不是一个明确的微分对象：

```
(define (make-differential terms)
  (let ((terms                          ; Nonzero terms
         (filter
          (lambda (term)
            (let ((coeff (diff-coefficient term)))
              (not (and (number? coeff) (= coeff 0)))))
          terms)))
    (cond ((null? terms) 0)
          ((and (null? (cdr terms))
                ;; Finite part only:
                (null? (diff-factors (car terms))))
           (diff-coefficient (car terms)))
          ((every diff-term? terms)
           (cons differential-tag terms))
          (else (error "Bad terms")))))
```

在此实现中，项也表示为标记列表，每个列表包含一个系数和一个有序的因子列表。

```
(define diff-term-tag 'diff-term)
```

[−] 正式的代数细节大约在 1994 年由 Hal Abelson 澄清，作为消除错误的努力的一部分。1997 年，Sussman 在 Hardy Mayer 和 Jack Wisdom 的帮助下痛苦地重新编写了代码。

[−] 更好的版本会使用记录结构，但如果没有办法很好地输出它们，那么调试起来会更困难。

```
(define (make-diff-term coefficient factors)
  (list diff-term-tag coefficient factors))

(define (diff-term? x)
  (and (pair? x) (eq? (car x) diff-term-tag)))

(define (diff-coefficient x)
  (cadr x))

(define (diff-factors x)
  (caddr x))
```

要计算导数，需要能够加上和乘以微分对象：

```
(define (d:+ x y)
  (make-differential
   (+diff-termlists (diff-terms x) (diff-terms y))))

(define (d:* x y)
  (make-differential
   (*diff-termlists (diff-terms x) (diff-terms y))))
```

同时，我们也需要这个：

```
(define (make-infinitesimal dx)
  (make-differential (list (make-diff-term 1 (list dx)))))
```

项列表的添加是强制和使用项排序的地方，高阶项在列表中较早出现。只有当两个项具有相同的因子时，才能将它们相加。如果系数的总和为零，不将结果项加进来。

```
(define (+diff-termlists l1 l2)
  (cond ((null? l1) l2)
        ((null? l2) l1)
        (else
         (let ((t1 (car l1)) (t2 (car l2)))
           (cond ((equal? (diff-factors t1) (diff-factors t2))
                  (let ((newcoeff (+ (diff-coefficient t1)
                                     (diff-coefficient t2))))
                    (if (and (number? newcoeff)
                             (= newcoeff 0))
                        (+diff-termlists (cdr l1) (cdr l2))
                        (cons
                         (make-diff-term newcoeff
                                         (diff-factors t1))
                         (+diff-termlists (cdr l1)
                                          (cdr l2))))))
                 ((diff-term>? t1 t2)
                  (cons t1 (+diff-termlists (cdr l1) l2)))
                 (else
                  (cons t2
                        (+diff-termlists l1 (cdr l2)))))))))
```

如果可以乘以单个的项，则术语列表的乘法很简单。两个术语列表 l1 和 l2 的乘积是通过将 l1 中的每个项乘以 l2 中的每个项而得到的项列表进行累加得到的项列表。

```
(define (*diff-termlists l1 l2)
  (reduce (lambda (x y)
              (+diff-termlists y x))
          '()
          (map (lambda (t1)
                 (append-map (lambda (t2)
                               (*diff-terms t1 t2))
                             l2))
               l1)))
```

一个项有一个系数和一个因子列表（无穷小）。在微分对象中，没有一项可以有指数大于 1 的无穷小，因为 $\partial x^2=0$。因此，当将两项相乘时，必须确认正在合并的因子列表没有共同的因子。这就是 *diff-terms 返回乘积项列表或空列表的原因，这些列表要附加到 *diff-termlists 中。当合并两个因子列表时，保持因子排序，这样可以更轻松地对因子进行排序。

```
(define (*diff-terms x y)
  (let ((fx (diff-factors x)) (fy (diff-factors y)))
    (if (null? (ordered-intersect diff-factor>? fx fy))
        (list (make-diff-term
               (* (diff-coefficient x) (diff-coefficient y))
               (ordered-union diff-factor>? fx fy)))
        '())))
```

有限和无穷小部分

一个微分对象包含有限部分和无穷小部分。本书前文中的 diff:binary-proc 程序对于具有多于一个无穷小的微分对象是不正确的。为了确保一致地选择参数 x 和 y 的部分，实际使用：

```
(define (diff:binary-proc f d0f d1f)
  (define (bop x y)
    (let ((factor (maximal-factor x y)))
      (let ((dx (infinitesimal-part x factor))
            (dy (infinitesimal-part y factor))
            (xe (finite-part x factor))
            (ye (finite-part y factor)))
        (d:+ (f xe ye)
             (d:+ (d:* dx (d0f xe ye))
                  (d:* (d1f xe ye) dy))))))
  bop)
```

其中 factor 由 maximal-factor 选择，以便 x 和 y 都将其包含在因子数最多的项中。

微分对象的有限部分是除最高阶项中包含最大因子的项之外的所有项，剩下的都是无穷小部分，所有项都包含该因子。

考虑以下计算：

$$f(x+\delta x, y+\delta y) =$$

$$f(x, y) + \partial_0 f(x, y) \cdot \delta x + \partial_1 f(x, y) \cdot \delta y + \partial_0\partial_1 f(x, y) \cdot \delta x \delta y$$

最高阶项是 $\partial_0\partial_1 f(x, y) \cdot \delta x \delta y$。它关于 x 和 y 对称。关键在于，可以以任何方式将微分对象分解为多个部分，只要该方式与任何一个最大因子（此处为 x 或 y）为主要因子相一致。选择哪一个都没有关系，因为 $\mathbb{R}^n \to \mathbb{R}$ 的混合偏导数可交换 [⊖]。

```
(define (finite-part x #!optional factor)
  (if (differential? x)
      (let ((factor (default-maximal-factor x factor)))
        (make-differential
         (remove (lambda (term)
                   (memv factor (diff-factors term)))
                 (diff-terms x))))
      x))

(define (infinitesimal-part x #!optional factor)
  (if (differential? x)
      (let ((factor (default-maximal-factor x factor)))
        (make-differential
         (filter (lambda (term)
                   (memv factor (diff-factors term)))
                 (diff-terms x))))
      0))

(define (default-maximal-factor x factor)
  (if (default-object? factor)
      (maximal-factor x)
      factor))
```

提取的工作原理

如前文所述，为了能够获取多个导数或处理具有多个参数的函数，微分对象被表示为多元幂级数，其中不存在指数大于 1 的无穷小的增量。这个系列中的每一项都有一个系数和一个无限小增量因子的列表。这使得关于任何一个增量因子的导数提取变得复杂。这有一个真实的故事。在返回微分对象的情况下，为了评估导数，必须找到结果中的那些包含无穷小因子 dx 的项。收集这些项，从每个项中删除 dx。如果删除包含 dx 的项后没有剩余项，则导数的值为零。如果只剩下一个没有微分因子的项，那么该项的系数就是导数的值。但是如果有剩余项的微分因子，必须返回带有这些剩余项的微分对象作为导数的值。

```
(define (extract-dx-differential value dx)
  (let ((dx-diff-terms
          (filter-map
            (lambda (term)
```

⊖ 可以使用系列中任何最高阶项的任何因子这一事实是 Hal Abelson 在 1994 年修订该想法时的核心见解。

```
          (let ((factors (diff-factors term)))
            (and (memv dx factors)
                 (make-diff-term (diff-coefficient term)
                                 (delv dx factors)))))
        (diff-terms value))))
    (cond ((null? dx-diff-terms) 0)
          ((and (null? (cdr dx-diff-terms))
                (null? (diff-factors (car dx-diff-terms))))
           (diff-coefficient (car dx-diff-terms)))
          (else (make-differential dx-diff-terms)))))

(define-generic-procedure-handler extract-dx-part
  (match-args differential? diff-factor?)
  extract-dx-differential)
```

高阶函数

对于许多应用程序，希望上述自动微分器对于将函数作为值返回的函数正常工作：

```
(((derivative
   (lambda (x)
    (lambda (y z)
     (* x y z))))
  2)
 3
 4)
;Value: 12
```

如果包括文字函数和偏导数，将会使这更加有趣。

```
((derivative
  (lambda (x)
   (((partial 1) (literal-function 'f))
    x 'v)))
 'u)
(((partial 0) ((partial 1) f)) u v)
```

然而，事情也可能会变得更加复杂：

```
(((derivative
   (lambda (x)
    (derivative
     (lambda (y)
      ((literal-function 'f)
       x y)))))
  'u)
 'v)
(((partial 0) ((partial 1) f)) u v)
```

使上述程序能够工作会在程序 extract-dx-part 中引入严重的复杂性。

如果将函数应用于微分对象的结果是一个函数（例如导数的导数），需要推迟提取，直

到使用参数调用该函数。在返回函数的情况下，如

```
((((derivative
    (lambda (x)
      (derivative
       (lambda (y)
         (* x y)))))
   'u)
 'v)
1
```

在将函数应用于参数之前，无法提取导数。因此，推迟提取直到获得该应用程序产生的值。扩展上述通用提取器：

```
(define (extract-dx-function fn dx)
  (lambda args
    (extract-dx-part (apply fn args) dx)))

(define-generic-procedure-handler extract-dx-part
  (match-args function? diff-factor?)
  extract-dx-function)
```

不幸的是，这个版本的 extract-dx-function 有一个细微的错误 ⊖。补丁是用重新映射因子 dx 的代码包装新的延迟程序的主体，以避免冲突。因此，将函数的处理程序更改为：

```
(define (extract-dx-function fn dx)
  (lambda args
    (let ((eps (make-new-dx)))
      (replace-dx dx eps
        (extract-dx-part
         (apply fn
           (map (lambda (arg)
                  (replace-dx eps dx arg))
                args))
         dx)))))
```

这将创建一个全新的因子 eps 并使用它来代表参数中的 dx，从而防止与 dx 的任何其他实例发生冲突。

替换因子本身有点复杂，因为代码必须在数据结构中徘徊。通过使替换成为一个通用程序，可以将其扩展到新的数据类型。默认的是，替换只是对象上的标识：

⊖　Alexey Radul 在 2011 年向我们指出了此类的一个错误。Siskind 和 Perlmutter 在 2005 年首次发现了这个普遍问题（见［111］）：创建微分标签以区分为导数计算增加参数的无穷小会在评估值为函数的导数时感到困惑。使用为外导数计算创建的标签，不同的延迟程序可以被多次调用。最近，Jeff Siskind 向我们展示了另一个困扰我们第一个补丁的错误：参数中出现的标签和从衍生函数的词法范围继承的标签之间存在潜在冲突。Manzyuk 等人在一篇漂亮的论文中解释了这些非常细微的错误，并仔细分析了解决它们的方法（见［87］）。

```
(define (replace-dx-default new-dx old-dx object) object)

(define replace-dx
  (simple-generic-procedure 'replace-dx 3
                            replace-dx-default))
```

对于不同的对象，我们必须用新因子替换旧因子，并且必须保持因子列表的排序：

```
(define (replace-dx-differential new-dx old-dx object)
  (make-differential
   (sort (map (lambda (term)
                (make-diff-term
                 (diff-coefficient term)
                 (sort (substitute new-dx old-dx
                                   (diff-factors term))
                       diff-factor>?)))
              (diff-terms object))
         diff-term>?)))

(define-generic-procedure-handler replace-dx
  (match-args diff-factor? diff-factor? differential?)
  replace-dx-differential)
```

最后，如果对象本身是一个函数，必须将其推迟到有参数可用于计算值时：

```
(define (replace-dx-function new-dx old-dx fn)
  (lambda args
    (let ((eps (make-new-dx)))
      (replace-dx old-dx eps
        (replace-dx new-dx old-dx
          (apply fn
            (map (lambda (arg)
                   (replace-dx eps old-dx arg))
                 args)))))))

(define-generic-procedure-handler replace-dx
  (match-args diff-factor? diff-factor? function?)
  replace-dx-function)
```

这比我们预期的要复杂得多。它实际上对微分因子进行了三次替换。这是为了防止与 fn 主体中可能自由存在的因素发生冲突，这些因素是从定义功能 fn 的词法环境中继承的[⊖]。

练习 3.11（bug）　在注意到前文 Alexey Radul 指出的错误之前，编写了提取 dx
函数的程序：

```
(define (extract-dx-function fn dx)
  (lambda args
    (extract-dx-part (apply fn args) dx)))
```

⊖　这在 [87] 中有详细的解释。

通过构造一个函数，该函数的导数在这个早期版本的 `extract-dx-part` 中是错误的，但在固定版本中是正确的，从而证明使用 `replace-dx` 包装器的原因。这并不容易，你可能需要阅读一些参考资料（见 [111]）。

3.3.4　微分参数的文字函数

对于简单的参数，应用文字函数只是构造表达式的问题，该表达式将函数表达式应用于参数。但是文字函数也必须能够接受不同的对象作为参数。发生这种情况时，文字函数必须为作为微分的参数构造（部分）导数表达式。对于 n 参数函数的 i 个参数，适当的导数表达式为：

```
(define (deriv-expr i n fexp)
  (if (= n 1)
      `(derivative ,fexp)
      `((partial ,i) ,fexp)))
```

一些参数可能是不同的对象，所以一个文字函数必须为每个参数选择一个有限的部分和一个无穷小的部分。就像二进制算术处理程序一样，必须始终选择最大因子。文字函数能够接受多个参数，所以这看起来很复杂，但可以编写最大因子程序来处理多个参数。这在3.3.3 节中进行了解释。

如果在参数中没有不同的对象，我们只需要构造所需的表达式。如果有微分对象，则需要对文字函数进行派生。为此，从所有参数中找到一个最大因子，并分离出参数的有限部分——没有该因子的项（无穷小部分是具有该因子的项）。偏导数本身就是文字函数，其表达式被构造为包含参数索引。所得的微分对象是参数有限部分的偏导数与参数的无穷小部分的内积。

这一切都集中在以下程序中：

```
(define (literal-function fexp)
  (define (the-function . args)
    (if (any differential? args)
        (let ((n (length args))
              (factor (apply maximal-factor args)))
          (let ((realargs
                 (map (lambda (arg)
                        (finite-part arg factor))
                      args))
                (deltargs
                 (map (lambda (arg)
                        (infinitesimal-part arg factor))
                      args)))
            (let ((fxs (apply the-function realargs))
```

```
                      (partials
                       (map (lambda (i)
                               (apply (literal-function
                                         (deriv-expr i n fexp))
                                       realargs))
                            (iota n))))
              (fold d:+ fxs
                (map d:* partials deltargs)))))
        `(,fexp ,@args)))
   the-function)
```

> **练习 3.12（具有结构化值的函数）**　我们使 `extract-dx-part` 程序通用，因此可以将它扩展为不同的对象和函数以外的值。扩展 `extract-dx-part` 以处理返回向量的函数的导数。注意，你还必须在提取器中扩展 `replace-dx` 通用程序。

3.4　高效的通用程序

在 3.2.3 节中，通过使用元数据中提供的调度器找到适用的规则来调度到处理程序：

```
(define (generic-procedure-dispatch metadata args)
  (let ((handler
          (get-generic-procedure-handler metadata args)))
    (apply handler args)))
```

用来制作简单通用程序构造器的调度器的实现相当粗糙。简单的调度器将规则集维护为规则列表。每个规则都表示为一对适用性和处理程序。适用性是适用于提交的参数谓词列表的列表。由 `simple-generic-procedure` 构造的通用程序找到合适的处理程序的方式是顺序扫描规则列表，寻找参数满足的适用性。

这是非常低效的，因为许多规则的适用性可能在给定的操作数位置具有相同的谓词。例如，对于数字和符号运算系统中的乘法，可能有许多规则的第一个谓词是 `number?`。那么 `number?` 在找到适用的规则之前，谓词可能会被多次应用。组织规则以便不需要执行冗余测试就可以找到适用的规则是有益的。这通常是通过使用索引来实现的。

3.4.1　trie

一种简单的索引机制是基于 trie[⊖]。传统上，trie 是一种树形结构，但更一般地说，它可能是一个有向图。树中的每个节点都有连接到后继节点的边。每条边都有一个关联的谓词。被测试的数据是特征的线性序列，在这种情况下是通用程序的参数。

从 trie 的根开始，第一个特征取自序列，并由从根节点发出的边上的每个谓词进行测

　⊖　trie 数据结构是由 Edwar Fredkin 在 19 世纪 60 年代早期发明的。

试。成功谓词的边被跟随到下一个节点，并且该程序对特征序列的其余部分重复。当遍历完成时，当前节点将包含关联的值，在这种情况下是参数的适用处理程序。

有可能在任何节点上，不止一个谓词可能成功。如果发生这种情况，则必须遵循所有成功的分支。因此可能有多个适用的处理程序，并且必须有一个单独的方法来决定做什么。

这里有一个如何使用 trie 的案例。评估以下命令序列将逐步构建图 3.1 所示的 trie。

```
(define a-trie (make-trie))
```
可以向这个 trie 添加边

```
(define s (add-edge-to-trie a-trie symbol?))
```
其中 `add-edge-to-trie` 返回位于新边目标端的新节点。通过与符号匹配来到达该节点。

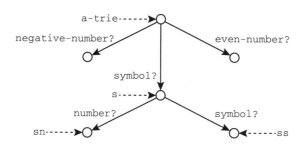

图 3.1　可以使用 trie 来对特征序列进行分类。trie 是一个有向图，其中每条边
都有一个谓词。从根开始，第一个特征由从根开始的边上的每个谓词进行
测试。如果满足谓词，则该程序移动到该边末端的节点并测试下一个
特征。这与连续的特征重复。序列的分类是到达的终端节点的集合

我们可以制作边链，由相应的边谓词列表引用

```
(define sn (add-edge-to-trie s number?))
```
节点 sn 从根通过路径（`list symbol? number?`）到达。使用路径，有一种比重复调用
`add-edge-to-trie` 更简单的方法来制作边链：

```
(define ss (intern-path-trie a-trie (list symbol? symbol?)))
```
我们可以向任何节点添加一个值（这里显示符号值，但稍后将存储作为程序处理程序
的值）：

```
(trie-has-value? sn)
```
#f

```
(set-trie-value! sn '(symbol number))
```

```
(trie-has-value? sn)
```
#t

```
(trie-value sn)
```
(symbol number)

我们还可以使用基于路径的接口来设置值：

```
(set-path-value! a-trie (list symbol? symbol?)
                 '(symbol symbol))
```

```
(trie-value ss)
```
(symbol symbol)

请注意，`intern-path-trie` 和 `set-path-value!` 尽可能重用现有的节点和边，必要时添加边和节点。

现在可以将一个特征序列与上述构建的 trie 进行匹配：

```
(equal? (list ss) (get-matching-tries a-trie '(a b)))
```
#t

```
(equal? (list s) (get-matching-tries a-trie '(c)))
```
#t

我们还可以将匹配与取值结合起来。程序 `get-a-value` 查找所有匹配的节点，选择一个具有值的节点，然后返回该值。

```
(get-a-value a-trie '(a b))
```
(symbol symbol)

但并非所有特征序列都有关联值：

```
(get-a-value a-trie '(-4))
```
;Unable to match features: (-4)

我们可以以增量的方式向 trie 中的节点添加值：

```
(set-path-value! a-trie (list negative-number?)
                 '(negative-number))
(set-path-value! a-trie (list even-number?)
                 '(even-number))
```

```
(get-all-values a-trie '(-4))
```
((even-number) (negative-number))

其中 `get-all-values` 查找与给定特征序列匹配的所有节点并返回它们的值。

给定这个 trie 实现，可以创建一个使用 trie 作为索引的调度器：

```
(define (make-trie-dispatch-store)
  (let ((delegate (make-simple-dispatch-store))
        (trie (make-trie)))
    (define (get-handler args)
      (get-a-value trie args))
    (define (add-handler! applicability handler)
      ((delegate 'add-handler!) applicability handler)
      (for-each (lambda (path)
```

```
                  (set-path-value! trie path handler))
                applicability))
(lambda (message)
  (case message
    ((get-handler) get-handler)
    ((add-handler!) add-handler!)
    (else (delegate message))))))))
```

我们通过将大部分操作委托给一个简单的调度器，使这个调度器变得简单。未委托的操作是 add-handler!，它同时将处理程序存储在简单的调度器和 trie 中，get-handler 则专门使用 trie 进行访问。简单的调度器管理默认处理程序和规则集，这对调试很有用。这是一个使用代理来扩展接口的简单示例，而不是众所周知的继承思想。

练习 3.13（trie 规则）　为了便于对不同的调度器进行实验，为调度器制造者提供了 generic-procedure-constructor 和 make-generic-arithmetic。例如，可以像 3.2.2 节那样构建一个完整的通用算法，但使用 make-trie-dispatch-store，如下所示：

```
(define trie-full-generic-arithmetic
  (let ((g (make-generic-arithmetic make-trie-dispatch-store)))
    (add-to-generic-arithmetic! g numeric-arithmetic)
    (extend-generic-arithmetic! g function-extender)
    (add-to-generic-arithmetic! g
      (symbolic-extender numeric-arithmetic))
    g))

(install-arithmetic! trie-full-generic-arithmetic)
```

　　a. 这是否对我们在 3.2.2 节中讨论的对顺序的依赖有任何改变？

　　b. 一般而言，谓词的哪些特征会导致对于一系列参数有多个合适的处理程序的情况？

　　c. 在通用运算代码中是否有这样的情况？

　　我们提供了一个粗略的工具来衡量调度策略的有效性。通过使用 with-predicate-counts 包装任何计算，可以找出每个调度谓词在执行中被调用的次数。例如，使用基于 trie 的调度器在通用算法中评估（fib 20）可能会产生如下结果 ⊖：

```
(define (fib n)
  (if (< n 2)
      n
      (+ (fib (- n 1)) (fib (- n 2)))))
```

⊖ with-predicate-counts 为谓词输出的名称不以问号结尾，例如为谓词编号输出的 number? 只是 number。原因不明，欢迎好奇的人在代码中追踪。

```
(with-predicate-counts (lambda () (fib 20)))
(109453 number)
(109453 function)
(54727 any-object)
(109453 symbolic)
6765
```

练习 3.14（调度效率） 鉴于此性能工具，查看执行

```
(define (test-stormer-counts)
  (define (F t x) (- x))
  (define numeric-s0
    (make-initial-history 0 .01 (sin 0) (sin -.01) (sin -.02)))
  (with-predicate-counts
   (lambda ()
     (x 0 ((evolver F 'h stormer-2) numeric-s0 1)))))
```

对于 `make-simple-dispatch-store` 中的基于规则列表的调度，在运算中你会得到：

```
(define full-generic-arithmetic
  (let ((g (make-generic-arithmetic make-simple-dispatch-store)))
    (add-to-generic-arithmetic! g numeric-arithmetic)
    (extend-generic-arithmetic! g function-extender)
    (add-to-generic-arithmetic! g
            (symbolic-extender numeric-arithmetic))
    g))

(install-arithmetic! full-generic-arithmetic)
```

对于基于 trie 的版本（见练习 3.13），在运算中你会得到：

```
(install-arithmetic! trie-full-generic-arithmetic)
```

对于某些问题，trie 应该比简单规则列表具有更好的性能。如果有大量规则相同的初始段，预计使用 trie 的性能会更好。

理解这一点很重要，因为有时 trie 对性能没有帮助这一事实似乎违反直觉。通过明确地引入 trie 米避免冗余调用，用简洁的段落解释这种现象。

如需进一步了解，请查看（`fib 20`）在两个实现中的性能。

　　当多个处理程序适用于给定的参数序列时，如何使用这些处理程序会不明确；解决这种情况是解决策略的工作。在设计解析策略时有很多需要考虑的因素。例如，选择最具体的处理程序的策略通常是一个好策略，然而，需要更多信息来实施这样的政策。有时运行所有适用的处理程序并比较它们的结果是合适的。这可用于捕获错误并提供一种冗余。或者，如果有每个处理程序提供的部分信息（例如数字区间），则可以组合不同处理程序的结果以提供更好的信息。

3.4.2　缓存

通过使用 trie 消除了对参数谓词的冗余评估，可以通过使用抽象完全消除谓词的评估来做得更好。谓词可以标识与所有其他对象不同的一组对象。换句话说，谓词和它区分的集合实际上是相同的。在 trie 实现中，我们使用谓词程序的相等性来避免冗余，否则，将在 trie 中有多余的边，这毫无用处。这也是为什么谓词组合的使用不能与 trie 实现很好地混合的原因。

这里的问题是想要建立一个根据谓词区分对象的索引，但是程序的不透明性使得它们在用作索引的键时不可靠。我们真正想要的是为由给定谓词区分的集合分配一个名称。如果有办法通过表面检查从给定对象中获取该名称，就可以完全避免计算谓词。这个名字是一个"type"，但为了避免混淆，将把这个名字称为一个标签。

给定一种从对象中获取标签的方法，可以创建一个缓存来保存先前调度产生的处理程序，并将其重用于参数具有相同标签模式的其他调度。但是在没有明确附加标签的情况下，这种方法存在局限性，因为只能区分共享特定于实现的表示对象。例如，区分数字和符号很容易，但区分素数并不容易，因为实现专门表示素数是不寻常的。

本书将在 3.5 节回到显式标记的问题，但与此同时，仍然可以使用 Scheme 实现中的表示标记来制作有用的缓存。给定一个实现特定的程序 implementation-type-name 来获取对象的表示标记，可以创建一个缓存调度器：

```
(define a-cached-dispatch-store
  (cache-wrapped-dispatch-store (make-trie-dispatch-store)
                                implementation-type-name))
```

这个调度器在一个真正的调度器周围包装了一个缓存，但它也可以包装一个简单的调度器。

缓存调度器的核心是一个建立在哈希表上的记忆器。哈希表的键是由 implementation-type-name 程序从参数中提取的表示标记列表。通过将 implementation-type-name 传递到这个 dispatch-store 包装器（作为 get-key），可以使用它来为后续开发的更强大的标签机制制作缓存的调度器。

```
(define (cache-wrapped-dispatch-store dispatch-store get-key)
  (let ((get-handler
         (simple-list-memoizer
          eqv?
          (lambda (args) (map get-key args))
          (dispatch-store 'get-handler))))
    (lambda (message)
      (case message
        ((get-handler) get-handler)
        (else (dispatch-store message))))))
```

对 simple-list-memoizer 的调用在最后一个参数周围包装了一个缓存，生成一个记忆版本。第二个参数指定如何从程序的参数中获取缓存键。`eqv?`参数指定如何在缓存中识别标签。

练习 3.15（缓存性能） 使用为练习 3.14 引入的相同表现工具，使用练习 3.14 中探讨的相同的通用算法，在调度的缓存中对（`test-stormer-counts`）和（`fib 20`）的执行进行测量。记录你的结果。它们是如何比较的？

3.5 高效的用户自定义类型

在 3.4.2 节中，引入了标签作为调度缓存机制的一部分。每个参数都映射到一个标签，然后将标签列表用作缓存中的键，以获取处理程序。如果缓存具有与此标签列表关联的处理程序，则使用它。否则，则使用谓词 trie 来查找适当的处理程序，并将其输入到与标签列表相关联的缓存中。

这种机制非常粗糙，因为可用于适用性规范的谓词仅限于那些始终为具有相同标签的任何两个对象提供相同布尔值的谓词。所以类型的区分不能比可用的标签更严格。标签是特定于实现的符号，例如 `pair`、`vector` 或 `procedure`。所以这严重限制了可能的谓词。例如，不能有规则来区分满足 `even-integer?` 的整数和满足 `odd-integer?` 的整数。

我们需要的是一种标记系统，使我们在计算上容易获得与数据项相关联的标记，但其中标记不限于一小组特定于实现的值。这可以通过使用显式数据结构或通过关联表将标签附加到每个数据项来实现。

这里有几个问题交织在一起：我们需要在适用性规范中使用谓词、需要一个有效的调度机制并且能够指定可以在调度中使用的谓词之间的关系。例如，我们希望能够说谓词 `integer?` 是谓词 `even-integer?` 和 `odd-integer?` 的析取，并且该整数是 `positive-integer?`、`negative-integer?` 和 `zero?` 的析取。

为了捕捉这种关系，我们需要将元数据放在谓词上。但是添加关联查找来获取谓词的元数据，就像对函数的元数所做的那样（见 2.1.1 节），会增加太多开销，因为元数据将包含对其他标签的引用，并且追踪这些引用必须是高效的。

一种方法是注册所需的谓词。注册创建了一种新的标签，一种与谓词相关联的数据结构。标签很容易附加到谓词接受的对象上，它将提供一个方便的地方来存储元数据。

可以构建一个系统，其中每个不同的对象只能有一个标签，并且可以声明谓词之间的关系。这可能看起来过于简单，但对于我们的目的来说已经足够了。

3.5.1 谓词的类型

我们从一些简单谓词开始。例如，原始程序 `exact-integer?` 在系统中预先注册为一个简单的谓词：

```
(predicate? exact-integer?)
#t
```

现在定义一个不是原语的新谓词。我们将在这个对质数特别慢的测试上构建它。

```
(define make-prime-number
  (predicate-constructor prime-number?))

(define short-list-of-primes
  (list (make-prime-number 2)
        (make-prime-number 7)
        (make-prime-number 31)))
```

注意，所有算术运算符都带有 n: 前缀，以确保我们获得底层的 Scheme 操作。

构造器 prime-number? 要求它的参数是素数，由 slow-prime? 确定，唯一可以被这个构造器标记的对象是素数：

```
(define prime-number?
  (simple-abstract-predicate 'prime-number slow-prime?))
```

simple-abstract-predicate 程序创建了一个抽象谓词，这是一种聪明的技巧，可用于记忆昂贵谓词（在本例中为 slow-prime?）的结果。抽象谓词有一个关联的构造器，用于创建一个带标签对象，由抽象谓词的标签和一个对象组成。构造器要求被标记的对象满足昂贵谓词。生成的带标签对象满足抽象谓词，并携带其标签。因此，可以通过使用快速抽象谓词（或等效地，通过根据其标签进行调度）来测试由昂贵谓词定义的属性。

例如，抽象谓词 prime-number? 用于标记经过验证的素数对象，以便高效实现通用调度。这很重要，因为我们不希望在调度期间执行 slow-prime? 来确定一个数字是否为素数。因此，我们构建了一个新的带标签对象，其中包含标签（用于 prime-number? 的标签）和数据（原始素数）。当通用程序收到一个带标签对象时，它可以高效地检索其标签，并将其用作缓存键。

为了创建带标签的对象，我们使用 predicate-constructor 来获取与抽象谓词关联的构造函数：

```
(define make-prime-number
  (predicate-constructor prime-number?))

(define short-list-of-primes
  (list (make-prime-number 2)
        (make-prime-number 7)
        (make-prime-number 31)))
```

构造器 make-prime-number 要求它的参数是素数，由 slow-prime? 确定：唯一可以被这个构造器标记的对象是质数。

```
(make-prime-number 4)
;Ill-formed data for prime-number: 4
```

3.5.2 谓词之间的关系

用抽象谓词定义的集合可以相互关联。例如，素数是正整数的子集。正整数、偶数和奇数是整数的子集。这很重要，因为适用于整数的任何操作都适用于任何子集的任何元素，但有些操作可以应用于子集的元素，而不能应用于封闭超集的所有元素。例如，可以将偶数减半而不留余数，但对于全部整数则不然。

当我们定义 prime-number? 时，我们有效地定义了一组对象。但该集合与由 exact-integer? 定义的集合无关：

```
(exact-integer? (make-prime-number 2))
#f
```

如果希望这些集合正确相关，可以通过向谓词本身添加一些元数据来完成，

```
(set-predicate<=! prime-number? exact-integer?)
```

这个 set-predicate<=! 程序修改其参数谓词的元数据以指示由第一个参数定义的集合是由第二个参数定义的集合的（非严格）子集。在上述例子中，由 prime-number? 定义的集合被声明为由 exact-integer? 定义的集合的子集。一旦完成，exact-integer? 将识别对象：

```
(exact-integer? (make-prime-number 2))
#t
```

3.5.3 谓词调度关键字

定义抽象谓词适用于通用调度。更好的是，它们可以用作缓存键来提高调度效率。正如上面所描述的，当一个谓词被注册时，一个新的标签被创建并与谓词相关联。所需要的只是一种获取给定对象的标签的方法，程序 get-tag 就是这样做的。

如果将 get-tag 作为它的 get-key 参数传递给 cache-wrapped-dispatch-store，我们就有了一个有效的实现。但是，由于谓词定义的集合可以有子集，因此需要考虑某些给定参数有多个潜在处理程序的情况。有多种可能的方法可以解决这种情况，但最常见的方法是通过某种方式识别"最特殊"的处理程序，并调用该处理程序。由于子集关系是一个偏序，可能不清楚哪个处理程序最具体，因此实现必须通过独立的方式解决歧义。

有一个这样的实现，使用程序 rule< 将匹配规则排序为适当的顺序，然后从结果中选择一个处理程序[⊖]。

⊖ 程序 is-generic-handler-applicable? 抽象我们之前在 3.2.3 节的 get-handler 中使用 predicates-match? 进行的处理程序检查。这为我们后续的阐述提供了线索。

```
(define (make-subsetting-dispatch-store-maker choose-handler)
  (lambda ()
    (let ((delegate (make-simple-dispatch-store)))
      (define (get-handler args)
        (let ((matching
                (filter (lambda (rule)
                          (is-generic-handler-applicable?
                            rule args))
                        ((delegate 'get-rules)))))
          (and (n:pair? matching)
               (choose-handler    ; from sorted handlers
                (map cdr (sort matching rule<))
                ((delegate 'get-default-handler))))))
      (lambda (message)
        (case message
          ((get-handler) get-handler)
          (else (delegate message)))))))
```

程序 make-most-specific-dispatch-store 选择排序处理程序中的第一个作为有效
处理程序：

```
(define make-most-specific-dispatch-store
  (make-subsetting-dispatch-store-maker
    (lambda (handlers default-handler)
      (car handlers))))
```

另一种可能的选择是创建一个"链式"调度器，其中每个处理程序获取一个参数，可
用于调用排序序列中的下一个处理程序。这对于子集处理程序想要扩展超集处理程序的行
为而不是覆盖它的情况很有用。我们将在 3.5.4 节中冒险游戏的时钟处理程序中展示一个
例子。

```
(define make-chaining-dispatch-store
  (make-subsetting-dispatch-store-maker
    (lambda (handlers default-handler)
      (let loop ((handlers handlers))
        (if (pair? handlers)
            (let ((handler (car handlers))
                  (next-handler (loop (cdr handlers))))
              (lambda args
                (apply handler (cons next-handler args))))
            default-handler)))))
```

通过添加缓存包装器，这些调度器中的任何一个都可以成为缓存调度器：

```
(define (make-cached-most-specific-dispatch-store)
  (cache-wrapped-dispatch-store
    (make-most-specific-dispatch-store)
    get-tag))

(define (make-cached-chaining-dispatch-store)
```

```
(cache-wrapped-dispatch-store
   (make-chaining-dispatch-store)
   get-tag))
```

然后创建相应的通用程序构造器：

```
(define most-specific-generic-procedure
  (generic-procedure-constructor
   make-cached-most-specific-dispatch-store))

(define chaining-generic-procedure
  (generic-procedure-constructor
   make-cached-chaining-dispatch-store))
```

3.5.4 示例：冒险游戏

为世界建模的一种传统方法是"面向对象编程"，其思想是，被建模的世界是由对象组成的，每个对象都有独立的局部状态，对象之间的耦合是松散的。假设每个对象都有特定的行为。一个对象可以从其他对象接收消息，改变它的状态，并向其他对象发送消息。对于希望建模的行为不依赖多个信息源的协作的情况，每条消息都来自另一个对象。这是对程序组织的严格限制。

还有其他方法可以将问题分解为多个部分。如果已经了解足够多的"算术"，可以看到运算符的含义，例如 *，可以取决于多个参数的属性。例如，一个数和一个向量的乘积与两个向量或两个数的乘积是不同的操作。这种问题自然是用通用程序来表述的 ⊖。

考虑使用通用程序对由"地点""事物"和"人"组成的世界进行建模的问题。局部于实体的状态变量应该如何表示和打包？哪些操作对哪些类型的实体具有适当的通用性？由于将实体分组为类型（或集合）并为包含集合的所有成员表达一些适当的操作是很自然的，那么应如何安排子类型？任何面向对象的观点都会对这些设计问题给出具体的答案，在这里我们有更多的自由，并且必须设计将要使用的约定。

为了说明这个程序，将为一个简单的冒险游戏构建一个世界。有一个由通道连接的房间网络，并居住着各种生物，其中一些是自主的，因为它们可以四处游荡。有一个由玩家控制的化身。有一些物品，其中的一些可以被生物捡起并携带。这些生物之间有多种互动方式："巨怪"（troll）可以咬住另一个生物并对其造成伤害、任何生物都可以拿走另一个生物携带的东西。

游戏世界中的每个实体都有一组命名的属性。其中一些是固定的，而另一些是可变的。例如，一个房间有通往其他房间的出口。这些代表网络的拓扑结构，不能更改。房间也有内容，比如当前房间里的生物和可能获得的东西。房间里的东西会随着生物四处走动以及携带物品进出其他房间而发生变化。可以将这组命名属性计算建模为从名称到属性值

⊖ 在 Haskell 和 Smalltalk 等语言中，通过分派第一个参数来处理多个参数，生成一个对象，然后在第二个参数上分派，以此类推。

的表格。

有一套适用于这个世界的通用程序。例如，有些东西（如书籍、生物和化身）是可移动的。在任何情况下，移动事物都需要从源内容中删除它，将其添加到目标内容中，并更改其位置属性。这个操作对于"书籍""人"和"巨怪"来说都是一样的，所有这些都是"可移动的物体"集合的成员。

一本"书籍"可以读、一个"人"可以说些什么、"巨怪"可以咬一个生物。为了实现这些行为，"书籍"具有不同于"人"或"巨怪"的特定属性。但是这些不同种类的可移动物体有一些共同的属性，比如位置。所以当这样一个物体被实例化时，它必须为所有属性创建一个表，包括从更包容的集合继承的那些属性。用于实现诸如移动之类的运算符行为的规则必须能够找到适当的处理程序，以在每种情况下操作属性。

游戏

我们的游戏是在麻省理工学院的粗糙拓扑图上进行的。有各种自主代理（非玩家角色），例如学生和官员。注册管理员（registrar）就是一个"巨怪"。有可移动和不可移动的物体，可移动的物体可以由自主代理或玩家的化身拿走。这个游戏虽然细节不多，但是可以展开成为非常有趣的游戏。

使用一个名为gjs的化身创建一个会话，该化身出现在随机位置。游戏告诉玩家有关化身的环境。

```
(start-adventure 'gjs)
You are in dorm-row
You see here: registrar
You can exit: east
```

既然注册管理员在这里，离开是明智的（因为注册管理员就是一个巨怪，他可能会咬人，当被他咬足够多次数后，化身就会死亡）。

```
(go 'east)
gjs leaves via the east exit
gjs enters lobby-7
You are in lobby-7
You can see: lobby-10 infinite-corridor
You can exit: up west east
alyssa-hacker enters lobby-7
alyssa-hacker says: Hi gjs
ben-bitdiddle enters lobby-7
ben-bitdiddle says: Hi alyssa-hacker gjs
registrar enters lobby-7
registrar says: Hi ben-bitdiddle alyssa-hacker gjs
```

请注意，多个自主代理在化身之后到达，并且一次一个。所以我们看到报告是模拟时间间隔的，而不是瞬间状态的摘要。这是我们实现的产物，而不是故意的设计选择。

不幸的是，注册管理员已经跟进了，所以是时候再次离开了。

```
(say "I am out of here!")
```
gjs says: I am out of here!

```
(go 'east)
```
gjs leaves via the east exit
gjs enters lobby-10
You are in lobby-10
You can see: lobby-7 infinite-corridor great-court
You can exit: east south west up

```
(go 'up)
```
gjs leaves via the up exit
gjs enters 10-250
You are in 10-250
You see here: blackboard
You can exit: up down

10-250 室是一个报告厅，有一块大黑板。 也许我们可以带走它。

```
(take-thing 'blackboard)
```
blackboard is not movable

真不幸，`gjs` 喜欢黑板。让我们继续环顾四周。

```
(go 'up)
```
gjs leaves via the up exit
gjs enters barker-library
You are in barker-library
You see here: engineering-book
You can exit: up down
An earth-shattering, soul-piercing scream is heard...

显然，一个"巨怪"（可能是注册管理员）吃掉了某人。不过，这是一本应该可以带走的书，所以我们拿着它回到了报告厅。

```
(take-thing 'engineering-book)
```
gjs picks up engineering-book

```
(go 'down)
```
gjs leaves via the down exit
gjs enters 10-250
You are in 10-250
Your bag contains: engineering-book
You see here: blackboard
You can exit: up down

我们从报告厅回到 `lobby-10`，在那里我们遇到了 `lambda-man`，他立即偷了我们的书。

```
(go 'down)
```
gjs leaves via the down exit
gjs enters lobby-10

```
gjs says: Hi lambda-man
You are in lobby-10
Your bag contains: engineering-book
You see here: lambda-man
You can see: lobby-7 infinite-corridor great-court
You can exit: east south west up
alyssa-hacker enters lobby-10
alyssa-hacker says: Hi gjs lambda-man
lambda-man takes engineering-book from gjs
gjs says: Yaaaah! I am upset!
```

对象类型

为了在我们的游戏中创建一个对象，我们用 make-property 定义一些属性，用 make-type 定义一个类型谓词，用 type-instantiator 获得谓词的关联实例化器，并用适当的参数调用该实例化器。

我们如何制作"巨怪"？"巨怪"的 make-troll 构造器的参数为特定于正在被构造的特定"巨怪"的属性指定值。"巨怪"将在给定的地方创造，具有一个 restlessness（四处走动的倾向）、一个 acquisitiveness（拿东西的倾向）和一个 hunger（咬其他人的倾向）属性。

```
(define (create-troll name place restlessness hunger)
  (make-troll 'name name
              'location place
              'restlessness restlessness
              'acquisitiveness 1/10
              'hunger hunger))
```

我们创建了两个"巨怪"：grendel 和 registrar。它们最初被放置在随机的位置，具有一些随机的倾向。

```
(define (create-trolls places)
  (map (lambda (name)
        (create-troll name
                      (random-choice places)
                      (random-bias 3)
                      (random-bias 3)))
      '(grendel registrar)))
```

程序 random-choice 从它给定的列表中随机选择一项。程序 random-bias 选择一个数字（在本例中为 1、2 或 3）并返回其倒数。

"巨怪"类型被定义为仅对"巨怪"为真的谓词。make-type 程序被赋予了一个类型名称和一个特定于"巨怪"的属性描述符。（只有"巨怪"有 hunger 属性。）

```
(define troll:hunger
  (make-property 'hunger 'predicate bias?))
```

```
(define troll?
  (make-type 'troll (list troll:hunger)))
```

"巨怪"是一种特殊类型的自主代理。因此，"巨怪"的集合是自主代理集（<=）的子集。

```
(set-predicate<=! troll? autonomous-agent?)
```

"巨怪"的构造器直接派生自定义类型的谓词，就像属性 hunger 的访问器一样。

```
(define make-troll
  (type-instantiator troll?))

(define get-hunger
  (property-getter troll:hunger troll?))
```

　　自主代理偶尔会受到"时钟"的刺激来采取一些行动。"巨怪"的独特行动是咬其他人。

```
(define-clock-handler troll? eat-people!)
```

翻转一个有偏差的硬币来确定"巨怪"此时是否饿了。如果他饿了，他会寻找其他人（"巨怪"同样也是人），如果有，它会选择咬一个人，使受害者遭受一些伤害。叙述者（narrator）描述了发生的事情。

```
(define (eat-people! troll)
  (if (flip-coin (get-hunger troll))
      (let ((people (people-here troll)))
        (if (n:null? people)
            (narrate! (list (possessive troll) "belly rumbles")
                      troll)
            (let ((victim (random-choice people)))
              (narrate! (list troll "takes a bite out of"
                                    victim)
                        troll)
              (suffer! (random-number 3) victim))))))
```

程序 flip-coin 生成一个介于 0 和 1 之间的随机分数。如果该分数大于参数，则返回 true。程序 random-number 返回一个小于或等于其参数的正数。

　　narrate! 用于为故事添加叙述。narrate! 的第二个参数（上面代码中的 troll）可能是任何有位置的东西。叙述者在如此确定的位置宣布它的第一个论点。只有在那个位置才能听到那个通知。

　　我们说过"巨怪"是一种自主代理。自主代理类型由其谓词定义，该谓词指定此类代理所需的属性。我们还指定自主代理集是所有"人"的集合的子集。

```
(define autonomous-agent:restlessness
  (make-property 'restlessness 'predicate bias?))

(define autonomous-agent:acquisitiveness
  (make-property 'acquisitiveness 'predicate bias?))

(define autonomous-agent?
```

```
(make-type 'autonomous-agent
           (list autonomous-agent:restlessness
                 autonomous-agent:acquisitiveness)))
```

```
(set-predicate<=! autonomous-agent? person?)
```

除了"巨怪"特有的 hunger 属性外，"巨怪"的构造器还指定了 restlessness 和 acquisitiveness 的属性值，这是制作自主代理所需的。由于"巨怪"是自主代理，而自主代理是"人"，因此"人"及其所有超集的属性也必须有值。在这个系统中，几乎所有的属性都有默认值，如果没有指定，这些默认值会自动填写。例如，所有对象都需要 name，这个 name 是在"巨怪"的构造器中指定的。但是一个"人"也有一个 health 属性，这是累积伤害所必需的，并且这个属性值没有在"巨怪"的构造器中明确指定。

通用程序

现在我们已经了解了对象是如何构建的，接下来我们将关注如何实现它们的行为。特别地，我们将看到通用程序如何成为描述复杂行为的有效工具。

我们定义了 get-hunger，它用于 eat-person!，根据 property-getter，给定类型对象的属性的 getter 被实现为一个通用程序，该程序将一个对象作为参数并返回该属性的值。

```
(define (property-getter property type)
  (let ((procedure     ; the getter
         (most-specific-generic-procedure
          (symbol 'get- (property-name property))
          1            ; arity
          #f)))        ; default handler
    (define-generic-procedure-handler procedure
      (match-args type)
      (lambda (object)
        (get-property-value property object)))
    procedure))
```

这里显示了一个通用程序的构造，它带有一个生成的名称（例如 get-hunger），它接受一个参数，并添加了一个执行实际访问的处理程序。most-specific-generic-procedure 的最后一个参数是该程序的默认处理程序，指定 #f 意味着默认发出错误信号。

我们还使用了 define-cloce-handler 来描述时钟触发时要采取的操作。该程序只是向通用程序 clock-tick! 添加了一个处理程序，该程序已经构建好了。

```
(define (define-clock-handler type action)
  (define-generic-procedure-handler clock-tick!
    (match-args type)
    (lambda (super object)
      (super object)
      (action object))))
```

这个通用程序支持"链式",其中每个处理程序获得一个额外的参数（在本例中为 super），当调用该参数时，会导致调用在给定对象的超集上定义的任何处理程序。传递给 super 的参数具有与此处接收的参数相同的含义。在这种情况下，只有一个参数，并且会被传递。这本质上与 Java 等语言中使用的机制相同，但在这种情况下，它是使用 magic 关键字而不是参数完成的。

调用 clock-tick! 程序是为了触发一个动作，而不是计算一个值。请注意，我们指定的操作将在超集指定的任何操作之后执行。可以选择先执行给定的操作，然后再执行其他操作，只需更改调用顺序即可。

通用程序组织的真正力量通过移动事物的机制来说明。例如，当我们拿起工程书时，可以将它从房间移到我们的包里。这是通过 move! 程序实现的：

```
(define (move! thing destination actor)
  (generic-move! thing
                 (get-location thing)
                 destination
                 actor))
```

move! 程序是根据更通用的程序 generic-move! 实现的，它有四个参数：要移动的事物、事物的当前位置、目标位置和移动程序的参与者。此程序是通用的，因为移动行为可能取决于所有参数的类型。

当我们创建 generic-move! 时，还指定了一个非常通用的处理程序来捕获更多特定处理程序（对于特定参数类型）未涵盖的情况。

```
(define generic-move!
  (most-specific-generic-procedure 'generic-move! 4 #f))

(define-generic-procedure-handler generic-move!
  (match-args thing? container? container? person?)
  (lambda (thing from to actor)
    (tell! (list thing "is not movable")
           actor)))
```

程序 tell! 将消息（它的第一个参数）发送给试图移动 thing 的 actor。如果 actor 是化身，则显示消息。

在演示中，我们拿起了"书籍"。我们通过使用名称 engineering-book 调用程序 take-thing 来做到这一点。此程序将名称解析为事物，然后调用 take-thing!，它调用了 move!：

```
(define (take-thing name)
  (let ((thing (find-thing name (here))))
    (if thing
        (take-thing! thing my-avatar)))
  'done)
```

```
(define (take-thing! thing person)
  (move! thing (get-bag person) person))
```

这里有两个程序，第一个是一个用户界面程序，让玩家能够通过名称方便地描述要获取的东西，它调用第二个内部程序，该程序也在其他地方使用。

为了完成这项工作，为 generic-move! 提供了一个处理程序，专门用于将移动物品从某位置移动到袋子中：

```
(define-generic-procedure-handler generic-move!
  (match-args mobile-thing? place? bag? person?)
  (lambda (mobile-thing from to actor)
    (let ((new-holder (get-holder to)))
      (cond ((eqv? actor new-holder)
             (narrate! (list actor
                             "picks up" mobile-thing)
                       actor))
            (else
             (narrate! (list actor
                             "picks up" mobile-thing
                             "and gives it to" new-holder)
                       actor)))
      (if (not (eqv? actor new-holder))
          (say! new-holder (list "Whoa! Thanks, dude!")))
      (move-internal! mobile-thing from to))))
```

如果 actor 获取 thing，actor 就是 new-holder（新的持有者）。但也有可能是 actor 在原地获取 thing，塞进别人包里。

程序 Say! 用于表示某人已经说过某事。它的第一个参数是说话的人，第二个参数是正在说的文本。move-internal! 程序实际上将对象从一个地方移动到另一个地方。

要放下一个东西，使用 drop-thing 程序将它从我们的包中移到我们当前的位置：

```
(define (drop-thing name)
  (let ((thing (find-thing name my-avatar)))
    (if thing
        (drop-thing! thing my-avatar)))
  'done)

(define (drop-thing! thing person)
  (move! thing (get-location person) person))
```

下面的处理程序 generic-move! 使得可以放下东西。actor 可能会从自己的 bag 里掉落 thing，也可能会从别人的 bag 里捡 thing 然后掉落出来。

```
(define-generic-procedure-handler generic-move!
  (match-args mobile-thing? bag? place? person?)
  (lambda (mobile-thing from to actor)
    (let ((former-holder (get-holder from)))
```

```
(cond ((eqv? actor former-holder)
       (narrate! (list actor
                       "drops" mobile-thing)
                 actor))
      (else
       (narrate! (list actor
                       "takes" mobile-thing
                       "from" former-holder
                       "and drops it")
                 actor)))
(if (not (eqv? actor former-holder))
    (say! former-holder
          (list "What did you do that for?")))
(move-internal! mobile-thing from to))))
```

又一个 generic-move! 处理程序通过将物品从一个包移到另一个包来送出礼物或偷东西。这里的行为取决于行为者（actor）、事物的原始持有者和事物的最终持有者之间的关系。

```
(define-generic-procedure-handler generic-move!
  (match-args mobile-thing? bag? bag? person?)
  (lambda (mobile-thing from to actor)
    (let ((former-holder (get-holder from))
          (new-holder (get-holder to)))
      (cond ((eqv? from to)
             (tell! (list new-holder "is already carrying"
                          mobile-thing)
                    actor))
            ((eqv? actor former-holder)
             (narrate! (list actor
                             "gives" mobile-thing
                             "to" new-holder)
                       actor))
            ((eqv? actor new-holder)
             (narrate! (list actor
                             "takes" mobile-thing
                             "from" former-holder)
                       actor))
            (else
             (narrate! (list actor
                             "takes" mobile-thing
                             "from" former-holder
                             "and gives it to" new-holder)
                       actor)))
      (if (not (eqv? actor former-holder))
          (say! former-holder (list "Yaaaah! I am upset!")))
      (if (not (eqv? actor new-holder))
          (say! new-holder
                (list "Whoa! Where'd you get this?")))
      (if (not (eqv? from to))
          (move-internal! mobile-thing from to)))))
```

另一个有趣的例子是一个人从一个地方到另一个地方的运动。这是由以下处理程序实现的：

```
(define-generic-procedure-handler generic-move!
  (match-args person? place? place? person?)
  (lambda (person from to actor)
    (let ((exit (find-exit from to)))
      (cond ((or (eqv? from (get-heaven))
                 (eqv? to (get-heaven)))
             (move-internal! person from to))
            ((not exit)
             (tell! (list "There is no exit from" from
                          "to" to)
                    actor))
            ((eqv? person actor)
             (narrate! (list person "leaves via the"
                             (get-direction exit) "exit")
                       from)
             (move-internal! person from to))
            (else
             (tell! (list "You can't force"
                          person
                          "to move!")
                    actor)))))))
```

可以有许多其他处理程序，但重要的是要看到移动程序的行为可能取决于所有参数的类型。这将行为清晰地分解为可单独理解的块。在传统的面向对象设计中实现如此优雅的分解是相当困难的，因为在这样的设计中必须选择一个参数作为主调度中心。主调度中心应该是被移动的东西、源位置、目标位置，还是 actor？任何一种选择都会使情况变得复杂。

正如 Alan Perlis 所写："让 100 个函数对一个数据结构进行操作比让 10 个函数对 10 个数据结构进行操作要好。"

实现属性

我们看到游戏中的对象是通过使用 make-property 定义一些属性、使用 make-type 定义类型谓词、使用 type-instantiator 获取谓词关联的实例化器并使用适当的参数调用该实例化器来创建的。这个简单的描述隐藏了一个值得探索的复杂实现。

这段代码的有趣之处在于，它提供了一种简单灵活的机制来管理与类型实例关联的属性，当使用子类型时，这种机制是鲁棒的。属性由抽象对象而不是名称表示，以避免定义子类型时命名空间冲突。例如，类型 mammal 可能有一个名为 forelimb 的属性，指的是典型的前腿。mammal 的一个子类蝙蝠可能有一个同名的属性，它指的是一个不同的对象——一对翅膀。如果这些属性是由它们的名字指定的，那么这些类型中的一个需要改变它的名字。在这个实现中，属性对象是自己指定的，两个同名的属性是不同的。

程序 make-property 创建包含名称、谓词和默认值提供者的数据类型。它的第一个参数是属性的名称，其余参数是一个属性列表，其中包含有关该属性的附加元数据。例如，参见本节中对象类型小节里 troll:hunger 的定义。我们将忽略属性列表的解析方式，因为它并不有趣 ⊖。

```
(define (make-property name . plist)
  (guarantee n:symbol? name)
  (guarantee property-list? plist)
  (%make-property name
                  (get-predicate-property plist)
                  (get-default-supplier-property plist)))
```

一个属性被实现为一个 Scheme 记录（见［65］），它是一个由一组命名字段组成的数据结构。它由详细的语法定义，为每个字段指定一个构造器、一个类型谓词和一个访问器：

```
(define-record-type <property>
    (%make-property name predicate default-supplier)
    property?
  (name property-name)
  (predicate property-predicate)
  (default-supplier property-default-supplier))
```

我们选择给原始记录构造器 %make-property 一个带有初始百分号（%）的名称。本书经常使用初始百分号来表示一个低级程序，除了支持更高级别的抽象外，不会使用它。%make-property 程序只在 make-property 中使用，而 make-property 又被系统的其他部分使用。

给定一组属性，可以构造一个类型谓词：

```
(define (make-type name properties)
  (guarantee-list-of property? properties)
  (let ((type
          (simple-abstract-predicate name instance-data?)))
    (%set-type-properties! type properties)
    type))
```

类型谓词是一个普通的抽象谓词（参见 3.5.1 节）以及指定的属性，这些属性使用 %set-type-properties! 存储在关联中。那些指定的属性不会被它们自己使用，相反，它们与这种类型的超集的属性聚合在一起。被标记的对象满足 instance-data?。它是从这种类型的属性到它们的值的关联。

```
(define (type-properties type)
  (append-map %type-properties
              (cons type (all-supertypes type))))
```

⊖ make-property 程序使用一个名为 guarantee 的帮助程序来进行参数检查。guarantee 的第一个参数是谓词（最好是注册谓词），第二个参数是要测试的对象。可能还有第三个参数，用于识别调用者。如果对象不满足谓词，则 guarantee 会发出错误信号。程序 guarantee-list-of 的工作方式类似，只是它要求对象是满足谓词的元素列表。

我们在前文中已经使用了 assert。assert 更方便地提出必须为真的断言。对于参数类型检查的更受限制的情况，guarantee 更可取。

type-instantiator 构建实例化器，它接受一个使用属性名称作为键的属性列表，解析该列表，并使用结果值来创建实例数据，该数据将这个实例的每个属性与其值相关联。它还调用 set-up! 程序，这使我们能够进行类型特定的初始化。

```
(define (type-instantiator type)
  (let ((constructor (predicate-constructor type))
        (properties (type-properties type)))
    (lambda plist
      (let ((object
              (constructor (parse-plist plist properties))))
        (set-up! object)
        object))))
```

> **练习 3.16（冒险热身）** 加载冒险游戏并通过执行命令（start-adventure *your-name*）开始模拟。四处走动你的化身。找一些可以拿走的东西拿走。把你拿的东西丢在别的地方。

> **练习 3.17（Health）** 改变一个"人"的 health 的表示，更其拥有比初始游戏中更多的可能值。缩放你的表示，使"巨怪"咬伤致死的概率与你更改表示之前的概率相同。还可以通过一些休息周期从非致命的"巨怪"咬伤或其他 health 损失中恢复过来。

> **练习 3.18（医疗帮助）** 创建一个新的地点——医疗中心。从绿色建筑和盖茨塔轻松抵达。如果遭受非致命伤害（可能是被"巨怪"咬伤）的"人"到达医疗中心，他们的生命值（health）可能会恢复。

> **练习 3.19（palantir）** 制作一种叫作 palantir 的新东西（一种"看见之石"，类似于托尔金的《指环王》中描述的那样）。palantir 的每个实例都可以与其他实例通信。因此，如果 lobby-10 有一个 palantir，宿舍有另一个，你可以通过查看 lobby-10 的一个 palantir 来观察宿舍中的情况（本质上，palantir 是一个神奇的监控摄像头和显示器）。
>
>　　在校园的各个地方种植一些不可移动的 palantiri，并让你的化身使用一个。你能留意你朋友的位置吗？"巨怪"的呢？
>
>　　除了你的化身之外，你可以让一个自主的"人"使用 palantir 来达到一些有趣的目的吗？这所大学的校长可能是一个合适的人选。

练习 3.20（隐形） 制作一个任何"人"（包括化身）都可以隐形的"隐形斗篷"，因此不会受到"巨怪"的攻击。但是，必须在短时间内放弃（丢掉）斗篷，因为拥有斗篷会慢慢降低"人"的生命值。

练习 3.21（轮到你了） 既然您已经有机会玩转我们的角色、地点和事物的"世界"，请以某种实质性的方式扩展这个世界，这仅受你的创造力的限制。一种想法是拥有移动场所（例如电梯），其入口和出口会随时间变化，并且可能由人控制。但这只是一个建议，请发明你喜欢的东西。

练习 3.22（多人游戏） 这是一个相当大的项目，而不是一个简单的练习。
a. 扩展冒险游戏，以便可以有多个玩家进入，每个玩家控制一个个人化身。
b. 让玩家可以处于不同的终端上。

3.6 小结

本章介绍的通用程序的使用既强大又危险。允许程序员动态更改语言原始运算符的含义可能会导致代码难以管理。但是如果我们小心地将运算符扩展到新的参数类型，而不改变它们对原始类型的行为，可以获得强大的扩展，而不会破坏任何旧软件。大多数编程语言不允许自由修改原始运算符的现有行为，这是有充分理由的。然而，这里的许多想法都是可移植的，可以安全地使用。例如，在 C++ 和 Haskell 等多种语言中，可以重载运算符以在用户定义的类型上具有新的含义。

算术的扩展是相当温和的，但我们必须意识到可能出现的问题，以及可能引起的微妙错误：整数的加法是结合的，但浮点数的加法不是结合的；数字的乘法是可交换的，但矩阵的乘法不是可交换的。如果将加法扩展为字符串的串联，则该扩展不是可交换的。从好的方面来说，将算术扩展到包含文字数字和纯数字量的符号表达式很简单，继续扩展到函数、向量、矩阵和张量并不困难，但需要做大量工作。然而，我们最终遇到了扩展顺序的实际问题——符号向量与具有符号坐标的向量不同。我们也可能在符号函数的类型上陷入困境。

一个可扩展通用程序的例子是通过扩展每个原始算术程序来处理微分对象以实现前向模式自动微分的几乎微不足道的实现。但是，使用将函数作为值返回的高阶函数使其正确工作是很困难的。（当然，大多数编写需要自动区分的应用程序的程序员不需要担心这种复杂性。）

在我们的系统中，"类型"由对该类型元素为真的谓词表示。为了提高效率，我们引入了谓词注册和标记系统，允许添加类型之间的关系声明。例如，可以让素数成为整数的子集，因此满足用户定义的 prime? 谓词的数自动满足 integer? 谓词。

一旦我们拥有带有声明子集关系的用户定义类型，就进入了一个新的可能性领域。通过一个简单但优雅的可扩展冒险游戏来证明这一点。因为通用程序根据它们所有参数的类型进行调度，与根据第一个参数进行调度以产生一个程序，这个程序根据第二个参数进行调度，以此类推的程序相比，我们的冒险游戏中实体行为的描述会更简单和模块化。因此，在典型的单调度面向对象系统中对这些行为进行建模会更加复杂。

我们使用标记数据来有效地实现可扩展的通用程序。数据被标记为决定使用哪些程序来实施指定的操作所需的信息。一旦我们能够标记数据，就可以将标记用于其他用途。例如，可以用数据的来源、衍生方式或基于的假设来标记数据。这种审计跟踪可能对访问控制、跟踪敏感数据的使用或调试复杂系统有用（见［128］）。因此，除了使用标签来确定通用程序的处理程序之外，还可以将任意标签附加到任何数据项上。

第 4 章

模式匹配

模式匹配是一种支持创建特定领域语言和其他应该具有附加特征系统的技术。

模式匹配是对相等性测试的概括。在相等性测试中,比较两个对象以确定它们具有相同的结构和内容。在模式匹配中,扩大了相等性测试的应用以允许未指定结构和内容的某些部分进行测试。模式准确地指定了数据的某些部分,但它有"洞"(模式变量)与数据的未指定部分匹配。通过对模式变量可以匹配的内容施加限制,尽可能要求同一模式变量的多个实例匹配同一事物。

一个模式可以匹配到更大数据的一部分,匹配的上下文是未指定的。处理部分信息的能力意味着只有模式的指定部分是对匹配数据的假设,对未指定的部分几乎没有或没有假设。

模式匹配的这种特性可以构建非常灵活的基于规则的系统。在基于规则的系统中,人们可以通过添加新规则来添加新功能,尽管在如何定义规则以及它们如何相互交互方面存在困难。例如,如果适用多个规则,则结果可能取决于应用的顺序。我们已经在棋盘游戏规则解释器中遇到了规则交互问题(请参阅 2.4.2 节的评估小节)。

除了使用模式来匹配满足部分规范的数据之外,模式本身还可以表示部分已知的信息。合并此类模式(合一)可以生成比单个模式贡献得更具体信息。

模式匹配的另一个用途是作为通用程序的泛化。通用程序允许通过调整程序中自由变量的含义来做一些神奇的事情。可以将使用通用程序的程序(例如绑定到 + 的程序)视为一个处理程序的广告,该处理程序可以完成" +ing"提供的参数的工作。如果提供的参数满足附加时提供的谓词,则附加到通用程序的处理程序是适用的。但是需要完成广告工作的语言相当有限——只有一个符号(在上述情况下是 +)。如果改为使用模式来宣传要完成的工作,而使用其他模式来宣传可能完成这些工作的程序,就有了更丰富的语言——模式定向调用。

4.1 模式

代数的基本定律可以表示为模式的等价:

$$a \times (b + c) \Leftrightarrow a \times b + a \times c$$

这就是乘法对加法的分配律。它表示可以在不改变表达式的值的情况下用另一侧替换一侧。规律的每一边都是一个模式，有模式变量 a、b 和 c，以及模式常量 × 和 +。定律说的是，如果找到一个代数表达式，它是某个变量与变量和项的乘积，可以用两个乘积之和来代替它，反之亦然。

让我们看看如何根据模式匹配来组织程序。这里的一个关键想法是将模式编译成组合器，这些组合器是匹配器的组成部分。在 4.2 节中，将利用初等代数术语重写系统来进行演示。

模式语言

第一项工作是构建模式语言，将从一些简单的事情开始。从 Lisp（Scheme）列表中制作模式，与上面的数学示例不同，没有保留符号（例如 × 和 +），因此必须将模式变量与模式常量区分开。模式变量可以由以查询符号 ? 开头的列表表示（这是传统的选择）。因此，在这种语言中，构成分配律的模式可以表示如下，假设正在使用 Lisp 前缀数学表达式：

```
(* (? a) (+ (? b) (? c)))
```

```
(+ (* (? a) (? b)) (* (? a) (? c)))
```

你可能会抱怨我们可以使用区分符号，例如 ?a 而不是冗长的 (?a)。这很好，但这种选择会使扩展变得有点困难，比如一个仅限于匹配数字的变量。当然，如果有帮助，可以稍后添加语法，但请记住 Alan Perlis 的话："语法糖衣导致了代码的弊病。"通过简单的列表表示，我们可以通过将描述限制的谓词添加到其列表表示中来限制模式变量 (?a) 仅匹配数字 (? a, number?)。

匹配器设计的一个限制是，上面的第二个模式应该匹配：

```
(+ (* (cos x) (exp y)) (* (cos x) (sin z)))
```

其中，a=(cos x), b=(exp y), c=(sin z)。

但它不应该匹配：

```
(+ (* (cos x) (exp y)) (* (cos (+ x y)) (sin z)))
```

因为对于 (?a) 不可能有一致的赋值，除非，x=(+xy)$^\ominus$。在 4.4 节学习合一匹配时，将了解这种情况，在这里我们只考虑没有可能的匹配。

对匹配器的结构产生重要影响的另一个限制，是需要匹配列表中未知数量的连续元素。例如，假设制定一个规则，用 1 替换正弦和余弦的平方和，即使它们在总和中不连续：

```
(+ ... (expt (sin theta) 2) ... (expt (cos theta) 2) ...)
(+ 1 ... ... ...)
```

这里的 ... 可能代表多个项。可以使用以前缀 ?? 编写的段变量来匹配多个项。所以要

$\ominus$ 当然，在处理数字的假设下，非常聪明的匹配器可以推断出 y=0。

实现的模式是：

```
(+ (?? t1)
   (expt (sin (? x)) 2)
   (?? t2)
   (expt (cos (? x)) 2)
   (?? t3))
```

在这里需要三个段变量，段变量 (?? t1) 将匹配正弦项之前的项，(?? t2) 将匹配正弦项和余弦项之间的项，而 (?? t3) 将匹配余弦项之后的项。

段变量具有深远的影响，因为在找到下一个匹配的部分之前，我们不知道一个段有多长，并且我们可能能够以多种方式匹配相同的数据项。例如，在同一个求和中可能存在两个不同角度的正弦和余弦的平方。更简单的模式

```
(a (?? x) (?? y) (?? x) c)
```

可以以四种不同的方式匹配数据

```
(a b b b b b c)
```

（请注意，段变量 x 必须在它出现在模式中的两个位置消耗相同数量的 b）。因此匹配器必须搜索段变量的可能赋值空间。

4.2 项重写

项重写系统是创建领域特定语言以处理类似表达式信息的强大工具。如果有一个表达式的句法系统，需要用"等价"子表达式替换一些子表达式，通常可以使用基于规则的术语重写系统来描述这些转换。例如，许多编译器优化可以表示为在更大的上下文中局部重写程序片段。项重写系统的基本特征是使用模式匹配器来识别要转换的信息，以及用于实例化替换的模板系统。

关于从等式理论（"等价"表达式的系统）构建收敛项重写系统的问题已经有广泛的研究（见 [72]），但在这里不会讨论。此外，匹配的模式与实例化的模板之间存在表面相似性，这可能表明制定双向规则的可能性，这里也不会讨论。首先，开发一个简单的单向系统，其中使用模式识别输入，使用模板生成输出。

下面是一些代数化简规则的近似：

```
(define algebra-1
  (rule-simplifier
   (list
    ;; Associative law of addition
    (rule '(+ (? a) (+ (? b) (? c)))
          '(+ (+ ,a ,b) ,c))
    ;; Commutative law of multiplication
    (rule '(* (? b) (? a))
          (and (expr<? a b)
```

```
              '(* ,a ,b)))
   ;; Distributive law of multiplication over addition
   (rule '(* (? a) (+ (? b) (? c)))
         '(+ (* ,a ,b) (* ,a ,c)))))))
```

algebra-1 中有三条规则，第一条规则实现了加法结合律，第二条实现了乘法交换律，第三条实现了乘法对加法的分配律。

每个规则由两部分组成：匹配子表达式的模式和后续表达式。如果模式匹配，则评估结果。如果结果的值为 #f，则该规则不适用。否则，评估结果将替换匹配的子表达式。请注意，我们使用附录 B 中描述的反引号机制来简化后续表达式的编写。

规则被收集在 rule-simplifier 程序的列表中，结果是一个可以应用于代数表达式的更简单的程序。

```
(algebra-1 '(* (+ y (+ z w)) x))
(+ (+ (* x y) (* x z)) (* w x))
```

注意交换律规则的结果中的限制谓词 expr<?：

```
(rule '(* (? b) (? a))
      (and (expr<? a b)
           '(* ,a ,b)))
```

如果随后的表达式返回 #f，则认为匹配失败。系统回溯到匹配器以寻找替代匹配，如果没有，则该规则不适用。在交换律中，限制谓词 expr<? 对代数表达式进行排序。此限制的原因留作练习 4.1。

练习 4.1（保护表达式） 为什么在交换律中需要（expr<? a b）限制？如果没有限制会出什么问题？

4.2.1　代数中的段变量

algebra-2 规则系统更有趣，构建在假设加法和乘法是 n 元运算上，需要段变量来完成这项工作。在变量限制中使用 number? 谓词来支持数值简化规则。

```
(define algebra-2
  (rule-simplifier
  (list
   ;; Sums
   (rule '(+ (? a))
         a)                       ; unary + is identity
   (rule '(+ (?? a) (+ (?? b)) (?? c))
         '(+ ,@a ,@b ,@c))        ; associative: use n-ary +
   (rule '(+ (?? a) (? y) (? x) (?? b))
         (and (expr<? x y)        ; commutative
```

```
          '(+ ,@a ,x ,y ,@b)))

;; Products
(rule '(* (? a))
      a)                        ; unary * is identity
(rule '(* (?? a) (* (?? b)) (?? c))
      '(* ,@a ,@b ,@c))         ; associative: use n-ary *
(rule '(* (?? a) (? y) (? x) (?? b))
      (and (expr<? x y)         ; commutative
           '(* ,@a ,x ,y ,@b)))

;; Distributive law
(rule '(* (?? a) (+ (?? b)) (?? c))
      '(+ ,@(map (lambda (x) '(* ,@a ,x ,@c)) b)))

;; Numerical simplifications
(rule '(+ 0 (?? x))
      '(+ ,@x))
(rule '(+ (? x ,number?) (? y ,number?) (?? z))
      '(+ ,(+ x y) ,@z))
(rule '(* 0 (?? x))
      0)
(rule '(* 1 (?? x))
      '(* ,@x))
(rule '(* (? x ,number?) (? y ,number?) (?? z))
      '(* ,(* x y) ,@z))
)))
```

除了处理求和与乘积的多个参数之外，还使用 algebra-2 实现了一些数值简化。请注意，这里使用反引号机制来构建模式，该模式除了用于构造后续表达式之外，还包括谓词 number? 作为对变量的限制。要进一步了解简化器，请参见练习 4.2。

现在可以得到这些结果：

```
(algebra-2 '(* (+ y (+ z w)) x))
(+ (* w x) (* x y) (* x z))

(algebra-2 '(+ (* 3 (+ x 1)) -3))
(* 3 x)
```

在这一点上，可以看到如何扩展上述系统来简化大量的代数表达式。

练习 4.2（项排序） 根据谓词 expr<?，显式为数字的表达式小于任何非显式为数字的表达式。

a. 在 algebra-2 中，交换律对表达式施加的排序如何使数值简化规则有效？

b. 假设交换律不强制排序。那么如何表达数值简化规则？解释为什么数值简化会变得非常昂贵。

练习 4.3（排序效率） 交换律中的排序根据求和与乘积的因子演化出 n^2 阶冒泡排序。如果有很多项，这可能会变得非常糟糕（例如在代数问题中）。在这个系统中是否有某种方法可以进行更有效的排序？如果没有，为什么没有？如果有，你会怎么安排？

练习 4.4（收集项） 上述描述的系统不收集类似的项。例如：

```
(algebra-2 '(+ (* 4 x) (* 3 x)))
(+ (* 3 x) (* 4 x))
```

创建一个新的系统 algebra-3，其中包含导致相似项集合的规则，将结果保留为项的总和。展示你的解决方案。你的解决方案必须能够处理以下类型的问题。

```
(algebra-3
 '(+ y (* x -2 w) (* x 4 y) (* w x) z (* 5 z) (* x w) (* x y 3)))
(+ y (* 6 z) (* 7 x y))
```

4.2.2　规则系统的实现

现在对基于模式的规则系统的使用有了一些经验，下面深入了解它是如何工作的。

我们可以将规则实现为一个程序，该程序将规则的模式与给定的表达式相匹配。如果匹配成功，则规则在模式变量绑定到其匹配数据的环境中评估其结果。规则程序采用成功和失败的延续，可用于回溯到规则的后续或模式匹配部分 [⊖]。

前文中使用的 rule-simplifier 程序是一个简单递归简化程序的构造器。它生成 simple-expression，这是一个带有一个表达式并使用规则来简化表达式的程序，递归地简化表达式的所有子表达式，然后应用规则来简化结果表达式，重复执行此操作，直到程序收敛。因此，返回的表达式是简化程序的一个固定点。

```
(define (rule-simplifier the-rules)
  (define (simplify-expression expression)
    (let ((subexpressions-simplified
            (if (list? expression)
                (map simplify-expression expression)
                expression)))
      (try-rules subexpressions-simplified the-rules
        (lambda (result fail)    ; A: success continuation
          (simplify-expression result))
        (lambda ()               ; B: failure continuation
          subexpressions-simplified))))
  simplify-expression)
```

程序 try-rules 只是扫描规则列表，通过 succeed 和 fail 的延续对扫描进行排序。

⊖　有关此成功/失败模式的更多示例和说明，请参阅 5.4.2 节。

```
(define (try-rules data rules succeed fail)
  (let per-rule ((rules rules))
    (if (null? rules)
        (fail)                   ; out of rules: go to B above
        (try-rule data
                  (car rules)
                  succeed   ; if rule succeeds go to A above
                  (lambda () ; if rule fails try other rules
                    (per-rule (cdr rules)))))))

(define (try-rule data rule succeed fail)
  (rule data succeed fail))
```

　　规则构造由程序 make-rule 实现，它带有规则模式和实现结果表达式的处理程序。例如，前文中提到的交换律可以直接用 make-rule 制作：

```
(make-rule '(* (? b) (? a))
  (lambda (b a)
    (and (expr<? a b)
         '(* ,a ,b))))
```

处理程序 (lambda(b a)...) 需要从匹配程序生成的字典中获取参数，这些参数是名为 a 和 b 的模式变量的值。该规则按照这些值在模式中出现的顺序将处理程序应用于这些值的列表。因此，必须按照该顺序编写处理程序及其参数。

　　规则构造程序 make-rule 将模式编译为匹配程序，返回的规则是一个使用该匹配程序来匹配数据的程序。如果匹配成功，则规则将处理程序应用于匹配产生的模式变量的值。

　　在 4.3 节中将学习如何将模式编译为匹配程序。我们需要知道的是，匹配程序可以使用 run-matcher 运行，如果匹配成功，run-matcher 的第三个参数将使用字典调用。字典 dict 是模式变量到它们匹配的子表达式的映射。如果匹配失败，run-matcher 返回 #f，规则失败。

```
(define (make-rule pattern handler)
  (let ((match-procedure (match:compile-pattern pattern)))
    (define (the-rule data succeed fail)
      (or (run-matcher match-procedure data
            (lambda (dict)
              (let ((result
                     (apply handler
                            (match:all-values dict))))
                (and result
                     (succeed result
                              (lambda () #f))))))
          (fail)))
    the-rule))
```

程序 match:all-values 按照它们在模式中出现的顺序返回模式变量的值。

4.2.3　旁白：魔术宏

将 4.2 节开头给出的规则定义

```
(rule '(* (? b) (? a))
      (and (expr<? a b)
           '(* ,a ,b)))
```

和 make-rule 的参数需要什么

```
(make-rule '(* (? b) (? a))
  (lambda (b a)
    (and (expr<? a b)
         '(* ,a ,b))))
```

进行比较。

名称 a 和 b 重复，它们以相同的顺序出现在模式和处理程序的参数列表中。这既令人讨厌，又容易出错，因为必须记住这些重复的名字，如果不正确地或以错误的顺序重复它们，可能会犯错误。

这是一个语法抽象的例子，也称为宏（macro）。下面这个相当神奇的代码片段将规则定义转换为生成规则所需的调用：

```
(define-syntax rule
  (er-macro-transformer
   (lambda (form rename compare)
     (let ((pattern (cadr form))
           (handler-body (caddr form))
           (r-make-rule (rename 'make-rule))
           (r-lambda (rename 'lambda)))
       '(,r-make-rule ,pattern
                      (,r-lambda
                       ,(match:pattern-names pattern)
                       ,handler-body))))))
```

我们至少可以使用以下代码部分检查此宏，该代码扩展表达式中出现的宏：

```
(pp (syntax '(rule '(* (? b) (? a))
                   (and (expr<? a b)
                        '(* ,a ,b)))
            (the-environment)))
(make-rule '(* (? b) (? a))
           (lambda (b a)
             (and (expr<? a b)
                  (list '* a b))))
```

可以看到规则扩展为对具有模式及其处理程序的 make-rule 的调用。这是用于制定规则的表达式。在更传统的语言中，宏（例如规则）直接扩展为替代宏调用的代码。但是，此程序在引用上并不透明，因为宏扩展可能会使用与用户符号冲突的符号。在 Scheme 中，试图避免这个问题，允许用户编写不会引起冲突的宏，但这比仅用一种表达式替换另一种表达式要复杂得多。在这里不会尝试解释问题或解决方案，而只会使用 MIT/GNU Scheme 参考手册（见［51］）中描述的解决方案。

4.2.4　有向模式调用

规则执行程序 try-rules 还可用于实现使用模式来调度输入属性的程序。模式运算符的参数与模式运算符的规则模式相匹配。匹配规则的结果计算要返回值。

例如，可以编写传统的阶乘程序，将条件分布表示如下：

```
(define factorial
  (make-pattern-operator
   (rule '(0) 1)
   (rule '((? n ,positive?))
         (* n (factorial (- n 1)))))))

(factorial 10)
3628800
```

还可以使用这种机制来构建其行为取决于提供的参数数量的程序。例如，Lisp 的 - 运算符应用于一个参数时为取反，应用于多个参数时为减法：

```
(define -
  (make-pattern-operator
   (rule '((? x)) (n:- 0 x))
   (rule '((? x) (?? y)) (n:- x (apply n:+ y)))))
```

可以允许使用附加规则动态扩展模式运算符。这种模式运算符类似于通用程序，允许程序员非本地分布规则定义。例如，在 peephole 优化器中，可能希望将各种优化与编译器代码生成器的不同部分进行分组。

```
(define peephole (make-pattern-operator))

(attach-rule! peephole
  (rule '((push (? reg1))
          (pop (? reg2)))
        (if (eqv? reg1 reg2)
            '()
            '((move ,reg1 ,reg2)))))

(attach-rule! peephole
  (rule '((or (? reg) (? const1 ,unsigned-integer?))
          (or (? reg) (? const2 ,unsigned-integer?)))
        '((or ,reg
              ,(bitwise-or const1 const2)))))
```

第一条规则可以位于优化器的控制结构部分，第二条规则可以位于优化器的逻辑算术部分。

这是实现模式运算符的一种方法。传递给 make-pattern-operator 的最后一条规则是默认规则。无论以后可能添加什么其他规则，它总是作为最后的尝试。

```
(define (make-pattern-operator . rules)
  (let ((rules
          (cons 'rules
                (if (pair? rules)
                    (except-last-pair rules)
                    '()))))
        (default-rule
          (and (pair? rules)
               (last rules))))
    (define (the-operator . data)
      (define (succeed value fail) value)
      (define (fail)
        (error "No applicable operations:" data))
      (try-rules data
                 (cdr rules)
                 succeed
                 (if default-rule
                     (lambda ()
                       (try-rule data
                                 default-rule
                                 succeed
                                 fail))
                     fail)))
    (set-pattern-metadata! the-operator rules)
    the-operator))
```

我们可以使用 set-pattern-metadata! 将规则列表作为"便签"附加到运算符上，使用
pattern-metadata 在下面的代码中检索它。可以使用将规则添加到操作员规则列表的前面
（override-rule!）或末尾（attach-rule!）的程序：

```
(define (attach-rule! operator rule)
  (let ((metadata (pattern-metadata operator)))
    (set-cdr! metadata
              (append (cdr metadata)
                      (list rule)))))

(define (override-rule! operator rule)
  (let ((metadata (pattern-metadata operator)))
    (set-cdr! metadata
              (cons rule (cdr metadata)))))
```

4.3　匹配器设计

现在已经可以看到模式匹配的一些威力了，下面我们将探索它是如何工作的。匹配器
是由一系列匹配程序（或匹配器）和一些组合器构成的，这些组合器将它们组合成复合匹配

器 ⊖。模式的每个原始元素都由一个原始匹配器表示，唯一的组合——列表——由一个组合器表示，该组合器将列表元素的匹配器组合成一个复合元素。

所有匹配程序都采用三个参数：包含要匹配的数据的列表、模式变量绑定的字典以及匹配成功时要调用的继续程序（succeed）。succeed 的参数必须是匹配产生的新字典和输入列表中消耗的项目数。此数字将用于确定段匹配返回后继续进行的位置。如果匹配不成功，匹配程序返回 #f。

共有三个原始匹配程序和一个组合器，我们来检查一下它们。此处还需要一个小程序，可以将它传递给匹配程序作为其 succeed 参数来报告结果：

```
(define (result-receiver dict n-eaten)
  '(success ,(match:bindings dict) ,n-eaten))
```

模式常量

程序 match:eqv 带有一个模式常量（例如 x），并产生一个匹配程序 eqv-match，当且仅当第一个数据项等于（使用 eqv?）模式常量时，匹配程序才会成功，不会添加到字典中。succeed 的第二个参数是匹配的项数，对于这个匹配程序，它是 1。

```
(define (match:eqv pattern-constant)
  (define (eqv-match data dictionary succeed)
    (and (pair? data)
         (eqv? (car data) pattern-constant)
         (succeed dictionary 1)))
  eqv-match)
```

例如：

```
(define x-matcher (match:eqv 'x))

(x-matcher '(x) (match:new-dict) result-receiver)
(success () 1)

(x-matcher '(y) (match:new-dict) result-receiver)
#f
```

元素变量

程序 match:element 用于为模式变量（例如 (? x)）创建匹配程序 element-match，旨在匹配单个项。

匹配元素变量时，有两种可能性：元素变量可能已经有值或还没有值。如果变量有值，则绑定在字典中，在这种情况下，当且仅当绑定的值等于（使用 equal?）第一个数据项时，匹配才会成功；如果变量没有值，则它没有绑定，在这种情况下，匹配成功，通过将变量的绑定添加到第一个数据项来扩展字典。在任何一种成功的情况下，都标明消耗的数

⊖ 这种构建模式匹配器的策略是由 Carl Hewitt 在他的博士论文（见［56］）中首次描述的。

据项数量是 1。

```
(define (match:element variable)
  (define (element-match data dictionary succeed)
    (and (pair? data)
         (let ((binding (match:lookup variable dictionary)))
           (if binding
               (and (equal? (match:binding-value binding)
                            (car data))
                    (succeed dictionary 1))
               (succeed (match:extend-dict variable
                                           (car data)
                                           dictionary)
                        1)))))
  element-match)
```

这里有些例子。匹配绑定是一个列表，它的第一个元素是变量名，第二个元素是值，第三个元素是变量的类型（这里都是？元素变量）。

```
((match:element '(? x))
 '(a) (match:new-dict) result-receiver)
(success ((x a ?)) 1)

((match:element '(? x))
 '(a b) (match:new-dict) result-receiver)
(success ((x a ?)) 1)

((match:element '(? x))
 '((a b) c) (match:new-dict) result-receiver)
(success ((x (a b) ?)) 1)
```

段变量

程序 match:segment 用于为模式变量（例如 (?? x)）创建匹配程序 segment-match，该变量旨在匹配项目序列。段变量匹配器比元素变量匹配器更复杂，因为它可以消耗未知数量的数据项。因此，段匹配器不仅必须通知其调用者新字典，而且还必须告知数据中有多少项被消耗了。

匹配段变量时，有两种可能性：段变量已经有值或还没有值。如果段变量有值，则该值必须与数据匹配，这是通过 match:segment-equal? 来检查的。如果段变量还没有值，则必须给它一个值。

match:segment 返回的段匹配器 segment-match 成功地将数据的一些初始子列表（list-head data i）作为对段变量的可能分配（它以 i=0 开始，假设该段不会消耗数据中的任何项）。但是，如果该成功导致后来的匹配失败，则段匹配器会尝试比已经尝试过的多消耗一个元素（通过执行（lp(+ i 1)））。如果段匹配器用完数据项，则匹配失败。这是有段变量时需要回溯搜索的关键。

```
(define (match:segment variable)
  (define (segment-match data dictionary succeed)
    (and (list? data)
         (let ((binding (match:lookup variable dictionary)))
           (if binding
               (match:segment-equal?
                data
                (match:binding-value binding)
                (lambda (n) (succeed dictionary n)))
               (let ((n (length data)))
                 (let lp ((i 0))
                   (and (<= i n)
                        (or (succeed (match:extend-dict
                                      variable
                                      (list-head data i)
                                      dictionary)
                                     i)
                            (lp (+ i 1)))))))))))
  segment-match)
```

例如：

```
((match:segment '(?? a))
 '(z z z) (match:new-dict) result-receiver)
```
(success ((a () ??)) 0)

当然，零长度的段是可以的。

如果想查看所有可能的匹配项，可以将结果接收器更改为在输出成功结果后返回 #f。如果可能，这会导致匹配器程序提出一个替代值。

```
(define (print-all-results dict n-eaten)
  (pp `(success ,(match:bindings dict) ,n-eaten))
  ;; by returning #f we force backtracking.
  #f)

((match:segment '(?? a))
 '(z z z) (match:new-dict) print-all-results)
(success ((a () ??)) 0)
(success ((a (z) ??)) 1)
(success ((a (z z) ??)) 2)
(success ((a (z z z) ??)) 3)
```
#f

现在，回到已经有值的段变量情况，需要确保该值与数据的初始段匹配。这是由 match:segment-equal? 处理的，它将值的元素与数据进行比较。如果可行，通过调用 ok（作为第三个参数传递的程序）以及从数据中消耗的元素数（必须是值的长度）返回，否则返回 #f。

```
(define (match:segment-equal? data value ok)
  (let lp ((data data) (value value) (n 0))
    (cond ((pair? value)
           (if (and (pair? data)
                    (equal? (car data) (car value)))
               (lp (cdr data) (cdr value) (+ n 1))
               #f))
          ((null? value) (ok n))
          (else #f))))
```

匹配列表

最后，还有 match:list 组合器，接受一个匹配程序列表，当且仅当给定的匹配器消耗掉数据列表中的所有元素时，才能生成匹配数据列表的匹配程序。依次应用匹配器，每个匹配器告诉列表组合器在将剩余数据传递给下一个匹配器之前要跳过多少项。

```
(define (match:list matchers)
  (define (list-match data dictionary succeed)
    (and (pair? data)
         (let lp ((data-list (car data))
                  (matchers matchers)
                  (dictionary dictionary))
           (cond ((pair? matchers)
                  ((car matchers)
                   data-list
                   dictionary
                   (lambda (new-dictionary n)
                     ;; The essence of list matching:
                     (lp (list-tail data-list n)
                         (cdr matchers)
                         new-dictionary))))
                 ((pair? data-list) #f)  ;unmatched data
                 ((null? data-list) (succeed dictionary 1))
                 (else #f)))))
  list-match)
```

请注意，match:list 组合器返回的匹配器 list-match 与其他匹配器具有完全相同的接口，允许将其合并到一个组合中。事实上，所有的基本匹配程序都具有完全相同的接口，这使得它成为一个组合器系统。

现在可以创建一个匹配任意数量元素的列表的匹配器，以符号 a 开始，以符号 b 结束，在它们之间有一个段变量 (?? x)，通过组合：

```
((match:list (list (match:eqv 'a)
                   (match:segment '(?? x))
                   (match:eqv 'b)))
 '((a 1 2 b))
 (match:new-dict)
 result-receiver)
(success ((x (1 2) ??)) 1)
```

这是一个成功的匹配。返回的字典只有一个条目 x=(1 2),并且匹配刚好从提供的列表中
消耗掉一个元素(列表 (a 1 2 b))。

```
((match:list (list (match:eqv 'a)
                   (match:segment '(?? x))
                   (match:eqv 'b)))
 '((a 1 2 b 3))
 (match:new-dict)
 result-receiver)
#f
```

这个结果是失败的,因为输入数据中 b 之后的 3 没有任何匹配项。

字典

我们将要使用的字典只是一个绑定的带头列表。每个绑定都是变量名称、值和类型的
列表。

```
(define (match:new-dict)
  (list 'dict))

(define (match:bindings dict)
  (cdr dict))

(define (match:new-bindings dict bindings)
  (cons 'dict bindings))

(define (match:extend-dict var value dict)
  (match:new-bindings dict
                      (cons (match:make-binding var value)
                            (match:bindings dict))))

(define (match:lookup var dict)
  (let ((name
         (if (symbol? var)
             var
             (match:var-name var))))
    (find (lambda (binding)
            (eq? name (match:binding-name binding)))
          (match:bindings dict))))

(define (match:make-binding var value)
  (list (match:var-name var)
        value
        (match:var-type var)))

(define match:binding-name car)
(define match:binding-type caddr)

(define match:binding-value
  (simple-generic-procedure 'match:binding-value 1 cadr))
```

访问器 match:binding-value 只是 cadr，但它是通用的，以便将来能够被扩展。4.5 节的代码支持部分中将会需要这个。

4.3.1　编译模式

我们可以使用基本编译器从模式中自动构建模式匹配器，编译器产生一个适合它给定模式的匹配程序作为它的值，与上面给出的基本匹配器具有完全相同的接口。

match-procedure 接口对于组成匹配器很方便，但对人类不太友好。如果要与匹配器配合，使用下面的方法会更方便：

```
(define (run-matcher match-procedure datum succeed)
  (match-procedure (list datum)
                   (match:new-dict)
                   (lambda (dict n)
                     (and (= n 1)
                          (succeed dict)))))
```

通过这个接口，隐藏了一些关于匹配程序的细节：将传入的数据包装在一个列表中、检查该列表中是否恰巧有一个元素（数据）已经被匹配、提供初始字典。

一些简单的例子如下：

```
(run-matcher
 (match:compile-pattern '(a ((? b) 2 3) (? b) c))
 '(a (1 2 3) 2 c)
 match:bindings)
#f

(run-matcher
 (match:compile-pattern '(a ((? b) 2 3) (? b) c))
 '(a (1 2 3) 1 c)
 match:bindings)
((b 1 ?))
```

正如我们之前看到的，一些涉及段变量的模式可能会以多种方式匹配，可以通过返回匹配器选择下一个匹配器来引出所有匹配，直到它们全部用完：

```
(run-matcher
 (match:compile-pattern '(a (?? x) (?? y) (?? x) c))
 '(a b b b b b c)
 print-all-matches)
((y (b b b b b) ??) (x () ??))
((y (b b b b) ??) (x (b) ??))
((y (b b) ??) (x (b b) ??))
((y () ??) (x (b b b) ??))
#f
```

可能的匹配要求 (?? x) 的两个实例匹配相同的数据。

程序 print-all-matches 输出绑定并强制失败。

```
(define (print-all-matches dict)
  (pp (match:bindings dict))
  #f)
```

　　为了制作这个编译器，需要定义模式变量的语法。现在我们有一个非常简单的语法：模式变量是一个类型（?或??）和名称的列表。

```
(define (match:var-type var)
  (car var))

(define (match:var-type? object)
  (memq object match:var-types))

(define match:var-types '(? ??))

(define (match:named-var? object)
  (and (pair? object)
       (match:var-type? (car object))
       (n:>= (length object) 2)
       (symbol? (cadr object))))

(define (match:element-var? object)
  (and (match:var? object)
       (eq? '? (match:var-type object))))

(define (match:segment-var? object)
  (and (match:var? object)
       (eq? '?? (match:var-type object))))
```

这段代码比人们想象的要复杂，因为在 4.5 节和一些练习中将扩展变量语法。

```
(define match:var-name
  (simple-generic-procedure 'match:var-name 1
    (constant-generic-procedure-handler #f)))

(define-generic-procedure-handler match:var-name
  (match-args match:named-var?)
  cadr)
```

默认处理程序是一个总是返回 false 的程序，此时只有一个实体处理程序，它检索命名变量的名称。

　　我们还制作了判断其参数是否为匹配变量泛型的谓词，尽管此时满足 match:var? 的唯一对象是命名变量。

```
(define match:var?
  (simple-generic-procedure 'match:var? 1
    (constant-generic-procedure-handler #f)))

(define-generic-procedure-handler match:var?
  (match-args match:named-var?)
  (constant-generic-procedure-handler #t))
```

编译器将模式映射到相应的匹配器：

```
(define (match:compile-pattern pattern)
  (cond ((match:var? pattern)
          (case (match:var-type pattern)
            ((?) (match:element pattern))
            ((??) (match:segment pattern))
            (else (error "Unknown var type:" pattern))))
        ((list? pattern)
          (match:list (map match:compile-pattern pattern)))
        (else    ; constant
          (match:eqv pattern))))
```

通过改变这个编译器，可以随心所欲地改变模式的语法。

```
(run-matcher
 (match:compile-pattern '(a ((? b) 2 3) (? b) c))
 '(a (1 2 3) 1 c)
 match:bindings)
(( b 1 ?))
```

> **练习 4.5（回溯）** 在 4.3.1 节的示例中，通过从成功程序 print-all-matches 返回 #f，得到了多个匹配项。这恐怕相当神秘。它是如何工作的？请简明扼要地解释匹配序列是如何生成的。

4.3.2　匹配变量限制

通常限制模式变量可以匹配的对象类型。例如，要创建一个模式，其中一个变量只能匹配一个正整数。在 4.2.1 节的术语重写系统中使用的一种方法是允许变量携带谓词来测试数据的可接受性。例如，我们可能对查找正弦函数的正整数次幂感兴趣。我们可以编写模式如下：

```
'(expt (sin (? x)) (? n ,exact-positive-integer?))
```

对这样的模式不能使用简单的引用，因为谓词表达式（这里是精确的正整数）在被包含在模式中之前必须被评估。与术语重写（见 4.2 节）一样，使用反引号机制来做到这一点。

为了制作一个可以检查数据是否满足这样谓词的匹配器，在 match:element 中添加了一行：

```
(define (match:element variable)
  (define (element-match data dictionary succeed)
    (and (pair? data)
         (match:satisfies-restriction? variable (car data))
         (let ((binding (match:lookup variable dictionary)))
           (if binding
```

```
              (and (equal? (match:binding-value binding)
                           (car data))
                   (succeed dictionary 1))
              (succeed (match:extend-dict variable
                                          (car data)
                                          dictionary)
                       1)))))
  element-match)

(define (match:satisfies-restriction? var value)
  (or (not (match:var-has-restriction? var))
      ((match:var-restriction var) value)))
```

> **练习 4.6（模式选择：choice 运算符）** 扩展模式语言的一个有趣的方法是引入
> 一个选择运算符：
>
> (?:choice *pattern* ...)
>
> 这应该编译成一个匹配器，尝试从左到右匹配每个给定的模式，返回第一个成功
> 匹配，如果没有匹配则返回 #f（这应该让你想起"可选的"正则表达式（参见 2.2.2
> 节），但名称 choice 在模式匹配中更为传统）。
>
> 例如：
>
> ```
> (run-matcher
>  (match:compile-pattern '(?:choice a b (? x) c))
>  'z
>  match:bindings)
> ((x z ?))
>
> (run-matcher
>  (match:compile-pattern
>   '((? y) (?:choice a b (? x ,string?) (? y ,symbol?) c)))
>  '(z z)
>  match:bindings)
> ((y z ?))
>
> (run-matcher
>  (match:compile-pattern '(?:choice b (? x ,symbol?)))
>   'b
>   print-all-matches)
> ()
> ((x b ?))
>  #f
> ```
>
> **要求：** 为这个新的模式表实现一个新的匹配程序 match:choice。适当地扩充模
> 式编译器。

练习 4.7（模式中的命名） 另一个扩展是提供命名模式，类似于 Scheme 的 `letrec`。

命名允许更短、更模块化的模式，同时还支持递归子模式，包括相互递归的子模式。

例如，模式：

```
(?:pletrec ((odd-even-etc (?:choice () (1 (?:ref even-odd-etc))))
            (even-odd-etc (?:choice () (2 (?:ref odd-even-etc)))))
    (?:ref odd-even-etc))
```

应该匹配以下形式的所有列表（包括空列表）：

```
(1 (2 (1 (2 (1 ...)))))
```

在这里，`?:pletrec` 引入了一个相互递归的模式定义块，而 `?:ref` 替换了一个定义的模式（为了区分这样的引用、像 a 这样的文字符号和像 (? x) 这样的模式变量）。

要求：实现这些新的 `?:pletrec` 和 `?:ref` 模式方案。一种方法是实现新的匹配程序，`match:pletrec` 和 `match:ref`，然后适当地增加模式编译器。其他方法也可能有效。如果它是微妙的或不明显的，请简要解释你的方法。

思考（在你做之前）：在一个适当的基于环境的类似 `letrec` 的实现中，嵌套的 `?:pletrec` 实例会引入不同的轮廓线来确定范围。但是模式匹配器的控制结构并不容易。

匹配程序以从左到右的深度优先顺序遍历模式和数据，将每个不同模式变量（如 (? x)）的第一个文本绑定到其对应的数据，然后处理模式中的每个后续文本作为约束实例。这是通过将字典穿入深度优先控制路径来实现的。特别注意 `match:list` 正文中 `new-dictionary` 的出现。这个控制结构本质上规定，每个唯一模式变量的最左端最深的实例是一个隐式全局命名空间中的定义实例，所有后续的下游出现都是约束实例。

因此，不必担心本练习中的范围界定复杂性。特别地，正如模式变量都共享一个公共全局命名空间一样，你的模式定义也可以如此。

当然，如果你真的很想尝试，你可以通过重写所有现有的匹配器接口来接受一个额外的 `pattern-environment` 参数来实现词法范围。但这是另一个时间和地点的工作（在练习 4.9 中）。

练习 4.8（自力更生） 从表面上看，似乎很容易扩展该匹配器系统，以允许向量模式和向量数据。但是在设计这个匹配器时做了一个强有力的假设，即它是列表数据上列表模式的匹配器。

a. 如何才能将这段代码从这种假设中解放出来，从而创建一个包含这两种复合数据的匹配器或者任意序列？需要什么样的改变？是否需要将接口更改为匹配程序？

b. 实现 a 部分（这需要大量的工作）。

练习 4.9（通用模式语言） 即使在练习 4.7 中添加了 `?:pletrec` 和 `?:ref`，模式匹配器也不是一种完整的语言，因为它不支持名称空间范围和参数化模式。例如，无法编写以下模式，该模式仅用于匹配回文符号列表。

```
(?:pletrec ((palindrome
              (?:pnew (x)
                (?:choice ()
                          ((? x ,symbol?)
                           (?:ref palindrome)
                           (? x)))))))
   (?:ref palindrome))
```

为了使它以任何合理的方式工作，`?:pnew` 创建了新的词法范围模式变量，这些变量只能在 `?:pnew` 的主体中引用。

一个完整的模式语言是一个很好的子系统，但它并不容易构建。

要求：充实这个想法以产生完整的模式语言。请大胆尝试。

4.4 合一匹配

模式匹配是结构化数据项之间的一种相等性测试。这是对相等性测试的一个推广，因为测试允许数据的某些部分是非特定的，通过允许模式变量匹配数据的非特定部分，但是要求每次出现的相同模式变量都必须匹配等效数据。

到目前为止，匹配器一直是片面的，我们将带有变量的模式与不包含变量的数据进行匹配，生成一个字典——从模式中的每个变量到匹配数据片段的映射。如果将每个变量的匹配值替换到原始模式中，就会创建模式的替换实例，结果实例始终等同于原始数据。

接下来我们取消数据没有变量的限制，允许匹配双方都有变量。这种强大的匹配称为合一（unification）。一个成功的合一结果也是一个字典，但是变量的值可能包含变量，并且字典可能不会为模式中的每个变量都给出值。如果将字典中与变量关联的值替换为出现在两个给定模式之一中的变量，可以获得两个初始模式的替换实例。这个可能包含变量的替换实例称为合一算子（unifier）。合一算子是两种模式的最通用的替换实例，这两种模式的任何其他公共替换实例都是合一算子的替换实例。合一算子是唯一的，直到重命名变量，所以合一是明确定义的 ⊖。

J. A. Robinson 在他著名的定理证明分解程序发明中首先描述了合一（见［104］）⊖。

举一个简单的例子，假设有几个关于 Ben Franklin 出生和死亡日期的部分信息来源：

```
(define a
  '(((? gn) franklin) (? bdate) ((? dmo) (? dday) 1790)))

(define b
  '((ben franklin) ((? bmo) 6 1705) (apr 17 (? dyear))))

(define c
  '((ben (? fn)) (jan (? bday) 1705) (apr 17 (? dyear))))
```

两个表达式的合一可以提供从匹配中导出的变量值的字典。可以使用该字典来构建两种模式的合一算子：

```
(unifier a b)
((ben franklin) ((? bmo) 6 1705) (apr 17 1790))

(unifier a c)
((ben franklin) (jan (? bday) 1705) (apr 17 1790))

(unifier b c)
((ben franklin) (jan 6 1705) (apr 17 (? dyear)))
```

这些结果中的每一个都比任何来源提供的部分信息更完整。可以进一步结合所有三个来源以获得全貌：

```
(unifier a (unifier b c))
((ben franklin) (jan 6 1705) (apr 17 1790))

(unifier b (unifier a c))
((ben franklin) (jan 6 1705) (apr 17 1790))

(unifier c (unifier a b))
((ben franklin) (jan 6 1705) (apr 17 1790))
```

表达式中的变量之间通常存在约束。例如，同一个变量可能有多个实例，必须保持一致，如下面的推导：

```
(define addition-commutativity
  '(= (+ (? u) (? v)) (+ (? v) (? u))))

(unifier '(= (+ (cos (? a)) (exp (? b))) (? c))
         addition-commutativity)
(= (+ (cos (? a)) (exp (? b))) (+ (exp (? b)) (cos (? a))))
```

⊖ 合一算子对于只有元素变量的模式是唯一的。这是一个定理，我们不会在这里证明。在 4.4.4 节中将扩展合一算子以包含段变量。然而，当模式具有段变量时，合一通常会产生多个匹配。

⊖ 有关合一的广泛调查，请参见［6］。

4.4.1 合一的工作原理

合一可以视为一种方程求解。如果将模式视为结构化的部分信息，那么合一就是检验这两种模式是关于同一事物的部分信息的命题。为了使模式合一，相应的部分必须合一。因此，合一在相应部分之间建立方程并求解未知数（每个模式中未指定的信息片段）。

这个程序类似于求解数值方程的方式，目标是尽可能多地消除方程中的变量，结果是消除变量的表达式替换列表。任何替换表达式都不能引用任何已消除的变量。通过遍历方程，寻找可以求解其中一个变量的方程，求解变量会将其隔离，找到不包含该变量的等效表达式。通过用新发现的值（等效表达式）替换变量的所有存在来消除变量，无论是在剩余的方程中还是在与替换列表中先前消除的变量相关的值中，然后将新的替换添加到替换列表中。重复这一程序，直到没有更多的方程需要解或遇到矛盾，结果是成功的替换列表或矛盾的报告。

在合一中，"方程"是两个输入模式的相应部分的匹配，而"替换列表"是字典。实现合一的一种方法是遍历输入模式的公共结构。与单边匹配一样，模式由列表结构表示。如果在匹配的任一侧遇到一个变量，就会在字典中绑定到另一侧的数据。

如果变量在原始模式中多次出现，则每个后续出现的变量都必须与第一次出现的值相匹配。这是因为每次遇到变量时，都会在字典中查找它，如果变量存在绑定，则使用其值而不是变量。此外，每次进行新绑定并将其输入字典时，新绑定将用于替换字典中其他变量值新删除的变量的所有实例。

为了获得两种模式的合一算子（unifier）：如果它们可以合一（unify），则将它们合一起来得到替换字典；如果不可以，合一（unify）返回 #f，表示失败。然后使用字典来实例化其中一种模式，而选择哪个并不重要。程序 match:dict-substitution 用它在字典中的值替换在字典 dict 中绑定的模式表达式 pattern1 中变量的每个实例。

```
(define (unifier pattern1 pattern2)
  (let ((dict (unify pattern1 pattern2)))
    (and dict
         ((match:dict-substitution dict) pattern1))))
```

合一算子的主要接口是 unify，它返回匹配成功的字典结果，如果匹配不成功则返回 #f。

```
(define (unify pattern1 pattern2)
  (unify:internal pattern1 pattern2
                  (match:new-dict)
                  (lambda (dict) dict)))
```

unify:internal 入口点可以更好地控制匹配程序。需要合一这两个模式，一个可能指定了一些绑定的字典，以及一个成功的延续（succeed），如果匹配成功，它将被调用。上面由 unify 提供的成功延续，只返回字典。在 4.4.4 节中，当添加代码对模式中的段变量进行实验时，可以通过从 success 返回 #f 来提取多个匹配项，这表明结果不是我们想要的。回溯到匹配器的能力还简化了其他有趣的语义扩展，例如将代数表达式和方程求解合并到匹配程序中 [⊖]。

在 unify:internal 中，要合一的模式 pattern1 和 pattern2 被包装在列表中。合一算子程序将逐项比较这些列表，构建一个使对应项相等的字典。如果两个项列表同时用完，则匹配成功。在顶层的 unify:internal 中，项列表仅包含两个给定的模式，但中心合一程序 unify:dispatch 将递归下降到模式中，将模式的子模式作为项列表进行比较 [⊖]。

```
(define (unify:internal pattern1 pattern2 dict succeed)
  ((unify:dispatch (list pattern1) (list pattern2))
   dict
   (lambda (dict fail rest1 rest2)
     (or (and (null? rest1) (null? rest2)
              (succeed dict))
         (fail)))
   (lambda () #f)))
```

程序 unify:dispatch 接受两个项的输入列表，是递归下降匹配器的核心。匹配程序取决于项列表的内容。例如，如果两个项列表都以常量开头，如 (ben franklin) 和 (ben (? fn))，则必须比较常量，并且只有在常量相等时才能进行匹配。如果一个项列表以变量开头，另一个可以以任何项开头，并且变量必须绑定到它匹配的项（如果两者都是变量，则其中一个变量将被淘汰以支持另一个）。因此，如果一个项列表是 ((? bmo) 6 1705) 而另一个是 (jan (? bday) 1705)，那么变量 (? bmo) 必须绑定到值 jan 才能继续进行匹配。如果两个项列表都以一个不是变量的列表开头，则匹配必须递归匹配相应的子列表，然后才能继续匹配给定项列表的其余部分。例如，在 Ben franklin 的示例中合一 b 和 c 时，在匹配第一个项后，字典包含 fn 到 franklin 的绑定，其余项列表为 (((? bmo) 6 1705) (apr 17 (? dyear))) 和 ((jan (? bday) 1705) (apr 17 (? dyear)))。这两个项列表都以列表开头，因此匹配必须递归以比较子列表 ((? bmo) 6 1705) 和 (jan (? bday) 1705)。

unify:dispatch 返回的程序 unify-dispatcher 带有三个参数：字典、成功延续和失败延续。如果两个项列表都用尽，则匹配成功。如果有更多的项要匹配，通用程序

⊖ 在这个合一器的内部，故障可以方便地显式调用故障延续。但是在 unify:internal 中，我们转换到一个不同的指示失败的约定：从成功的延续中返回 #f。这是为了使合一器的使用约定与 4.3 节的匹配器的使用约定相同。

这是一个有趣的转变。在 4.2.2 节的规则系统中，使用了显式的成功和失败延续，因此要在规则系统中使用匹配器，必须进行反向转换：匹配器使用 #f 约定，因此 make-rule（见 4.2.2 节和 4.2.3 节）必须实施过渡。

在回溯系统中选择实现失败的约定通常是风格问题，但使用显式失败延续通常更容易扩展。幸运的是，很容易将这些不同的实现回溯的方法结合起来。

⊖ 与 4.3 节中描述的模式匹配系合一样，合一匹配器围绕项列表进行组织，以允许以后扩展到段变量。

unify:gdispatch 会调用一个适当的匹配程序，该程序取决于两个项列表的内容。如果匹配成功，则意味着两个项列表的初始项可以相对于给定的字典合一。因此，使用新的字典 dict*、新的失败延续 fail* 以及输入列表的不匹配尾部 rest1 和 rest2 调用成功延续。然后通过递归调用 unify:dispatch 来匹配这些尾部。

```
(define (unify:dispatch terms1 terms2)
  (define (unify-dispatcher dict succeed fail)
    (if (and (null? terms1) (null? terms2))
        (succeed dict fail terms1 terms2)
        ((unify:gdispatch terms1 terms2)
         dict
         (lambda (dict* fail* rest1 rest2)
           ((unify:dispatch rest1 rest2)
            dict* succeed fail*))
         fail)))
  unify-dispatcher)
```

通用程序 unify:gdispatch 具有用于上述情况的处理程序：匹配两个常量、匹配两个项列表，以及将变量与某事物匹配（因为它是通用的，所以可以为新的匹配类型进行扩展）。对于将常量与项列表进行匹配等情况，默认处理程序是 unify:fail：

```
(define (unify:fail terms1 terms2)
  (define (unify-fail dict succeed fail)
    (fail))
  unify-fail)

(define unify:gdispatch
  (simple-generic-procedure 'unify 2 unify:fail))
```

在这个合一算子中，项列表进行逐项匹配，因此处理程序的工作是匹配两个项列表的第一个项。因此，处理程序的适用性仅取决于每个项列表的第一项。为了简化适用性规范，引入了 car-satisfies，它接受一个谓词并产生一个新谓词，确保列表中有第一个项，并且该项满足参数谓词。

```
(define (car-satisfies pred)
  (lambda (terms)
    (and (pair? terms)
         (pred (car terms)))))
```

任何不是匹配变量或列表的项都是常量。常量仅在相等时才匹配：

```
(define (unify:constant-terms terms1 terms2)
  (let ((first1 (car terms1)) (rest1 (cdr terms1))
        (first2 (car terms2)) (rest2 (cdr terms2)))
    (define (unify-constants dict succeed fail)
      (if (eqv? first1 first2)
          (succeed dict fail rest1 rest2)
          (fail)))
```

```
      unify-constants))

(define (constant-term? term)
  (and (not (match:var? term))
       (not (list? term))))

(define-generic-procedure-handler unify:gdispatch
  (match-args (car-satisfies constant-term?)
              (car-satisfies constant-term?))
  unify:constant-terms)
```

处理程序 unify:list-terms 是递归下降实际发生的地方。因为每个项列表的第一项本身就是一个列表，匹配器必须递归匹配这些子列表。如果子列表的匹配成功，则输入项列表的其余部分必须继续进行匹配（请注意，只有当两个子列表的所有项都匹配时，递归匹配才会成功，因此传递给成功延续的未匹配子列表尾部将为空并被忽略）。

```
(define (unify:list-terms terms1 terms2)
  (let ((first1 (car terms1)) (rest1 (cdr terms1))
        (first2 (car terms2)) (rest2 (cdr terms2)))
    (define (unify-lists dict succeed fail)
      ((unify:dispatch first1 first2)
       dict
       (lambda (dict* fail* null1 null2)
         (succeed dict* fail* rest1 rest2))
       fail))
    unify-lists))

(define (list-term? term)
  (and (not (match:var? term))
       (list? term)))

(define-generic-procedure-handler unify:gdispatch
  (match-args (car-satisfies list-term?)
              (car-satisfies list-term?))
  unify:list-terms)
```

到目前为止，上述代码实现了递归下降和常量匹配。类似于将两个不同的符号或一个符号与列表匹配这种明显的矛盾会导致失败。为了解决有趣的方程，必须能够将项与变量相匹配。当找到变量时，可能会向字典添加新的绑定。方程求解器中处理变量的部分是可能替代（may-substitute）的程序。

程序 may-substitute 得到一个以变量开头的项列表 var-first。它将该变量与第二个项列表 terms 的第一项匹配。

如果一个变量与其自身匹配，就有一个重言式，并且匹配成功，字典保持不变。如果变量已经有值，用该值替换变量，并将结果列表与项列表项匹配。最后，如果变量没有值，可以使用 do-substitute 来消除它，do-substitute 负责在可能的情况下添加从 var 到 term 的绑定。

```
(define (maybe-substitute var-first terms)
  (define (unify-substitute dict succeed fail)
    (let ((var (car var-first)) (rest1 (cdr var-first))
          (term (car terms)) (rest2 (cdr terms)))
      (cond ((and (match:element-var? term)
                  (match:vars-equal? var term))
             (succeed dict fail rest1 rest2))
            ((match:has-binding? var dict)
             ((unify:dispatch
               (cons (match:get-value var dict) rest1)
               terms)
              dict succeed fail))
            (else
             (let ((dict* (do-substitute var term dict)))
               (if dict*
                   (succeed dict* fail rest1 rest2)
                   (fail)))))))
  unify-substitute)
```

在 do-substitute 中，首先使用旧字典，通过用它们的值替换任何先前消除的变量来清理传入的 term，然后检查是否对 var 可能匹配的对象有任何限制，最后检查清理后的项（term*）中是否出现任何 var。如果清理后的项中包含对 var 的引用，则匹配无法继续 ⊖。如果匹配通过了所有这些测试，将创建一个新字典，其中包含 var 与已清理项的新绑定。新字典中的绑定值也必须清除对 var 的引用。

```
(define (do-substitute var term dict)
  (let ((term* ((match:dict-substitution dict) term)))
    (and (match:satisfies-restriction? var term*)
         (or (and (match:var? term*)
                  (match:vars-equal? var term*))
             (not (match:occurs-in? var term*)))
         (match:extend-dict var term*
           (match:map-dict-values
            (match:single-substitution var term*)
            dict)))))
```

现在我们知道如何处理变量，只需要在通用调度程序中安装这个处理程序。这里唯一的微妙之处是，要消除的变量可能出现在任何一个项列表中，必须保证包含变量的项列表是 maybe-substitute 的第一个参数。

```
(define (element? term)
  (any-object? term))
```

⊖　在合一的文献中，这被称为"发生检查"。发生检查用于防止尝试获得像 $x = f(x)$ 这样的方程的解。在某些情况下，如果对函数 f 了解得更多，这样的固定点方程可能是可解的，但这个合一算子是一个句法匹配器。在这一点上，人们可以加入一个钩子，要求一个更强大的方程求解器来帮助，但我们没有这样做。大多数 Prolog 系统出于效率原因避免执行发生检查。

```
(define-generic-procedure-handler unify:gdispatch
  (match-args (car-satisfies match:element-var?)
              (car-satisfies element?))
  (lambda (var-first terms)
    (maybe-substitute var-first terms)))

(define-generic-procedure-handler unify:gdispatch
  (match-args (car-satisfies element?)
              (car-satisfies match:element-var?))
  (lambda (terms var-first)
    (maybe-substitute var-first terms)))
```

至此，我们有了一个完整的、正确的、称职的传统合一算子[⊖]。它是用通用程序编写的，因此可以很容易地扩展到处理其他类型的数据。只需少量工作，就可以添加语义附件，例如以符号 + 和 * 开头的列表的可交换性。还可以添加对新类型的句法变量的支持，例如段变量。但在我们这样做之前，先看一个真正的应用程序——类型推断。

> **练习 4.10（向量合一）** 该合一器可以扩展为处理由其他数据类型（例如向量）组成的数据和模式。为向量创建处理程序，无须将向量转换为列表（最简单的方法）。

> **练习 4.11（字符串合一）** 扩展合一器以允许字符串的合一。这可能很有趣，但你需要发明一种语法机制来表示字符串中的字符串变量。这非常微妙，因为你可能必须用字符串表达式来表示字符串变量。这就涉及引用问题了——请尽量不要发明一个巴洛克式的机制。此外，请确保你没有做出会阻止你以后引入字符串段变量的假设（参见练习 4.21）。

> **练习 4.12（变量限制）** 添加对变量限制的支持，就像在单边匹配器中所做的那样，只是在 do-substitute 程序中的主要条件中放置了一个子句。但也有一些微妙的问题。
> - 如果一个受限变量与另一个受限变量相匹配，会发生什么？
> - 当变量第一次绑定到它的目标时，通过限制后，它被合一消除。但是这个限制随后丢失，防止它在后期杀死匹配的不合适部分。
>
> 你的任务是了解这些问题并确定如何改善它们。这对于你可能考虑的任何应用程序有多重要？是否有适合我们实施策略的解决方案？

⊖ 由于合一如此重要，因此在开发高效算法方面进行了大量工作。Memoization 可用于进行大的改进。有关合一算法的详细说明，请参见 [6]。

练习 4.13（使用模式组合器进行合一） 与早期的单边模式匹配器不同，合一匹配器不会将模式编译成匹配程序，这些程序结合起来为模式构建匹配程序。但是匹配程序系统可能更有效，因为它避免了匹配时对模式的句法分析。合一匹配器可以用类似的方式分解吗？如果不行，为什么？这样做是个好主意吗？如果不是，为什么？如果是，那就请实现它（这很难）。

4.4.2 应用：类型推断

合一匹配的一个经典应用是类型推断，给定一个程序和程序部分的一些类型信息，推断程序其他部分的类型信息。例如，如果我们知道 < 是一个接受两个数值参数并产生一个布尔值的程序，那么通过分析表达式 (g (< x (f y)))，可以推断出 f 和 g 是一元程序，g 接受一个布尔参数，f 返回一个数值，并且 x 具有数值。如果使用这些信息来推断嵌入表达式的程序的属性，可以了解很多关于该程序的信息。下面是对表达式的分析：

```
(pp (infer-program-types '(g (< x (f y)))))
(t (? type:17)
  ((t (type:procedure ((boolean-type)) (? type:17)) g)
   (t (boolean-type)
     ((t (type:procedure ((numeric-type) (numeric-type))
                         (boolean-type))
         <)
      (t (numeric-type) x)
      (t (numeric-type)
        ((t (type:procedure ((? y:12)) (numeric-type)) f)
         (t (? y:12) y)))))))
```

这是给定表达式的抽象树，用类型注释。每个子表达式 *x* 都已扩展为 (t type x) 形式的类型化表达式。例如，对 g 的引用具有以下类型：

```
(type:procedure ((boolean-type)) (? type:17))
```

正如预期的那样，g 是一个接受布尔参数的程序，但没有关于它的值的信息。未知值类型由模式变量 (? type:17)) 表示。

考虑一个更实际的例子：

```
(define foo
  (infer-program-types
   '(define fact
     (lambda (n)
       (begin
         (define iter
           (lambda (product counter)
             (if (> counter n)
                 product
```

```
                        (iter (* product counter)
                              (+ counter 1)))))
            (iter 1 1))))))
```

foo 中的结果相当冗长。因此，用一种简化的方法将其转换为"人类可读"的形式。

```
(pp (simplify-annotated-program foo))
(begin
 (define fact
   (lambda (n)
     (declare-type n (numeric-type))
     (define iter
       (lambda (product counter)
         (declare-type product (numeric-type))
         (declare-type counter (numeric-type))
         (if (> counter n)
             product
             (iter (* product counter)
                   (+ counter 1)))))
     (declare-type iter
       (type:procedure ((numeric-type) (numeric-type))
                       (numeric-type)))
     (iter 1 1)))
 (declare-type fact
   (type:procedure ((numeric-type)) (numeric-type))))
```

在这里类型推理程序能够确定阶乘程序的完整类型——它是一个接受一个数字输入并产生一个数字输出的程序。这是在声明中报告的：

```
(declare-type fact
  (type:procedure ((numeric-type)) (numeric-type)))
```

内部定义迭代器的类型也已确定，它接受两个数值参数并产生一个数值结果。

```
(declare-type iter
  (type:procedure ((numeric-type) (numeric-type))
                  (numeric-type)))
```

此外，每个内部变量的类型已经确定，并发布了适当的声明：

```
(declare-type n (numeric-type))
(declare-type product (numeric-type))
(declare-type counter (numeric-type))
```

4.4.3　类型推断的工作原理

类型推断的程序有四个阶段：

1. 给定的程序使用程序的所有子表达式的类型变量进行注释。
2. 对类型变量的约束是基于程序的语义结构制定的。
3. 约束是合一的，以消除尽可能多的变量。

4. 注释程序专门使用由约束合一产生的字典来制作新的注释程序，其类型注释包含约束。

该计划在此程序中实施：

```
(define (infer-program-types expr)
  (let ((texpr (annotate-program expr)))
    (let ((constraints (program-constraints texpr)))
      (let ((dict (unify-constraints constraints)))
        (if dict
            ((match:dict-substitution dict) texpr)
            '***type-error***)))))
```

如果不能一致地键入程序表达式，则此程序会报错。但是，它没有解释失败的原因，这可以通过在故障延续中回传信息来实现。

注解

annotate-program 程序是根据通用程序 annotate-expr 实现的，以便轻松扩展新的语言功能。

```
(define (annotate-program expr)
  (annotate-expr expr (top-level-env)))

(define annotate-expr
  (simple-generic-procedure 'annotate-expr 2 #f))
```

annotate-expr 程序需要一个环境来绑定类型变量，使用下面创建的顶级环境进行初始化。

有一些简单的处理程序用于注释简单类型的表达式。如果显式数字作为子表达式出现，则被赋予一个常量类型，由 (numeric-type) 构造：

```
(define-generic-procedure-handler annotate-expr
  (match-args number? any-object?)
  (lambda (expr env)
    (make-texpr (numeric-type) expr)))
```

程序 make-texpr 从一个类型和一个表达式构造一个类型化的表达式，可以选择 texpr-type 和 texpr-expr 作为它的部分。

然而，可能无法事先知道由符号表示的标识符的类型。程序 get-var-type 尝试在环境中找到标识符的类型，如果失败，则为该词法上下文中所有出现的标识符的类型注释创建一个唯一的类型变量：

```
(define-generic-procedure-handler annotate-expr
  (match-args symbol? any-object?)
  (lambda (expr env)
    (make-texpr (get-var-type expr env) expr)))
```

我们可能知道某些标识符的类型，例如语言的原始程序。这些都是在顶级环境中提供的。此处显示的原始程序带有程序类型，它们的参数和值具有类型常量（例如，（numeric-type））。

```
(define (top-level-env)
  (list (make-top-level-env-frame)))

(define (make-top-level-env-frame)
  (let ((binary-numerical
          (let ((v (numeric-type)))
            (procedure-type (list v v) v)))
        (binary-comparator
          (let ((v (numeric-type)))
            (procedure-type (list v v) (boolean-type)))))
    (list (cons '+ binary-numerical)
          ...
          (cons '= binary-comparator)
          (cons '< binary-comparator)
          ...)))
```

对于条件表达式，会为条件表达式的值创建一个类型变量，并对每个子表达式进行递归注解：

```
(define-generic-procedure-handler annotate-expr
  (match-args if-expr? any-object?)
  (lambda (expr env)
    (make-texpr (type-variable)
        (make-if-expr
          (annotate-expr (if-predicate expr) env)
          (annotate-expr (if-consequent expr) env)
          (annotate-expr (if-alternative expr) env)))))
```

每种表达式都有注释处理程序。我们不会展示所有的注释处理程序，但 lambda 表达式的注释很有趣：

```
(define-generic-procedure-handler annotate-expr
  (match-args lambda-expr? any-object?)
  (lambda (expr env)
    (let ((env* (new-frame (lambda-bvl expr) env)))
      (make-texpr
        (procedure-type (map (lambda (name)
                               (get-var-type name env*))
                             (lambda-bvl expr))
                        (type-variable))
        (make-lambda-expr (lambda-bvl expr)
                          (annotate-expr (lambda-body expr)
                                         env*))))))
```

就像在解释器或编译器中一样，lambda 表达式的注释创建了一个新的环境框架来保存有关绑定变量的信息，在这种情况下，为每个绑定变量创建一个类型变量。使用刚刚为绑定变量创建的类型变量和为值创建的类型变量，为 lambda 表达式的值创建一个程序类型，然后递归地注释主体。

约束

程序 program-constraints 根据程序的语义结构制订对类型变量的约束，使用具有每个表达式类型的处理程序的通用程序来实现。

```
(define (program-constraints texpr)
  (program-constraints-1 (texpr-type texpr)
                         (texpr-expr texpr)))

(define program-constraints-1
  (simple-generic-procedure 'program-constraints-1 2 #f))
```

这个通用程序有两个参数——表达式的类型和表达式本身——返回它在表达式研究中发现的类型的约束列表。通过遍历表达式树，在可以找到它们的地方发现和制订类型约束。

以下是条件处理程序：

```
(define-generic-procedure-handler program-constraints-1
  (match-args type-expression? if-expr?)
  (lambda (type expr)
    (append
     (list (constrain (boolean-type)
                      (texpr-type (if-predicate expr)))
           (constrain type
                      (texpr-type (if-consequent expr)))
           (constrain type
                      (texpr-type (if-alternative expr))))
     (program-constraints (if-predicate expr))
     (program-constraints (if-consequent expr))
     (program-constraints (if-alternative expr)))))
```

此处理程序制定三个类型约束，并将其添加到在条件表达式的三个子表达式中递归制定的约束中。第一个约束条件是谓词表达式的值是一个布尔值，第二个和第三个约束条件是条件表达式的值的类型与后续表达式的值的类型以及替代表达式的值的类型相同。

约束表示为等式：

```
(define (constrain lhs rhs)
  `(= ,lhs ,rhs))
```

（标识符 lhs 和 rhs 分别是"左侧"和"右侧"的助记符）。

lambda 表达式的类型约束是：lambda 表达式的程序返回值的类型与其主体值的类型相同。这与为实体制定的约束条件相结合。

```
(define-generic-procedure-handler program-constraints-1
  (match-args type-expression? lambda-expr?)
  (lambda (type expr)
```

```
(cons (constrain (procedure-type-codomain type)
                 (texpr-type (lambda-body expr)))
      (program-constraints (lambda-body expr)))))))
```

程序调用的约束条件是运算符的类型是程序类型，操作数表达式的类型与程序的参数类型匹配，程序返回值的类型是调用的类型。

```
(define-generic-procedure-handler program-constraints-1
  (match-args type-expression? combination-expr?)
  (lambda (type expr)
    (cons (constrain (texpr-type (combination-operator expr))
                     (procedure-type
                      (map texpr-type
                           (combination-operands expr))
                      type))
          (append
            (program-constraints (combination-operator expr))
            (append-map program-constraints
                        (combination-operands expr)))))))
```

合一

每个约束都是两个类型表达式的等式，所以现在有一组方程要解，这是通过合一每个等式的左侧（lhs）和右侧（rhs）来实现的。所有这些合一必须在同一个变量绑定上下文中完成，以便同时解决它们。由于两个列表的合一将列表的相应元素合一起来，可以将约束组合成一个巨大的合一：

```
(define (unify-constraints constraints)
  (unify (map constraint-lhs constraints)
         (map constraint-rhs constraints)))
```

然后由 unify-constraints 返回的字典被 infer-program-types（4.4.3 节）用于实例化类型化程序。

评论

虽然这个小型的类型推断系统很好地展示了合一性，但它在类型推断方面表现得并不是很好，它不能很好地处理程序。例如，考虑一个简单的情况：

```
(pp (infer-program-types
     '(begin (define id (lambda (x) x))
             (id 2))))
```

这显然可以正常工作，返回

```
(t (numeric-type)
   (begin
     (t (type:procedure ((numeric-type)) (numeric-type))
        (define id
          (t (type:procedure ((numeric-type)) (numeric-type))
```

```
             (lambda (x) (t (numeric-type) x)))))
     (t (numeric-type)
       ((t (type:procedure ((numeric-type)) (numeric-type))
            id)
       (t (numeric-type) 2)))))
```

但请注意，标识程序已被键入为具有数字参数和数值的类型，因为该程序与数字参数一起使用。但是，标识程序的正确类型不应该需要任何特定类型的参数。更一般地说，程序的类型不应取决于它在示例中的使用。这种混淆导致无法键入完全合理的代码：

```
(infer-program-types
  '(begin (define id (lambda (x) x))
          (id 2)
          (id #t)))
***type-error***
```

> **练习 4.14（程序）**　上面评论中显示的特定问题并不难解决，但一般情况是复杂的。我们应如何处理作为参数传递并作为值返回的程序？请记住，在一个程序中，可能有一些自由变量是在该程序被定义的地方进行词汇绑定的。
>
> 找出这个问题的解决方案，并使其尽可能通用。

> **练习 4.15（参数化类型）**　本练习将研究如何扩展此类型推理系统，以使用参数化类型。例如，Scheme 的 map 程序对任何类型的对象列表进行操作。
>
> a. 必须做什么来扩展系统以支持参数化类型？这个扩展需要修改合一算子（unfier）吗？如果需要，请解释为什么。如果不需要，也请解释为什么。
>
> b. 实施允许使用参数化类型所需的更改。

> **练习 4.16（联合类型）**　在这里概述的类型推断系统不支持联合类型。例如，加法运算符 + 用于数值运算。但是，如果希望 + 既是数字的加法义是字符串的串联，该怎么办？
>
> a. 必须做什么来扩展系统以支持联合类型？此扩展是否需要修改合一算子？如果需要，请解释为什么需要。如果不需要，请解释为什么不需要。
>
> b. 实现允许使用联合类型所需的更改。注意，这并不容易。

> **练习 4.17（副作用）**　在这里概述的类型推断系统适用于纯函数程序。它可以优雅地扩展到有任务的程序中吗？如果你这么认为，请解释并演示你的设计。如果你不

这么认为，请解释你的理由。

这并不容易。这可以作为一个很好的长期项目，以了解这一点，并使其工作。

练习 4.18（这实用吗？） 上述类型推断的实现实用吗？

a. 根据所分析程序的大小，估计注释和约束阶段的时间和空间增长顺序。

b. 使用所示的算法，估计巨大合一阶段的时间和空间增长的数量级。最著名的合一算法是什么？（这需要在图书馆进行一些调查。）

c. 有没有办法把巨大的合一阶段分解成几个部分，使整体具有更好的渐近行为？

4.4.4 添加段变量——一个实验

将段变量添加到合一器是令人兴奋的，因为我们不确定会得到什么[⊖]。但是对通用程序的谨慎使用将确保没有依赖合一器行为而不添加段变量的程序（例如类型推断示例）将作为这个实验的结果而产生错误的答案。事实上，根据通用程序对合一算子的组织使得此类实验相对没有问题[⊜]。

调度谓词的使用控制了元素变量和段变量之间的交互。例如，段变量可以将元素变量合并到它累积的段中，但元素变量可能没有段变量作为其值。因此，我们必须改变谓词 `element?`（见 4.4.1 节）来排除段变量：

```
(define (element? term)
  (not (match:segment-var? term)))
```

我们需要用于段变量情况的通用处理程序。以段变量开头的项列表的 `unify:gdispatch` 处理程序是 `maybe-grab-segment`，其安装方式如下。已知包含段变量的列表总是作为第一个参数传递给 `maybe-grab-segment`（就像对 `maybe-substitute` 所做的那样）[⊜]。

```
(define-generic-procedure-handler unify:gdispatch
  (match-args (car-satisfies match:segment-var?)
              (complement (car-satisfies match:segment-var?)))
  (lambda (var-first terms)
    (maybe-grab-segment var-first terms)))

(define-generic-procedure-handler unify:gdispatch
```

⊖ 其他人已将段变量添加到模式匹配器或合一器（见 [5]），并取得了一些成功。显然有一些版本的 Prolog 具有段变量（见 [34]）。在 Kutsia 的博士论文（见 [79]）中可以找到在合一算子中包含序列变量（段变量的另一个名称）的算法的详细理论处理。然而，在这里不是试图建立一个完整和正确的细分市场，只是想展示在已经构建的基本合一程序中添加一些有用的新行为是多么容易。

⊜ 对段的扩展非常微妙。我们感谢 Kenny Chen、Will Byrd 和 Michael Ballantyne 帮助我们思考这个实验。

⊜ 程序 complement 是谓词的组合器，complement 生成一个新的谓词，它是其参数的否定。

```
(match-args (complement (car-satisfies match:segment-var?))
            (car-satisfies match:segment-var?))
(lambda (terms var-first)
  (maybe-grab-segment var-first terms)))
```

在匹配以一个段变量开头的两个术语列表时，有一个特殊情况需要处理：如果两个列表都以同一个段变量开头，可以不用做进一步的工作就消除重言式。否则，可能会得到以任一变量开头的匹配。但是，在某些情况下，根据模式中变量的进一步出现，一个变量与另一个变量的匹配良好。为了确保不会错过从其中一个变量开始的匹配，如果第一个变量失败，我们将通过尝试另一个顺序使匹配对称。

```
(define (unify:segment-var-var var-first1 var-first2)
  (define (unify-seg-var-var dict succeed fail)
    (if (match:vars-equal? (car var-first1) (car var-first2))
        (succeed dict fail (cdr var-first1) (cdr var-first2))
        ((maybe-grab-segment var-first1 var-first2)
         dict
         succeed
         (lambda ()
           ((maybe-grab-segment var-first2 var-first1)
            dict
            succeed
            fail)))))
  unify-seg-var-var)

(define-generic-procedure-handler unify:gdispatch
  (match-args (car-satisfies match:segment-var?)
              (car-satisfies match:segment-var?))
  unify:segment-var-var)
```

程序 maybe-grab-segment 类似用于元素变量的程序 maybe-substitute（见 4.4.1 节）。段变量与自身匹配的情况由 unify:segment-var-var 处理，所以 maybe-grab-segment 首先检查 var-first 开头的段变量是否有值。如果有，用它的值替换变量，并将结果列表与项列表 terms 进行匹配。因为段变量的绑定是它消耗掉的元素列表，所以我们使用 append 将段变量替换为其值。匹配未绑定段变量的更复杂的工作被传递到 grab-segment。

```
(define (maybe-grab-segment var-first terms)
  (define (maybe-grab dict succeed fail)
    (let ((var (car var-first)))
      (if (match:has-binding? var dict)
          ((unify:dispatch
            (append (match:get-value var dict)
                    (cdr var-first))
            terms)
           dict succeed fail)
          ((grab-segment var-first terms)
           dict succeed fail))))
  maybe-grab)
```

　　程序 grab-segment 是段匹配和回溯实际发生的地方。项列表分为两部分：初始部分和剩余项（terms*）。初始段（initial）开头为空，terms* 是整个项列表。匹配将尝试继续使用绑定到 initial 的段变量。如果失败，则失败延续尝试与从 terms* 移动到 initial 的元素匹配。重复此操作，直到匹配成功或整个项列表的匹配失败：

```
(define (grab-segment var-first terms)
  (define (grab dict succeed fail)
    (let ((var (car var-first)))
      (let slp ((initial '()) (terms* terms))
        (define (continue)
          (if (null? terms*)
              (fail)
              (slp (append initial (list (car terms*)))
                   (cdr terms*))))
        (let ((dict* (do-substitute var initial dict)))
          (if dict*
              (succeed dict* continue (cdr var-first) terms*)
              (continue))))))
  grab)
```

　　这似乎是制作带有段变量实验扩展的合一算子所需的全部内容。对于段变量，必须期望获得多个匹配项，可以拒绝匹配，迫使程序回溯，以获得替代方案。请注意，每个字典条目都是一个包含变量名称、值和变量类型的列表。

　　可以将合一算子用作单边匹配器。例如，有两种方法可以将分配律模式与给定的代数表达式匹配，如我们所见 ⊖：

```
(let ((pattern '(* (?? a) (+ (?? b)) (?? c)))
      (expression '(* x y (+ z w) m (+ n o) p)))
  (unify:internal pattern expression (match:new-dict)
    (lambda (dict)
      (pp (match:bindings dict))
      #f)))
((c (m (+ n o) p) ??) (b (z w) ??) (a (x y) ??))
((c (p) ??) (b (n o) ??) (a (x y (+ z w) m) ??))
#f
```

这两个字典产生相同的替换实例：

```
(* x y (+ z w) m (+ n o) p)
```

但是在代数操作中，我们需要两个字典，因为它们中的每一个都代表了分配律的不同应用。

　　当段变量与包含段变量的列表匹配时，事情变得更加复杂和不清晰：

```
(let ((p1 '(a (?? x) (?? y) (?? x) c))
      (p2 '(a b b b (?? w) b b b c)))
  (unify:internal p1 p2 (match:new-dict)
```

⊖　这是一种单边匹配，也可以使用早期的匹配器完成，但这种将表达式与匹配两侧的变量进行匹配的能力很有用。

```
      (lambda (dict)
        (pp (match:bindings dict))
        #f)))

((y (b b b (?? w) b b b) ??) (x () ??))
((y (b b (?? w) b b) ??) (x (b) ??))
((y (b (?? w) b) ??) (x (b b) ??))

((w () ??) (y () ??) (x (b b b) ??))
((w () ??) (y () ??) (x (b b b) ??))
((y ((?? w)) ??) (x (b b b) ??))
((y () ??) (w () ??) (x (b b b) ??))
((w ((?? y)) ??) (x (b b b) ??))
((w () ??) (y () ??) (x (b b b) ??))
#f
```

显然，有很多方法可以使用这种匹配。但是许多字典实际上是构造相同替换实例的不同方式。为了清楚地看到这一点，我们在每种情况下都构造了替换实例：

```
(let ((p1 '(a (?? x) (?? y) (?? x) c))
      (p2 '(a b b b (?? w) b b b c)))
  (unify:internal p1 p2 (match:new-dict)
    (lambda (dict)
      (and dict
           (let ((subst (match:dict-substitution dict)))
             (let ((p1* (subst p1)) (p2* (subst p2)))
               (if (not (equal? p1* p2*))
                   (error "Bad dictionary"))
               (pp p1*))))
      #f)))

(a b b b (?? w) b b b c)
(a b b b (?? w) b b b c)
(a b b b (?? w) b b b c)
(a b b b b b b c)
(a b b b b b b c)
(a b b b (?? w) b b b c)
(a b b b b b b c)
(a b b b (?? y) b b b c)
(a b b b b b b c)
#f
```

因此，我们看到每个"解决方案"都是找到变量值问题的有效解决方案，当将这些值替换回给定模式时，会使模式相同。在这种情况下，五个解决方案是等效的。这五个是最通用的合一算子，它们在重命名变量之前都是唯一的，其他四个则不太通用，但合一应该产生两种输入模式的唯一、最通用的替换实例，直到重命名变量。因此，对于段，这个非常有用的模式匹配器并不是一个真正的合一算子。

事实上，问题有点严重。有一些完美的匹配是这个程序找不到的。下面是一个例子：

```
;;; A missing match!
(unify:internal '(((?? x) 3) ((?? x)))
                '((4 (?? y)) (4 5))
                (match:new-dict)
                (lambda (dict)
                  (pp (match:bindings dict))
                  #f))
```
#f

但是这些表达式确实匹配，具有以下绑定：

((x (4 5) ??) (y (5 3) ??))

这个故事有一个寓意。使用通用程序，可以对正确的算法进行可能有问题的扩展，而不会破坏未扩展的算法使用时的正确性。扩展可能对某些目的有用，即使不满足未扩展算法的正确性要求。

练习 4.19（我们能解决这些问题吗？） 我们在合一包含段变量的模式时遇到了一个问题。我们可能会错过一些匹配，可以生成同一解决方案的多个副本，而且一些解决方案，虽然是使输入模式相等的问题的有效解决方案，但不是最通用的。让我们考虑解决这个问题。

a. 为 unify:internal 编写一个包装器，收集所有解决方案。如果你使用赋值，这并不难，但是寻找功能性解决方案可能会更有趣，但不要太过努力。

b. 既然你拥有了所有解决方案，就可以轻松消除重复项。创建将每个解决方案代入输入的结果。你可以检查两次替换的结果是否相等，这是对求解算法是否正确的检查。现在为每个不同的结果保存一个替换和结果对。请注意，变量的名称无关紧要，因此如果你可以通过合一重命名另一个中的变量来获得一个结果字典，则两个结果字典表示相同的解决方案。

c. 如果集合中的任何结果是另一个结果的替换实例，则它不是两个输入的最通用的专门化。编写 substitution-instance? 把它们过滤掉。现在，你只剩下此算法将生成的最通用的专门化集合，将其返回。

d. 找出一种避免丢失匹配的方法，例如上面所示的"丢失匹配"。有没有可以处理这种匹配的代码的简单扩展？注意，这是一个非常困难的问题。

练习 4.20（更一般的匹配） 除了上面显示的令人讨厌的问题之外，还有一个有趣的微妙之处，合一算子没有解决。考虑以下问题：

```
(unifier '((?? x) 3) '(4 (?? y)))
```
(4 3)

在这里我们看到了一个完美的匹配，但它不是最普遍的匹配。问题是 4 和 3 之间可以有任意数量的东西。更好的答案是：

(4 (?? z) 3)

弄清楚如何得到这个答案。这需要对合一算子进行显著扩展。

练习 4.21（带段的字符串）　如果你还没有做练习 4.11，现在就做。但在这里我们希望你添加字符串段变量。这在匹配 DNA 片段时很有用。

4.5　图上的模式匹配

到目前为止，我们开发的模式匹配是用于匹配列表结构的。这种结构非常适合表示表达式，例如代数表达式或计算机语言表达式的抽象语法树。然而，模式匹配可用于制作处理更广泛数据的系统。如果感兴趣的结构可以通过可访问性关系来表征，那么将结构描述为表示"地点"的节点和表示"路径元素"的边的图可能是合适的，该图描述了地点是如何相互连接的。电路就是这种结构的一个例子，其中电路组件和电路节点是位置，可访问性关系只是互连的描述。另一类是象棋或跳棋之类的棋盘游戏，其中棋盘格可以由图中的节点表示，而正方形的邻接可以由图中的边表示。

本节将实现一个图作为节点和边的集合。图是不可变的，一旦添加了节点或边，就无法修改，只能通过添加更多节点和边来更改图。在 4.5.4 节中我们将看到产生的后果。

一个节点包含一组边，边是一个标签和一个值的组合。边的标签是在 eqv? 下唯一的对象，通常是符号或数字。边的值是一个 Scheme 对象，通常是另一个节点。

此实现将与具体的图（其中所有节点和边在构建图时可用）和惰性图（在访问时根据需要扩展图）一起使用。在更简单的线性序列世界中，列表是一个具体的图，而流是一个在引用时生成的惰性图。

首先看一个简单的例子，看看图是如何工作的，然后将使用一个扩展的例子——国际象棋裁判——来探索图的更复杂的使用和图上的模式匹配。

4.5.1　将列表表示为图

从简单但熟悉的列表开始。cons 单元是节点，它们将由 g:cons 组成，它们的 car 和 cdr 将实现为带有 car 和 cdr 标签并由 g:car 和 g:cdr 访问的边：

```
(define (g:cons car cdr)
  (let ((pair (make-graph-node 'pair)))
```

```
      (pair 'connect! 'car car)
      (pair 'connect! 'cdr cdr)
      pair))

(define (g:car pair) (pair 'edge-value 'car))
(define (g:cdr pair) (pair 'edge-value 'cdr))
```

要将列表表示为图，需要一个特殊的列表结束标记：

```
(define nil (make-graph-node 'nil))

(define (g:null) nil)

(define (g:null? object) (eqv? object nil))
```

列表到列表图的转换是：

```
(define (list->graph list)
  (if (pair? list)
      (g:cons (car list) (list->graph (cdr list)))
      (g:null)))
```

一个简单的按预期工作的例子为：

```
(define g (list->graph '(a b c)))

(and (eqv? 'a (g:car g))
     (eqv? 'b (g:car (g:cdr g)))
     (eqv? 'c (g:car (g:cdr (g:cdr g))))
     (g:null? (g:cdr (g:cdr (g:cdr g)))))
```
#t

我们可以修改列表图构造函数以允许惰性图，在遍历边时创建节点：

```
(define (list->lazy-graph list)
  (if (pair? list)
      (g:cons (delay (car list))
              (delay (list->lazy-graph (cdr list))))
      (g:null)))
```

在这里，使用了 Scheme（见 [109]）中的 delay 来构造一个承诺，该承诺将在承诺为 forced 时评估延迟（推迟）的表达式。流（懒惰列表，见 [13]）通常使用 delay 和 force 构建。

4.5.2 实现图

我们制作图节点并通过边将它们连接到其他节点。我们将一个图节点表示为一个捆绑程序——可以通过名称调用的代理程序的集合 ⊖。

⊖ 有关如何使用图形节点的示例，请参阅 4.5.1 节的 g:cons。有关捆绑程序的更完整说明，请参阅附录 B.2。

```
(define (make-graph-node name)
  (let ((edges '()))
    (define (get-name) name)
    (define (all-edges) (list-copy edges))
    (define (%find-edge label)
      (find (lambda (edge)
              (eqv? label (edge 'get-label)))
            edges))
    (define (has-edge? label)
      (and (%find-edge label) #t)) ; boolean value
    (define (get-edge label)
      (let ((edge (%find-edge label)))
        (if (not edge)
            (error "No edge with this label:" label))
        edge))
    (define (edge-value label)
      ((get-edge label) 'get-value))
    (define (connect! label value)
      (if (has-edge? label)
          (error "Two edges with same label:" label))
      (set! edges
            (cons (make-graph-edge label value) edges)))
    (define (maybe-connect! label value)
      (if (not (default-object? value))
          (connect! label value)))
    (bundle graph-node? get-name all-edges has-edge?
            get-edge edge-value connect! maybe-connect!)))
```

make-graph-node 的参数是新节点的名称，当输出节点时将会显示。宏 bundle 的第一个
参数是生成的软件包将满足的谓词。在这种情况下，它被定义为

```
(define graph-node? (make-bundle-predicate 'graph-node))
```

我们不展示其他绑定谓词的定义，因为它们是相似的。

边也表示为绑定程序。一条边可能有一个具体的值，或者该值可能是一个承诺（由
delay 构建)，当请求时产生该值。后者提供惰性图结构。

```
(define (make-graph-edge label value)
  (define (get-label) label)
  (define (get-value)
    (if (promise? value)
        (force value)
        value))
  (bundle graph-edge? get-label get-value))
```

练习 4.22（更多惰性图） 我们已经展示了如何制作具体列表和惰性列表。如何
制作一些更有趣的结构呢？

> 也许拥有一个动态可扩展的树会很好。例如，可以通过这种方式有效地构建游戏树：在资源可用时可以在广度和深度上详细说明树。举一个这样的树的例子，当在每个级别考虑更合理的移动时，可以扩展这样的树，并添加更多级别以供考虑。

4.5.3   图上的匹配

我们可能希望搜索一个图来寻找有趣的特征，一种方法是尝试将模式与图匹配。图的模式可以指定节点和边的交替序列——路径。这种模式可以通过从一个节点开始并尝试遵循模式指定的路径来匹配。

例如，想象一下有一个国际象棋棋盘和棋子。棋盘方块是图形的节点，代表相邻方块的节点通过边连接到给定的节点。可以通过罗盘方向标记玩白棋玩家所看到的边：`north`、`south`、`east`、`west`、`northeast`、`southeast`、`northwest`、`southwest`。向 `north` 走就是棋盘的黑边，向 `south` 走就是棋盘的白边。

考虑到这样的安排，我们可以指定一个骑士可以向北 – 东北 – 东移动，如下所示：

```
(define basic-knight-move
  '((? source-node ,(occupied-by 'knight))
    north (?)
    north (?)
    east (? target-node ,maybe-opponent)))
```

这种模式与在前几节中看到的模式有几个共同点：元素变量由字符 ? 引入，可以有名称（例如，source-node），可以有限制（例如，(occupied-by'knight)）。我们引入语法 (?) 来表示匿名元素变量。

模式匹配从 source-node 开始，遍历标记为 north 的两条边（带有我们不关心的节点），最后向 east 移动到达 target-node。我们称这种模式为路径模式，或者在国际象棋的上下文中，称为移动模式。

当然，这只是一种可能的骑士移动方式。但是我们可以通过对称性生成所有可能的骑士移动：可以反映骑士的东西向移动、可以将其顺时针旋转 90°，也可以将其旋转 180°：

```
(define all-knight-moves
  (symmetrize-move basic-knight-move
                   reflect-ew rotate-90 rotate-180))
```

程序 symmetrize-move 应用这三个对称性的所有可能组合来产生八个移动。对称变换的应用顺序与使用的变换无关。

```
(define (symmetrize-move move . transformations)
  (let loop ((xforms transformations) (moves (list move)))
    (if (null? xforms)
        moves
```

```
        (loop (cdr xforms)
              (append moves
                      (map (rewrite-path-edges (car xforms))
                           moves))))))
```

其中 rewrite-path-edges 将其参数应用于移动中的每个边标签，生成一个带有替换边标签的新移动。

　　这种对称变换的一个例子是

```
(define (reflect-ew label)
  (case label
    ((east) 'west)
    ((northeast) 'northwest)
    ((northwest) 'northeast)
    ((southeast) 'southwest)
    ((southwest) 'southeast)
    ((west) 'east)
    (else label)))
```

其他可能是罗盘方向的类似重新映射。

　　所有骑士移动的结果列表是

```
((source north (?) north (?) east target)
 (source north (?) north (?) west target)
 (source east (?) east (?) south target)
 (source east (?) east (?) north target)
 (source south (?) south (?) west target)
 (source south (?) south (?) east target)
 (source west (?) west (?) north target)
 (source west (?) west (?) south target))
```

其中，我们通过用源和目标替换受限制的源和目标节点变量来简化输出。

　　国际象棋中的骑士移动是特殊的，因为骑士可以越过友方或敌方占据的方格到达目标方格。车、象和王后可能不会穿过一个被占领的方格，但它们在前往目标方格的途中可能会穿过许多未被占据的方格。需要一种方法来指定这样的重复遍历，我们使用 (*...) 来指定重复遍历：

```
(define basic-queen-move
  '((? source-node ,(occupied-by 'queen))
    (* north (?* ,unoccupied))
    north (? target-node ,maybe-opponent)))
```

王后可以通过任意数量的未占据方格向北移动到目标方格。符号 (?*...) 是一种新的模式变量，只能在 (*...) 模式中使用。与简单的模式变量一样，它匹配一个元素，但它不保存单个匹配的值，而是收集在重复中匹配的所有元素的列表。那么王后的所有可能的移动是：

```
(define all-queen-moves
  (symmetrize-move basic-queen-move
                  rotate-45 rotate-90 rotate-180))
```

卒有更复杂的规则。卒（几乎）是唯一一种可能的移动取决于其位置或相邻对手位置的棋子 ⊖。棋子可以从其初始位置向北走一两步，但如果不在它的初始位置，则只能向北走一步。卒可以向东北或西北方向迈出一步，当且仅当这样走可以吃掉对方的一个棋子时。最后，倒数第二行的棋子可以移动到最后一行并被提升为任何棋子（通常是王后）⊖。

> **练习 4.23（填写棋步）**　我们已经展示了如何为骑士移动和王后移动创建模式，但还没有为所有棋子创建移动模式。
>
> 　　a. 车的移动和象的移动与王后的移动类似，但受到更多限制：车不能对角移动，象只能对角移动。为所有的象移动和所有简单的车移动制作模式。
>
> 　　b. 卒的移动要复杂得多。为所有可能的卒的移动（除了吃过路兵）制作一组模式。
>
> 　　c. 为国王非常有限的移动方式制作一组模式。不要考虑王车易位或国王不能被将军的规则。
>
> 　　d. 王车易位是最终的特例，它涉及国王和车。制作一组王车易位的模式。

4.5.4　棋盘和可交换图形视图

棋盘作为图形，包含了一个令人兴奋的想法。我们希望相同的模式适用于两个玩家，但是描述方向的边缘是不同的：白棋的 north 是黑棋的 south，白棋的 east 是黑棋的 west。这对于具有对称移动模式的主要棋子（车、骑士、象、国王、王后）几乎没有区别，但白棋的卒只能向 north 移动，而黑棋的卒只能向 south 移动。无论如何，让两个玩家的移动描述相同会是一种很愉快的模式。

我们希望两个玩家对棋盘图有不同的看法：我们希望边标签的含义与玩家相关。如果白棋玩家看到从（由节点表示）格子 A 到格子 B 的 north 的边，那么黑棋玩家看到从格子 B 到格子 A 的 north 的边。

为了完成这项工作，我们引入了图形视图。图形视图是从一个边标签到另一个的可逆映射。当图形视图应用于节点时，它会返回该节点的副本，其中的边被重命名。

在国际象棋的情况下，相关视图是棋盘旋转 180°：

```
(define rotate-180-view
  (make-graph-view 'inverse rotate-180 rotate-180))
```

其中 make-graph-view 生成图形视图。程序 graph-node-view 将视图应用于节点：

⊖　王车易位是另一个特例。只有在限制条件下允许王车易位，当国王和车在它们的初始位置时，国王和车之间的方格是空的，国王不受制衡，也不会穿越或降落在一个将被将军的方格中。

⊖　还有一种卒的移动方式——吃过路兵——这取决于对手之前的移动。

```
(graph-node-view node view)
```

白棋玩家将直接看到一个节点，黑棋玩家将看到通过旋转 180° 视图（rotate-180-view）投影的相同节点。给定这个映射，所有操作对于白棋玩家和黑棋玩家来说都是一样的。

使用图形视图负责相对寻址，在其中查看给定节点的邻居节点，但是还需要做绝对寻址，其中要查找的节点由行和列指定。黑白双方都想看到类似的寻址，其中本方底线为 0，对手底线为 7。同样，每种颜色将最左边的列视为 0，将最右边的列为 7 ⊖。白棋玩家的地址是默认值，而黑棋玩家的则使用程序 invert-address 反转。

让我们来做一个棋盘。以下代码专门用于国际象棋，因为我们不专注于创建抽象域。制作一个 8×8 的节点数组表示方格，每个节点都有一个地址。遍历所有可能的方格的地址，通过带有适当标签的边将每个节点连接到它的每个邻居节点。然后用棋子填充边框。

```
(define chess-board-size 8)
(define chess-board-indices (iota chess-board-size))
(define chess-board-last-index (last chess-board-indices))

(define (make-chess-board)
  (let ((board (make-chess-board-internal)))
    (for-each (lambda (address)
                (connect-up-square address board))
              board-addresses)
    (populate-sides board)
    board))
```

棋盘格的可能地址都是 0 ~ 7 的所有整数对：

```
(define board-addresses
  (append-map (lambda (y)
                (map (lambda (x)
                       (make-address x y))
                     chess-board-indices))
              chess-board-indices))
```

程序 make-chess-board-internal 将正方形的节点数组作为行列表，每行都是该行的列列表。它返回一个带有少量代理的捆绑程序来操纵棋盘。

```
(define (make-chess-board-internal)
  (let ((nodes
         (map (lambda (x)
                (map (lambda (y)
                       (make-graph-node (string x "," y)))
                     chess-board-indices))
              chess-board-indices)))
    (let loop ((turn 0))
      See below for the delegate definitions.
      (bundle #f node-at piece-at piece-in address-of
              set-piece-at color next-turn)))))
```

⊖　与传统的国际象棋惯例不同，我们使用基于零的索引，但除了对玩家的输入和输出之外，这并不重要。

变量 turn 是当前回合，从零开始。偶数轮为白棋玩家，奇数轮为黑棋玩家，如代理程序 color 所示：

```
(define (color) (if (white-move?) 'white 'black))
(define (white-move?) (even? turn))
```

代理程序 node-at 获取给定地址处的节点。如果这是一个黑棋玩家的轮次，它会转换地址并应用节点视图。

```
(define (node-at address)
  (define (get-node address)
    (list-ref (list-ref nodes (address-x address))
              (address-y address)))
  (if (white-move?)
      (get-node address)
      (graph-node-view (get-node (invert-address address))
                       rotate-180-view)))
```

node-at 的倒数是代理程序 address-of。每个节点都有一条边，带有 address 标签，以它的地址作为值。与 node-at 一样，如果这是黑棋玩家的轮次，则必须转换返回的地址。

```
(define (address-of node)
  (let ((address (node 'edge-value 'address)))
    (if (white-move?)
        address
        (invert-address address))))
```

代理程序 next-turn 在走完一步后推进棋盘：

```
(define (next-turn) (loop (+ turn 1)))
```

将方块连接到它们的邻居节点确实解决了处理（文字）边缘情况的算术运算，在每个方块和它的每个邻居节点之间创建了一个带标签的边。它还为每个节点创建地址边。

```
(define (connect-up-square address board)
  (let ((node (board 'node-at address)))
    (node 'connect! 'address address)
    (for-each-direction
     (lambda (label x-delta y-delta)
       (let ((x+ (+ (address-x address) x-delta))
             (y+ (+ (address-y address) y-delta)))
         (if (and (<= 0 x+ chess-board-last-index)
                  (<= 0 y+ chess-board-last-index))
             (node 'connect! label
                   (board 'node-at
                          (make-address x+ y+)))))))))

(define (for-each-direction procedure)
  (procedure 'north 0 1)
  (procedure 'northeast 1 1)
  (procedure 'east 1 0)
```

```
(procedure 'southeast 1 -1)
(procedure 'south 0 -1)
(procedure 'southwest -1 -1)
(procedure 'west -1 0)
(procedure 'northwest -1 1))
```

地址表示为列号和行号的列表：

```
(define (make-address x y) (list x y))
(define (address-x address) (car address))
(define (address-y address) (cadr address))

(define (address= a b)
  (and (= (address-x a) (address-x b))
       (= (address-y a) (address-y b))))

(define (invert-address address)
  (make-address (- chess-board-last-index
                   (address-x address))
                (- chess-board-last-index
                   (address-y address))))
```

一个棋子由包含其棋子类型和颜色的数据表示。在第 *n* 个回合，棋盘上的每个棋子都将连接到代表它所占据的方块的节点，该节点由来自该节点的标签为 n 的边所占据。这是图不变性的结果，否则我们只能使用副作用来修改边缘。为了填充棋盘，将每个棋子连接到节点，将作为其初始方块的边缘标记为 0。

```
(define (populate-sides board)

  (define (populate-side color home-row pawn-row)

    (define (do-column col type)
      (add-piece col home-row type)
      (add-piece col pawn-row 'pawn))

    (define (add-piece col row type)
      ((board 'node-at (make-address col row))
       'connect! 0 (make-piece type color)))

    (do-column 0 'rook)
    (do-column 1 'knight)
    (do-column 2 'bishop)
    (do-column 3 'queen)
    (do-column 4 'king)
    (do-column 5 'bishop)
    (do-column 6 'knight)
    (do-column 7 'rook))

  (populate-side 'white 0 1)
  (populate-side 'black 7 6))
```

现在我们可以开始一盘棋局了：

```
(define the-board)

(define (start-chess-game)
  (set! the-board (make-chess-board))
  (print-chess-board the-board))
```

我们得到了这个漂亮的棋盘图像：

```
;;;    0   1   2   3   4   5   6   7
;;;  +---+---+---+---+---+---+---+---+
;;; 7 | Rb| Nb| Bb| Qb| Kb| Bb| Nb| Rb|
;;;  +---+---+---+---+---+---+---+---+
;;; 6 | Pb| Pb| Pb| Pb| Pb| Pb| Pb| Pb|
;;;  +---+---+---+---+---+---+---+---+
;;; 5 |   |   |   |   |   |   |   |   |
;;;  +---+---+---+---+---+---+---+---+
;;; 4 |   |   |   |   |   |   |   |   |
;;;  +---+---+---+---+---+---+---+---+
;;; 3 |   |   |   |   |   |   |   |   |
;;;  +---+---+---+---+---+---+---+---+
;;; 2 |   |   |   |   |   |   |   |   |
;;;  +---+---+---+---+---+---+---+---+
;;; 1 | Pw| Pw| Pw| Pw| Pw| Pw| Pw| Pw|
;;;  +---+---+---+---+---+---+---+---+
;;; 0 | Rw| Nw| Bw| Qw| Kw| Bw| Nw| Rw|
;;;  +---+---+---+---+---+---+---+---+
;;; white to move
```

4.5.5   棋步

现在有了一个棋盘，里面装满了棋子，需要一种方法来移动这些棋子。如果棋子在特定的回合位于特定的方格中，则表示该方格的节点有一条边，以该回合作为标签，其值就是该棋子。4.5.4 节的 make-chess-board-internal 中的代理程序与此处相关：

```
(define (piece-at address)
  (piece-in (node-at address)))

(define (piece-in node)
  (and (node 'has-edge? turn)
       (node 'edge-value turn)))

(define (set-piece-at address piece)
  ((node-at address) 'connect! (+ turn 1) piece))
```

给定地址，我们使用 piece-at 来获取希望移动的棋子。当然，检查明显的错误总是一个好主意。

```
(define (get-piece-to-move board from)
  (let ((my-piece (board 'piece-at from)))
    (if (not my-piece)
        (error "No piece in this square:" from))
```

```
(if (not (eq? (board 'color) (piece-color my-piece)))
    (error "Can move only one's own pieces:"
            my-piece from))
  my-piece))
```

为了实际移动，拿起棋子并将其放在目标方格中。但是，只有当目标方格为空或被对
手棋子占据时才允许此移动。

```
(define (simple-move board from to)
  (let ((my-piece (get-piece-to-move board from)))
    (let ((captured (board 'piece-at to)))
      (if (not (no-piece-or-opponent? captured my-piece))
          (error "Can't capture piece of same color:"
                  captured)))
    ;; The move looks good; make it so:
    (board 'set-piece-at to my-piece)
    ;; Now update all the unaffected pieces to
    ;; the next state of the board:
    (for-each (lambda (address)
                (if (not (or (address= from address)
                             (address= to address)))
                    (let ((p (board 'piece-at address)))
                      (if p
                          (board 'set-piece-at address p)))))
              board-addresses)
    (board 'next-turn)))
```

请注意，此时我们不想检查想要移动的棋子是否能够移动。我们对每种棋子可用的合法移
动的唯一描述是在 4.5.3 节构建的图形模式中。在练习 4.24 中，我们将解决这个问题。

但首先，让我们使用匹配器来确定由这种路径模式描述的移动是否为捕获：

```
(define (capture? board from path)
  (let* ((my-piece (get-piece-to-move board from))
         (dict
          (graph-match path
                       (match:extend-dict chess-board:var ;**
                                          board
                                          (match:new-dict))
                       (board 'node-at from))))
    (and dict
         (let* ((target (match:get-value 'target-node dict))
                (captured (board 'piece-in target)))
           (and captured
                '(capture ,my-piece
                          ,captured
                          ,(board 'address-of target)))))))
```

;** 标记的行在初始字典中添加了一个特殊的绑定，用于一些需要查询棋盘的模式限制。

为方便起见，**chess-move** 用移动更新棋盘，然后为接下来要走棋的玩家输出棋盘。

```
(define (chess-move from to)
  (set! the-board (simple-move the-board from to))
  (print-chess-board the-board))
```

为了演示这段代码，我们可以制作一个有趣的位置：

```
(define (giuoco-piano-opening)
  (start-chess-game)
  (chess-move '(4 1) '(4 3))          ;W: P-K4
  (chess-move '(3 1) '(3 3))          ;B: P-K4
  (chess-move '(6 0) '(5 2))          ;W: N-KB3
  (chess-move '(6 0) '(5 2))          ;B: N-QB3
  (chess-move '(5 0) '(2 3))          ;W: B-QB4
  (chess-move '(2 0) '(5 3)))         ;B: B-QB4
```

```
(giuoco-piano-opening)
```

经过大量的输出，我们得到以下棋盘的位置：

```
;;;    0    1    2    3    4    5    6    7
;;;  +----+----+----+----+----+----+----+----+
;;; 7| Rb |    | Bb | Qb | Kb |    | Nb | Rb |
;;;  +----+----+----+----+----+----+----+----+
;;; 6| Pb | Pb | Pb | Pb |    | Pb | Pb | Pb |
;;;  +----+----+----+----+----+----+----+----+
;;; 5|    |    | Nb |    |    |    |    |    |
;;;  +----+----+----+----+----+----+----+----+
;;; 4|    |    | Bb |    | Pb |    |    |    |
;;;  +----+----+----+----+----+----+----+----+
;;; 3|    |    | Bw |    | Pw |    |    |    |
;;;  +----+----+----+----+----+----+----+----+
;;; 2|    |    |    |    |    | Nw |    |    |
;;;  +----+----+----+----+----+----+----+----+
;;; 1| Pw | Pw | Pw | Pw |    | Pw | Pw | Pw |
;;;  +----+----+----+----+----+----+----+----+
;;; 0| Rw | Nw | Bw | Qw | Kw |    |    | Rw |
;;;  +----+----+----+----+----+----+----+----+
;;; white to move
```

此时，King Bishop 3 的白方骑士正在攻击 King 5 的黑卒。拿这个棋子不是一个好主意，因为它是由位于 Queen-Bishop 6 的黑骑士防守的，我们不应该用骑士交换一个卒。但是，可以使用骑士移动的图形模式来检查这是一个可能的捕获：

```
(capture? the-board
          (make-address 5 2)
          `((? source-node ,(occupied-by 'knight))
             north (?) north (?)
             west (? target-node ,maybe-opponent)))
(capture (knight white) (pawn black) (4 4))
```

事实上，这是这个骑士唯一可能吃掉的棋子：

```
(filter-map (lambda (path)
              (capture? the-board
```

```
              (make-address 5 2)
                      path))
          all-knight-moves)
((capture (knight white) (pawn black) (4 4)))
```

> **练习 4.24（合法的国际象棋走法）** 在练习 4.23 中，为所有合法的国际象棋移动创建了一个模式库。修改简单 4.5.5 节中的 simple-move 程序以检查被移动的棋子是否可以按要求的方式移动。

4.5.6　实现图形匹配

使用图形模式的入口点是：

```
(define (graph-match path dict object)
  ((gmatch:compile-path path) object dict
   (lambda (object* dict*)
     dict*)))
```

我们将路径模式编译成一个匹配程序，该程序接受作为起始点的图形对象（一个节点）、初始字典和成功的延续。如果模式成功匹配从该节点开始的一系列边，则调用成功延续，它采用匹配路径末尾的节点（object*）和匹配中累积的绑定字典，如 4.3 节所述 ⊖。如果模式不能匹配给定的对象，匹配程序返回 #f。

我们用于匹配图形的模式是一种想要编译成匹配程序的小语言的表达式。图形模式表达式的语法可以在 BNF 中描述。这里的前缀 * 表示出现 0 次或更多次，前缀 + 表示出现 1 次或更多次，前缀 ? 表示出现 0 或 1 次。中缀 | 表示备选方案。双引号中的项目是文字字符串。例如，匹配单个元素的模式变量以（? 开始，具有可选名称和可选谓词，并以）结尾。

```
<edge> = <edge-label> <target>
<edge-label> = <symbol>
<target> = <node-var> | <object-var> | <constant>
<node-var> = <single-var>
<object-var> = <single-var> | <sequence-var>
<single-var> = "(?" <var-name>? <unary-predicate>? ")"
<sequence-var> = "(?*" <var-name>? <unary-predicate>? ")"
<var-name> = <symbol>

<path> = <node-var> <path-elements>
<path-elements> = <path-element>*

<path-element> =
    <edge>
```

⊖　但请注意，图形匹配程序的成功延续与表达式匹配程序的成功延续不同。表达式匹配器的成功延续采用字典和匹配器消耗掉的一些元素（使段工作），而图形匹配器的成功延续采用最终节点和匹配图的匹配部分所产生的字典。

```
  | "(*" <path-elements> ")"      ; repeat any number of times
  | "(+" <path-elements> ")"      ; repeat at least once
  | "(opt" <path-elements> ")"    ; one or zero instances
  | "(or" <ppath-elements>+ ")"
  | "(and" <ppath-elements>+ ")"
<ppath-elements> = "(" <path-elements> ")"
```

在我们的图匹配语言中，图中的每条路径都以节点变量开头。节点变量是单元素变量，满足谓词 match:element-var?。我们编译一个路径如下：

```
(define (gmatch:compile-path path)
  (if (and (pair? path) (match:element-var? (car path)))
      (gmatch:finish-compile-path (cdr path)
        (gmatch:compile-var (car path)))
      (error "Ill-formed path:" path)))
```

这里我们检查 path 的第一个元素是不是一个元素变量，如果是，我们将其编译为变量匹配器。路径的其余部分（如果有）由 finish-compile-path 编译 [⊖]：

```
(define (gmatch:finish-compile-path rest-elts matcher)
  (if (null? rest-elts)
      matcher
      (gmatch:seq2 matcher
                   (gmatch:compile-path-elts rest-elts))))
```

其中 seq2 生成一个匹配程序，该程序按顺序匹配其匹配程序参数：

```
(define (gmatch:seq2 match-first match-rest)
  (define (match-seq object dict succeed)
    (match-first object dict
                 (lambda (object* dict*)
                   (match-rest object* dict* succeed))))
  match-seq)
```

由 compile-var 产生的变量匹配器 match-first 将匹配路径的初始节点，然后生成的字典 dict* 被 compile-path-elts（match-rest）的结果用于匹配剩余的路径，从边 object* 开始。

编译路径元素模式的情况很少。路径要么以边标签和目标节点开头，要么以特殊匹配形式（*、+、opt、or、and）开头：

```
(define (gmatch:compile-path-elts elts)
  (let ((elt (car elts))
        (rest (cdr elts)))
    (cond ((and (symbol? elt) (pair? rest))
           (gmatch:finish-compile-path (cdr rest)
             (gmatch:compile-edge elt (car rest))))
```

⊖ 尽管该程序的实际名称是 gmatch:finish-compile-path，但我们缩写这些名称省略为文本解释中的 gmatch: 前缀。

```
    ((pair? elt)
     (gmatch:finish-compile-path rest
       (gmatch:compile-path-elt elt)))
    (else
     (error "Ill-formed path elements:" elts)))))
```

一条边可以用任何符号标记，这些符号不是图形匹配器模式使用的特殊符号（ * 、 + 、 opt 、
or 、 and ）之一。然后通过以下方式编译简单标记边的匹配器：

```
(define (gmatch:compile-edge label target)
  (let ((match-target (gmatch:compile-target target)))
    (define (match-edge object dict succeed)
      (and (graph-node? object)
           (object 'has-edge? label)
           (match-target (object 'edge-value label)
                         dict succeed)))
    match-edge))
```

边匹配器 match-edge 检查对象是不是图节点，是否存在从该对象发出的带有给定标签的
边，以及边的目标（ edge-value ）将匹配（使用 match-target ）图形匹配模式中目标的模
式。 match-edge 中使用的匹配程序 match-target 由编译器 compile-target 生成。

编译目标时只有两种可能性：变量或常量。

```
(define (gmatch:compile-target elt)
  (if (match:var? elt)
      (gmatch:compile-var elt)
      (let ()
        (define (match-constant object dict succeed)
          (and (eqv? elt object)
               (succeed object dict)))
        match-constant)))
```

特殊匹配形式由 compile-path-elt 处理：

```
(define (gmatch:compile-path-elt elt)
  (let ((keyword (car elt))
        (args (cdr elt)))
    (case keyword
      ((*) (gmatch:compile-* args))
      ((+) (gmatch:compile-+ args))
      ((opt) (gmatch:compile-opt args))
      ((or) (gmatch:compile-or args))
      ((and) (gmatch:compile-and args))
      (else (error "Ill-formed path element:" elt)))))
```

编译具有可选路径元素的模式的工作原理如下：使用路径元素可选序列的路径元素模
式递归调用 compile-path-elts ，以获取路径中可选元素的匹配器。当 match-opt 应用于
图形节点对象时，将应用这些路径元素的匹配器。如果失败，返回 #f ，表示返回原始对象

和原始字典的匹配成功。

```
(define (gmatch:compile-opt elts)
  (let ((matcher (gmatch:compile-path-elts elts)))
    (define (match-opt object dict succeed)
      (or (matcher object dict succeed)
          (succeed object dict)))
    match-opt))
```

具有重复路径元素的模式，例如 4.5.3 节 basic-queen-moves 中的模式 (* north (?*, unoccupied))，编译如下：

```
(define (gmatch:compile-* elts)
  (gmatch:* (gmatch:compile-path-elts elts)))
```

对于需要路径元素可选序列的模式，编译器被递归调用以获得潜在重复序列的匹配器，然后将其传递给 gmatch:*:

```
(define (gmatch:* matcher)
  (define (match-* object dict succeed)
    (or (matcher object dict
                 (lambda (object* dict*)
                   (match-* object* dict* succeed)))
        (succeed object dict)))
  match-*)
```

图形模式匹配器 match-* 尝试使用在提供的图形节点对象上使用传递给它的 matcher。如果成功，match-* 递归调用自身以尝试上次匹配停止的图形部分。最终它将无法进行，matcher 失败的图形对象会成功。

编译模式需要至少一次（也可能多次）重复一系列路径元素，用 + 表示，类似于 *。它像上面提到的那样使用 gmatch:*，但首先需要至少一个匹配元素：

```
(define (gmatch:compile-+ elts)
  (let ((matcher (gmatch:compile-path-elts elts)))
    (gmatch:seq2 matcher (gmatch:* matcher))))
```

其余的特殊路径模式是 and 和 or，每个都包含多个子路径模式。and 元素必须匹配从当前节点开始的所有子路径模式。or 元素必须匹配至少一个从当前节点开始的子路径模式。

```
(define (gmatch:compile-and elt-lists)
  (gmatch:and (map gmatch:compile-path-elts elt-lists)))
```

```
(define (gmatch:compile-or elt-lists)
  (gmatch:or (map gmatch:compile-path-elts elt-lists)))
```

程序 and 和 or 是实际工作发生的地方：

```
(define (gmatch:and matchers)
  (lambda (object dict succeed)
    (if (null? matchers)
        (succeed object dict)
        (let loop ((matchers matchers) (dict dict))
          ((car matchers) object dict
           (if (null? (cdr matchers))
               succeed
               (lambda (object* dict*)
                 (loop (cdr matchers) dict*)))))))))

(define (gmatch:or matchers)
  (lambda (object dict succeed)
    (let loop ((matchers matchers))
      (if (pair? matchers)
          (or ((car matchers) object dict succeed)
              (loop (cdr matchers)))
          #f))))
```

程序 compile-var 编译一个模式变量，它从 compile-path 和 compile-target 调用，并且有 4 种互斥的情况来处理带有或不带有可选名称和谓词的变量：

```
(define (gmatch:compile-var var)
  (cond ((match-list? var gmatch:var-type?)
         (gmatch:var-matcher (car var) #f #f))
        ((match-list? var gmatch:var-type? symbol?)
         (gmatch:var-matcher (car var) (cadr var) #f))
        ((match-list? var gmatch:var-type? symbol? procedure?)
         (gmatch:var-matcher (car var) (cadr var) (caddr var)))
        ((match-list? var gmatch:var-type? procedure?)
         (gmatch:var-matcher (car var) #f (cadr var)))
        (else
         (error "Ill-formed variable:" var))))
```

程序 var-type? 匹配模式变量的类型符号：? 或者 *。为了识别变量的 4 种情况，compile-var 使用了一个实用程序 match-list?，如果它的第一个参数是一个列表，并且列表的每个元素都满足相应的谓词参数，则该程序为真。

```
(define (match-list? datum . preds)
  (let loop ((preds preds) (datum datum))
    (if (pair? preds)
        (and (pair? datum)
             ((car preds) (car datum))
             (loop (cdr preds) (cdr datum)))
        (null? datum))))
```

程序 var-matcher 是变量的匹配器，现在我们已经解码了它们的语法。

```
(define (gmatch:var-matcher var-type var-name restriction)
  (define (match-var object dict succeed)
    (and (or (not restriction)
             (restriction object dict))
         (if var-name
             (let ((dict*
                    (gmatch:bind var-type var-name object
                                 dict)))
               (and dict*
                    (succeed object dict*)))
             (succeed object dict))))
  match-var)
```

这里的 bind 为 var-name 与 object 值添加了一个绑定，返回一个新字典。如果字典已经有这样的绑定，并且它的值与 object 不同，则 bind 返回 #f 以指示匹配失败。

这样我们就完成了图形匹配器。

> **练习 4.25（图形匹配）** 此处描述的图形匹配器非常有用，但也存在不太适合它的问题。需要扩展匹配器的有趣问题是什么？找到这样的问题，定义和实现扩展，并在一些例子中演示它的使用。

4.6 小结

模式很有趣，但它们也是组织系统的各个部分以实现可加性的一种非常有用的方式。在本章中，我们已经看到了如何构建项重写系统。一个基于规则的项重写系统可以很容易地编写程序，用"等效"部分连续替换表达式的部分，当没有更多规则适用时终止。这样的系统是进行符号操作的大型系统的重要组成部分。代数表达式简化是一种应用，但编译器会执行大量此类操作，以计算优化，有时还生成代码。

我们还看到了一种构建模式匹配器的灵活方法，通过将模式"编译"为具有相同接口结构的简单匹配器的组合。这样可以轻松添加新功能并使此类系统非常高效。当我们将匹配数量未指定元素的段变量添加到这样的匹配器时，发现必须实现一个回溯系统，因为如果模式具有多个段变量，则任何特定数据可能存在多个可能的匹配。这使事情变得非常复杂。除了回溯的内在复杂性之外，模式匹配器中的回溯必须与使用模式的规则执行程序中的回溯系统接口。我们将在 5.4 节中研究处理回溯的更一般的方法，在 7.5.2 节中研究更强大的回溯策略。

如果我们将部分指定的数据建模为带有"洞"的模式（由模式变量表示），那么需要将模式相互匹配以收集对数据的约束，以便锐化规范。我们探索了合一：合并这种部分信息结构的程序。合一本质上是一种为数据的缺失部分建立和求解符号方程的方法。合一非常强大，我们展示了如何使用合一制作一个简单的类型推断引擎。

模式匹配的思想可以扩展到对一般图进行操作，而不仅仅是对层次表达式进行操作。这使得处理诸如国际象棋棋盘之类的复杂图形变得容易，使用模式来指定合法的国际象棋移动。

模式和模式匹配可以是表达计算思想的一种方式，并且在某些问题上可能比其他编程方法更具启发性。但要小心，模式匹配并不是世界上所有问题的答案，所以不要沉迷于它。

第 5 章

评　估

解决问题的最好方法之一是编写一种特定领域的语言，用这种语言可以很容易地阐释解决方案。如果你编写的语言足够强大，它就能帮助应对许多与你所解决的问题类似的问题。如果你从灵活的机制这一思路出发，这样的策略就尤其有效。我们曾在第 2 章、第 3 章和第 4 章有限的篇幅里探究了这种思想，本章将全面探讨这一思想。

当我们创造一种语言时，必须赋予它意义。如果我们想要使用语言的表达式描述计算程序，就必须构建一种机制，当给定语言中的表达式时，就会演化出所需的程序，解释器就是这样一种机制。本章将从一个类似 SICP（见［1］）描述的可扩展版本的 Scheme 应用——eval/apply 解释器开始，探索这一创造性领域。

Scheme 程序的执行非常严格，要求在进入程序主体之前对每个参数进行评估。接下来，我们将解释器泛化，将声明添加到程序的形参列表中。这些声明将允许程序将相应参数的评估推迟到实际需要它的值的时候，从而提供惰性的计算方式，无论是否存储该值。此声明机制还可用于其他信息，如类型和单位。

解释器的效率相当低，因为它必须分析要解释的表达式，才能知道每一步要做什么。每次解释器遇到相同的表达式时，都会重复这一工作。所以接下来把解释分成两个阶段：分析和执行。分析阶段检查表达式并编译执行程序，调用该程序时将执行表达式的意图。执行程序在不访问编译它的表达式的情况下运行。执行程序都具有相同的形式，构成了一个连接符系统。

接下来，添加 McCarthy 的 amb 运算符，以允许进行不确定的评估和搜索。值得注意的是，这不需要更改评估器的分析部分，唯一需要更改的是执行程序的格式，以连续传递的方式重新表示。使用连续传递风格意味着向程序员公开底层的连续。

底层连续程序 call/cc 是 Scheme 中的标准程序，结果证明只需要 call/cc 就可以直接在 Scheme 中实现 amb，因此我们最后展示了如何做到这一点。

5.1　通用 eval/apply 解释器

第一个解释器被构建为可扩展的，所有重要部分都是通用程序，会小心避免不必要的承诺。

解释器的本质是两个程序：`eval` 和 `apply`。程序 `eval` 将表达式和环境作为输入。表达式是语法上"粘合"在一起的子表达式的组合，环境将含义赋予表达式中出现的某些符号。一些符号的含义在 `eval` 的定义中是固定的 $\ominus$，但大多数表达式被解释为运算符和操作数的组合。对运算符的评估应该产生程序，而对操作数的评估应该产生参数，然后将程序和参数传递给 `apply`。`apply` 程序通常使用形参命名参数。程序 `apply` 在程序的形参绑定到参数的环境中使用 `eval` 计算程序主体，这是解释器的中心计算循环。

我们前面描述的是传统的应用型解释器方案。在解释器中，将未评估的操作数和它们的评估环境传递给 `apply` 程序，以实现各种评估策略，例如正常顺序和应用顺序。

下面将要实现的语言是 Lisp 的变体 $\ominus$，这意味着代码是以列表结构表示的。在 Lisp 中，所有复合表达式都是列表，其中一些以特有的关键字开头。具有可区分关键字的复合表达式称为特殊类型。非特殊类型的复合表达式被解释为程序对参数的应用。实现将被组织为每种表达式类型的一组规则，但应用程序除外，它们的区别在于应用程序不属于特殊类型。对于每条规则，都给出了表达式类型的句法定义。该策略可用于实现几乎任何语言，尽管需要新的解析器。使用 Lisp，阅读器将字符串输入转换为列表结构，列表结构是语言的抽象语法树（AST）的自然表示。对于其他语言，AST 更加复杂，解析器也更加复杂。

5.1.1　`eval`

我们将 `g:eval` 定义为具有两个参数的通用程序。

```
(define g:eval
  (simple-generic-procedure 'eval 2 default-eval))
```

`eval` 的默认情况是应用程序（有时描述为组合）。

```
(define (default-eval expression environment)
  (cond ((application? expression)
         (g:apply (g:advance
                    (g:eval (operator expression)
                            environment))
                  (operands expression)
                  environment))
        (else
         (error "Unknown expression type" expression)))))
```

在基于 Lisp 的语言中，表示应用程序的列表运算符是列表的第一个元素，操作数是列表的其余元素。

$\ominus$　因为 `eval` 是一个通用的程序，`eval` 程序定义的符号集容易动态地变化。

$\ominus$　通过使用 Scheme 作为实现语言，解释器的实现变得更加简单。本书中的解释器继承了 Scheme 读取器，所以语法非常简单；同时继承了尾递归，所以在实现程序调用时不需要特别注意；并且使用 Scheme 程序作为原语。如果选择一种不同的实现语言（例如 C 语言），将有更多的问题需要解决。当然，可以用任何语言构建这种翻译器。

```
(define (application? exp) (pair? exp))
(define (operator app) (car app))
(define (operands app) (cdr app))
```

注意上面的代码是如何遵循我们在前文中描述的模式的。我们既介绍了对特定句法结构（应用程序）的解释，也介绍了它的句法定义。同样，正如我们所解释的那样，有必要将应用程序作为通用程序的默认情况来处理，因为在 Lisp 中没有标识应用程序的特殊关键字，相反，它是通过不以可分辨关键字之一开头的列表来标识的。

应用程序首先计算表达式的运算符部分，然后将该值与表达式的操作数和当前环境一起传递给 g:apply。但是，在计算运算符之后，我们将值传递给通用程序 g:advance。g:advance 的目的是继续进行被推迟的评估。我们不需要将评估推迟到 5.2 节来介绍，在此之前 g:advance 只是一个身份函数 [一]：

```
(define g:advance
  (simple-generic-procedure 'g:advance 1 (lambda (x) x)))
```

这不是传统的定义 apply 的方式。通过传递未评估的操作数和应用程序的环境，保留了引入正常顺序评估和应用顺序评估的选项。我们还允许在形式参数上实现声明，或许还有一些其他选项。

对于每个非应用程序表达式类型，都提供了一个处理程序。自评估表达式返回自身：

```
(define-generic-procedure-handler g:eval
  (match-args self-evaluating? environment?)
  (lambda (expression environment) expression))
```

在 Lisp 语言中，自评估表达式包括数字、布尔值和字符串。在 Scheme 中，number? 是一个相当复杂的谓语。满足 number? 的对象包括任意大小的整数、有理分数、实数和复数 [二]。

```
(define (self-evaluating? exp)
  (or (number? exp)
      (boolean? exp)
      (string? exp)))
```

可能还有其他自评估的表达方式，所以要使这个选项真正灵活，我们可以定义 self-evaluating? 作为通用程序。但在这里不是必要的，因为可以只为 g:eval 创建另一个处理程序来定义要添加的任何其他自评估表达式类型。

我们需要在允许操作的语言中使用引号 [三]。引号用于保护子表达式不被混淆计算。

[一] 在 g:apply 和其他名称中使用 g: 前缀可以将这些名称标识为该通用解释器所特有的名称。在后面的小节中，我们将介绍不同版本的解释器，每个版本都有自己的前缀。

[二] 实数通常在计算机中表示为浮点数。Scheme 中复数的部分可以是整数，也可以是有理分数，当然也可以是实数。

[三] 对引号及其与评估的关系的理解，在分析哲学中有着深远的影响。Brian Cantwell Smith 1982 年的博士论文（见 [112]）对此进行了很好的阐述。

```
(define-generic-procedure-handler g:eval
  (match-args quoted? environment?)
  (lambda (expression environment)
    (text-of-quotation expression)))
```

在基于 Lisp 的语言中，带引号的表达式的列表结构表示以关键字 quote 开头的列表。Lisp 的读取器（即解析器）将任何以撇号字符开头的表达式（如，'(a b c)）扩展为带引号的表达式（这里是 (quote (a b c)))。

```
(define (quoted? exp) (tagged-list? exp 'quote))
(define (text-of-quotation quot) (cadr quot))
```

带标签的列表只是以给定的唯一符号开头的列表：

```
(define (tagged-list? e t) (and (pair? e) (eq? (car e) t)))
```

Scheme 变量只能在环境中查找。在其他语言中，关于变量有更复杂的规则。例如，在 C 中有左值和右值，它们的处理方式不同。

```
(define-generic-procedure-handler g:eval
  (match-args variable? environment?)
  lookup-variable-value)
```

在基于 Lisp 的语言中，变量用符号表示 ⊖。

```
(define (variable? exp) (symbol? exp))
```

程序 lookup-variable-value 在给定的环境中查找其参数。如果没有找到该变量的值，它会在 Scheme 基础架构中查找一个值 ⊖。如果没有找到值，则会发出 Unbound variable 错误信号。

二进制条件表达式（if-then-else）有一个简单的处理程序。如果表达式的谓词部分的计算结果为真，则计算表达式的后续部分，否则计算表达式的替代部分。

```
(define-generic-procedure-handler g:eval
  (match-args if? environment?)
  (lambda (expression environment)
    (if (g:advance
          (g:eval (if-predicate expression) environment))
        (g:eval (if-consequent expression) environment)
        (g:eval (if-alternative expression) environment))))
```

我们必须在评估谓词上调用 g:advance，因为我们需要知道值才能做出决定。注意，if 的赋值器使用嵌入语言的 if 结构来完成工作。

Lisp 语法中的 if 表达式很简单。如果未指定替代选项，则带有假谓词的 if 表达式的

⊖ 符号是由字符串命名的原子对象。符号的有趣之处在于它是独一无二的，具有相同字符串名称的符号的任何两个实例都可以被视为相同的（它们是 eq?）。

⊖ 许多以这种方式发明的 Scheme 原语都可以工作，例如 car 或 +。但是，将程序作为参数的原语（如 map 或 filter）将不接受非原语程序（即由此解释器从 lambda 表达式创建的程序）。这在练习 5.5 中有介绍。

值是全局变量 `the-unspecified-value` 的值。

```
(define (if? exp) (tagged-list? exp 'if))
(define (if-predicate exp) (cadr exp))
(define (if-consequent exp) (caddr exp))

(define (if-alternative exp)
  (if (not (null? (cdddr exp)))
      (cadddr exp)
      'the-unspecified-value))

(define (make-if pred conseq alternative)
  (list 'if pred conseq alternative))
```

第一种真正有趣的特殊类型是匿名程序的规范，由 lambda 表达式表示。lambda 表达式是一种特殊类型，是程序的构造者。对 lambda 表达式的评估从形式参数、主体和当前环境构造了一个程序。如果语言中的变量是词法作用域，则环境必须由程序携带。在词法作用域语言中，lambda 表达式主体中的自由变量（非形式参数的变量）是从词法上下文中被赋予意义的（lambda 表达式以文本形式在上下文中出现）。

```
(define-generic-procedure-handler g:eval
  (match-args lambda? environment?)
  (lambda (expression environment)
    (make-compound-procedure
     (lambda-parameters expression)
     (lambda-body expression)
     environment)))
```

lambda 表达式的语法为：

```
(define (lambda? exp) (tagged-list? exp 'lambda))

(define (lambda-parameters lambda-exp) (cadr lambda-exp))

(define (lambda-body lambda-exp)
  (let ((full-body (cddr lambda-exp)))
    (sequence->begin full-body)))

(define (make-lambda parameters body)
  (cons 'lambda
        (cons parameters
              (if (begin? body)
                  (begin-actions body)
                  (list body)))))
```

请注意，lambda 表达式的主体可能包含几个表达式，它们将被按顺序评估，以考虑到赋值等行为或打印等 I/O 控制操作的发生。这是由 sequence->begin 处理的，它创建了一个 begin 特殊类型。

```
(define (sequence->begin seq)
  (cond ((null? seq) seq)
        ((null? (cdr seq)) (car seq))
        (else
         (make-begin
          (append-map (lambda (exp)
                        (if (begin? exp)
                            (begin-actions exp)
                            (list exp)))
                      seq)))))
```

请注意，程序 sequence->begin 将嵌套的 begin 类型展开，保持执行顺序。begin 表单的语法和计算方式在 5.1.1 节的效果小节被定义和描述。

派生表达式类型

已经引入的表达式类型足以方便地编写大多数程序，但拥有一些语法优势通常是件好事，这可以通过将表达式转换为更简单的表达式组合来实现。宏是一种泛化此类转换的方法，但我们选择不构建宏扩展器作为解释器的一部分 ⊖。这里显式展示如何将 Lisp 多臂条件转换为 if 表达式的嵌套：

```
(define-generic-procedure-handler g:eval
  (match-args cond? environment?)
  (lambda (expression environment)
    (g:eval (cond->if expression)
            environment)))
```

程序 cond->if 是一个相当简单的数据操作：

```
(define (cond->if cond-exp)
  (define (expand clauses)
    (cond ((null? clauses)
           (error "COND: no values matched"))
          ((else-clause? (car clauses))
           (if (null? (cdr clauses))
               (cond-clause-consequent (car clauses))
               (error "COND: ELSE not last"
                      cond-exp)))
          (else
           (make-if (cond-clause-predicate (car clauses))
                    (cond-clause-consequent (car clauses))
                    (expand (cdr clauses)))))))
  (expand (cond-clauses cond-exp)))
```

下面是 cond 特殊形式的语法：

⊖　宏的真正问题在于，它可能会引入无意中与现有绑定冲突的绑定，从而导致引用不透明。有几种对引用不透明问题的攻击，导致了 Scheme 卫生宏系统的发展。见 ［73，74，8，31］。此外，通过引入特殊形式来大幅修改一种语言会使读者更难理解程序。在阅读使用它们的程序之前，读者必须学习新的特殊形式。

```
(define (cond? exp) (tagged-list? exp 'cond))

(define (cond-clauses exp) (cdr exp))

(define (cond-clause-predicate clause) (car clause))

(define (cond-clause-consequent clause)
  (sequence->begin (cdr clause)))

(define (else-clause? clause)
  (eq? (cond-clause-predicate clause) 'else))
```

因为 cond 允许对子句的后缀执行一系列操作，所以这个定义也依赖 sequence->begin。

局部变量可以通过 let 表达式引入。这些是通过转换为与显式 lambda 表达式的组合来实现的：

```
(define-generic-procedure-handler g:eval
  (match-args let? environment?)
  (lambda (expression environment)
    (g:eval (let->combination expression)
            environment)))
```

let 的语法为：

```
(define (let? exp) (tagged-list? exp 'let))

(define (let-bound-variables let-exp)
  (map car (cadr let-exp)))

(define (let-bound-values let-exp)
  (map cadr (cadr let-exp)))

(define (let-body let-exp)
  (sequence->begin (cddr let-exp)))

(define (let->combination let-exp)
  (let ((names (let-bound-variables let-exp))
        (values (let-bound-values let-exp))
        (body (let-body let-exp)))
    (cons (make-lambda names body)
          values)))
```

效果

如果语言中有某些操作（如赋值或输出），则必须对它们进行排序，因为顺序是必不可少的。在 Scheme 中，在语法上用 begin 表示这样的操作序列：

```
(define-generic-procedure-handler g:eval
  (match-args begin? environment?)
  (lambda (expression environment)
```

```
      (evaluate-sequence (begin-actions expression)
                         environment)))

(define (begin? exp) (tagged-list? exp 'begin))
(define (begin-actions begin-exp) (cdr begin-exp))
(define (make-begin actions) (cons 'begin actions))
```

真正的工作实际上是序列计算:

```
(define (evaluate-sequence actions environment)
  (cond ((null? actions)
         (error "Empty sequence"))
        ((null? (cdr actions))
         (g:eval (car actions) environment))
        (else
         (g:eval (car actions) environment)
         (evaluate-sequence (cdr actions)
                            environment))))
```

计算非空表达式序列得到的返回值是序列中最后一个表达式的值。但是,执行序列中的表达式所产生的效果是按序列的顺序发生的。

大多数效果是通过变量赋值实现的,实际上,输入、输出操作通常通过分配到地址空间中的特定敏感位置在硬件中实现。Scheme 允许程序为赋值语句的词法环境中的变量赋值:

```
(define-generic-procedure-handler g:eval
  (match-args assignment? environment?)
  (lambda (expression environment)
    (set-variable-value! (assignment-variable expression)
                         (g:eval (assignment-value expression)
                                 environment)
                         environment)))
```

赋值的语法为:

```
(define (assignment? exp) (tagged-list? exp 'set!))
(define (assignment-variable assn) (cadr assn))
(define (assignment-value assn) (caddr assn))
```

我们还允许定义,用给定的值创建一个新变量。定义能在语句的最局部语法环境框架中创建一个新变量。

```
(define-generic-procedure-handler g:eval
  (match-args definition? environment?)
  (lambda (expression environment)
    (define-variable! (definition-variable expression)
                      (g:eval (definition-value expression)
                              environment)
                      environment)
    (definition-variable expression)))
```

定义的语法比赋值的语法更复杂，因为允许以多种方式定义程序 ⊖：

```
(define (definition? exp) (tagged-list? exp 'define))

(define (definition-variable defn)
  (if (variable? (cadr defn))        ; (DEFINE  foo       ...)
      (cadr  defn)
      (caadr defn)))                 ; (DEFINE (foo ...) ...)

(define (definition-value defn)
  (if (variable? (cadr defn))        ; (DEFINE  foo       ...)
      (caddr defn)
      (cons 'lambda                  ; (DEFINE (foo p...) b...)
            (cons (cdadr defn)       ; =(DEFINE  foo
                  (cddr  defn)))))) ;   (LAMBDA (p...) b...))
```

这就是一些常见的定义语言语法的特殊类型。当然，通用程序的实现使创建新的特殊类型变得容易，从而能够帮助语言发展，使其更易于表达计算思想，而这在基本语言中通常没有得到较好的支持。但是，具有许多不同语法结构的语言可能很难学习、记录和使用，这是一种典型的工程权衡（请记住 4.1 节中 Alan Perlis 的格言）。

5.1.2　apply

在传统的 Scheme 语言中，apply 有两个参数，一个是要应用的程序，另一个是要传递给该程序的评估参数。这对于 Scheme 来说已经足够了，因为 Scheme 是一种严格的应用顺序语言，只有词法范围的变量。通过将接口泛化为 apply，从而接受三个参数：要应用的程序、未评估的操作数和调用环境。我们可以引入需要对某些参数进行正常顺序评估的程序（如按需调用），或对诸如类型和单位等参数进行声明的程序。我们将在 5.2 节中进行一些相关的扩展。环境参数还可以容纳非词法作用域的变量，但我们不会这样做，因为这通常不是一个好主意。我们将从 Scheme 应用顺序开始，使用通用钩子进行扩展。

我们的 apply 是一个具有三个参数的通用程序：

```
(define g:apply
  (simple-generic-procedure 'apply 3 default-apply))

(define (default-apply procedure operands calling-environment)
  (error "Unknown procedure type" procedure))
```

我们需要各种程序的操作人员。有一些程序非常严格，例如算术加法（通常由 + 运算符命名），它们需要计算所有参数才能计算值。在 Scheme 中，所有程序都是严格的，包括原始程序（在系统或语言级别以下的硬件中实现）。因此，我们需要一个用于严格原语的通用处理程序：

⊖　MIT/GNU Scheme 允许更通用的定义语法，递归扩展 define 类型的 cadr（参见附录 B.1）。本书不进行这方面的讨论。

```
(define-generic-procedure-handler g:apply
  (match-args strict-primitive-procedure?
              operands?
              environment?)
  (lambda (procedure operands calling-environment)
    (apply-primitive-procedure procedure
      (eval-operands operands calling-environment)))))
```

原始程序的应用在这种详细程度上是神奇的。操作数计算器，就像 5.1.1 节的 if 一样，必须调用 g:advance 处理计算结果以确保值。

```
(define (eval-operands operands calling-environment)
  (map (lambda (operand)
         (g:advance (g:eval operand calling-environment)))
       operands))
```

请注意，操作数的评估顺序由 map 的行为决定。

通过计算 lambda 表达式构建的程序不是原始的，下面我们来分析一下这个程序。我们可以获取形式参数规范，它们是形式参数的名称，同样也可以提取程序体，并将其传递给包含形参绑定的环境中的 eval。对于词法作用域，通过计算构造程序的 lambda 表达式，将扩展环境构建在与程序打包的环境上。

```
(define-generic-procedure-handler g:apply
  (match-args strict-compound-procedure?
              operands?
              environment?)
  (lambda (procedure operands calling-environment)
    (if (not (n:= (length (procedure-parameters procedure))
                  (length operands)))
        (error "Wrong number of operands supplied"))
    (g:eval (procedure-body procedure)
            (extend-environment
             (procedure-parameters procedure)
             (eval-operands operands calling-environment)
             (procedure-environment procedure)))))
```

这里的 strict-compound-procedure? 对于所有在其任何参数上都没有声明的复合程序都是正确的 ⊖。

驱动程序循环

要与该评估器交互，需要一个读取 – 评估 – 输出循环：

```
(define (repl)
  (check-repl-initialized)
```

⊖ 在这里，我们对于限制未来的扩展做出了一个决定。要求程序参数是与操作数列表长度相同的列表，这意味着不能扩展 g:apply 处理程序以允许具有可选参数或剩余参数的程序。因此，我们不能定义接受未指定数量的参数并将它们相加的传统 Lisp +，请参阅练习 5.2。

```
(let ((input (g:read)))
  (write-line (g:eval input the-global-environment))
  (repl)))
```

这里 g:read 在终端上发出提示符 eval>。它接受字符并对其进行解析，将得到的内容转换为 s- 表达式。然后使用 g:eval 针对 the-global-environment 对该 s- 表达式进行评估，并将结果写回终端。程序 repl 尾递归地自我调用。要使其正常工作，必须初始化全局环境：

```
(define the-global-environment
  'not-initialized)

(define (initialize-repl!)
  (set! the-global-environment (make-global-environment))
  'done)

(define (check-repl-initialized)
  (if (eq? the-global-environment 'not-initialized)
      (error
        "Interpreter not initialized. Run (init) first.")))
```

这就完成了一个基础评估器。

练习 5.1（未绑定变量处理） 在 Scheme 这样的 Lisp 语言中，尝试计算未绑定符号会导致未绑定变量错误。然而，在某些代数程序中，允许未绑定的符号作为自我评估对象通常是明智的。例如，如果我们一般地扩展算术以构建具有符号值的代数表达式（就像我们在第 3 章中所做的那样），以下运算是合法的：

```
(+ (* 2 3) (* 4 5))
26

(+ (* a 3) (* 4 5))
(+ (* a 3) 20)
```

通用算术支持符号扩展：当运算符 * 和 + 的参数不能简化为数字时，可以扩展运算符来构建表达式。但不允许将未绑定变量用作文字数字。这里的符号 a 是未绑定的，我们希望它是自评估的。

a. 对 eval 进行泛型扩展，以允许这种行为。要使它与数字原语（+、*、-、/）一起工作，我们还需要扩展它们的行为。请注意，这些运算符应该在底层的 Scheme 环境中进行更改。如第 3 章所述，可以为通用运算符机制提供在底层 Scheme 系统中工作的处理程序。

b. 也可扩展 apply 以允许运算符位置中未绑定的符号被解释为文字函数，只知道其名称：

(+ (f 3) (* 4 5)) ==> (+ (f 3) 20)

这种对 eval 和 apply 的扩展通常是危险的，因为它们隐藏了真正的未绑定变量错误。使它们取决于用户可设置变量的值 allow-self-evaluate-symbol。

练习 5.2（*n* 元程序） 上一条注释指出了在 g:apply 处理程序中的一个令人讨厌的假设，它暗示了对此赋值器未来扩展的限制。在 Scheme 中，如果程序的 procedure-parameters 不是列表而是符号，则该符号被视为单个绑定到参数列表的参数 ⊖。

在本练习中，我们将解释器更改为接受单个符号作为形参列表，以便将程序定义为接受无限数量的参数。在我们的解释器中，lambda-parameters 程序（见 5.1.1 节）很乐意返回单个符号，并且无论在哪里调用它，结果都会传递给 make-compound-procedure。该值由 g:apply 中使用的 procedure-parameters 检索。因此，解释器中唯一需要更改的部分只有 g:apply。

使用新的复合程序更改 g:apply。这可以通过重写现有的 g:apply 的 strict-compound-procedure? 处理程序来实现（见 5.1.2 节），但在程序参数是列表的情况下专门化该处理程序，在 procedure-parameters 是符号的情况下，添加新的处理程序会更容易、更清楚。

练习 5.3（程序向量） 在数学文本中，符号的一种常见滥用是用返回值元组的函数来标识函数元组。例如，如果 (cos 0.6) 得到 0.8253356149096783，(sin 0.6) 得到 0.5646424733950354，那么预期 ((vector cos sin)0.6) 得到 #(0.8253356149096783 0.5646424733950354)。

尽管我们在练习 3.2 中将算术扩展到向量，但这些扩展并没有修改底层语言计算器。此行为需要对 g:apply 进行扩展，以便它可以将函数向量作为一种函数来处理。实现这个扩展，演示它可以与更传统的代码互操作。

⊖ 在 Scheme 中，接受显式声明参数之后的所有参数的参数称为剩余参数。如果有显式声明的参数，可以使用不正确的列表（一串对，其中最后一个 cdr 不是空列表）作为参数列表。例如 (lambda (a b . c)...) 是一个至少接受两个参数的程序，这两个参数将被绑定到 a 和 b。提供的任何附加参数（在前两个参数之后）都会组成一个列表，即 c 的值。如果没有显式声明的参数，只有一个剩余参数，则使用一个符号作为剩余参数的名称。例如，在 Scheme 中，可以编写 (lambda xs...) 定义一个程序，该程序接受任意数量的参数并将参数 xs 绑定为参数列表。

练习 5.4（轮到你了） 发明一个有趣的构造，可以很容易地使用通用 `eval/apply` 程序实现，但如果没有这种通用支持，就会相当痛苦。

练习 5.5（与底层系统的交互操作） 如 5.1.1 节所述，计算表达式

```
eval> (map (lambda (x) (* x x)) '(1 2 3))
```

在本章的解释器中，如果此表达式中的 map 引用底层 Scheme 系统中的 map 程序，则不起作用。

然而，如果为我们的解释器重新定义 map，它就是有效的：

```
eval> (define (map f l)
         (if (null? l)
             '()
             (cons (f (car l)) (map f (cdr l)))))
map

eval> (map (lambda (x) (* x x)) '(1 2 3))
(1 4 9)
```

为什么使用接受程序性参数的底层程序（如 map）不起作用？请解释一下，简述你的解决方案并实践它。这是很容易就能弄清楚的，不必花费太多时间试图让它完美地工作。

练习 5.6（不同的引用） 有一些有趣的语言，它们的评估和引用规则截然不同。例如，在 MDL（参见 [91]）中，假定符号是自评估的，并且使用前缀字符来区分要查找的变量。此外，在 MDL 中，组合是一种特殊类型，但带有隐含的关键字。我们只需更改语法定义，就可以很容易地修改评估器以解释类似 MDL 的语法。请尝试一下。

练习 5.7（中缀表示法） 与 Lisp 不同的是，大多数计算机语言使用中缀表示法。如果想要在 Scheme 中包括中缀表达式，我们可以这样写：

```
(infix
 "fact := lambda n:
        if n == 0
            then 1
            else n*fact(n-1)")
```

```
(fact 6)              ; The Lisp procedure is now defined
720

(infix "fact(5)")     ; And it can be used in infix notation.
120
```

这是一个语法上的小问题。然而，让它顺利地工作是一件有趣的事。你不需要更换解释器。这项工作就是解析字符串，将其编译成相应的 Lisp 表达式，这与 cond->if 的工作方式相同。Lisp 程序员已经这样做过很多次了，但是用 Lisp 编程的人似乎喜欢本地的 Lisp 波兰语前缀表示法 ⊖。这也无可厚非。

5.2　具有非严格参数的程序

在本节中，我们将研究如何将声明添加到程序的形式参数中，以允许延迟计算相应的操作数。

Scheme 程序是严格的，严格的程序要求计算调用表达式的所有操作数，并在计算程序主体之前将结果参数绑定到形参。但是对于 if 表达式来说，必须计算谓词部分以确定是计算结果部分还是计算替代部分，它们不会同时计算。这就是为什么 if 必须是一种特殊类型，而不是一个程序。

非严格程序是推迟计算某些操作数的程序。如何才能让程序员根据需要定义非严格的程序，而不是仅仅使用语言定义中指定的几种特殊类型（如 if）呢？

例如，假设我们想要创建一个程序，unless 的工作方式与特殊类型 if 类似，因为它不会评估不需要的备选方案 ⊖。unless 可以这样写：

```
(define (fib n)
  (unless (< n 2)
          (+ (fib (- n 1)) (fib (- n 2)))
          n))
```

为了使 Fibonacci 函数的定义正常工作，如果 $n < 2$，则不应计算 unless 表达式的第二个操作数，如果 $n \geq 2$，则不应计算第三个操作数。但是，必须始终计算 unless 表达式的第一个操作数以确定选择。

我们需要一种方法来确定 unless 表达式将哪些操作数用于评估，哪些操作数用于延迟。为此，我们引入一种声明并编写：

```
(define (unless condition (usual lazy) (exception lazy))
  (if condition exception usual))
```

⊖　在本书的网站上可以找到这样的中缀解析器。

⊖　你可能注意到，unless 的这个定义与许多 Lisp 语言中使用的定义不同，包括标准 Scheme（见 [109]）和 Emacs Lisp。

这里定义程序，unless 是特殊类型的 if，但声明第二个和第三个参数是惰性的 [⊖]。默认情况下，第一个参数是严格的。

我们可以在形参上有多种声明，描述如何处理操作数和参数。可以将参数声明为惰性的和缓存的，以实现按需调用，就像 Haskell 等语言中所有程序的参数一样。可以声明参数以要求其参数满足给定的谓词，这些谓词可以是类型和单元。

实现通用形式参数

要实现通用形式参数，我们需要一个特殊的应用程序来处理新的情况，可以通过将单个处理程序添加到 g:apply 来实现的，类似于前面针对严格复合程序的处理程序（参见 5.1.2 节）：

```
(define-generic-procedure-handler g:apply
  (match-args general-compound-procedure?
              operands?
              environment?)
  (lambda (procedure operands calling-environment)
    (if (not (n:= (length (procedure-parameters procedure))
                  (length operands)))
        (error "Wrong number of operands supplied"))
    (let ((params (procedure-parameters procedure))
          (body (procedure-body procedure)))
      (let ((names (map procedure-parameter-name params))
            (arguments
             (map (lambda (param operand)
                    (g:handle-operand param
                                      operand
                                      calling-environment))
                  params
                  operands)))
        (g:eval body
                (extend-environment names arguments
                  (procedure-environment procedure)))))))
```

这与严格应用程序有两个不同之处：第一，必须提取参数的名称，因为它们可以包装在声明中；第二，必须根据声明特殊处理操作数。这是由通用程序 procedure-parameter-name 和 g:handle-operand 完成的。

程序 procedure-parameter-name 允许向形式参数添加声明，并且仍然能够检索其名称。默认处理程序是身份函数，因此未修饰的形参的名称就是其本身。

```
(define procedure-parameter-name
  (simple-generic-procedure 'parameter-name 1 (lambda (x) x)))
```

程序 g:handle-operand 允许我们根据相应形式参数的声明选择如何处理操作数：

⊖ 通常使用术语"惰性计算"来表示参数的计算被推迟，结果被记录下来。在这里，我们把这两个概念分开，用惰性来表示只是表示推迟。

```
(define g:handle-operand
  (simple-generic-procedure 'g:handle-operand 3
    (lambda (parameter operand environment)
      (g:advance (g:eval operand environment)))))
```

处理不带声明的操作数的默认方法是计算操作数，正如 5.1.2 节的 eval-operands 所做的那样。

我们需要一种语法允许用声明来修饰形式参数。在这里，选择使用以形参名称开头的列表：

```
(define-generic-procedure-handler procedure-parameter-name
  (match-args pair?)
  car)
```

我们从实现两种声明开始。第一种是 lazy，这意味着只有在需要操作数的值时才会对其评估，例如，作为 if 表达式的谓词。第二种是 lazy memo，它与 lazy 类似，只是在第一次计算操作数时，会记住该值，以便后续使用时不需要重新计算。

如果将参数指定为惰性（或惰性缓存），则必须推迟操作数的计算。在以下情况下，延迟的表达式必须与将用于为该表达式中的自由变量赋值的环境打包在一起，它的值是必需的 ⊖。

```
(define-generic-procedure-handler g:handle-operand
  (match-args lazy? operand? environment?)
  (lambda (parameter operand environment)
    (postpone operand environment)))

(define-generic-procedure-handler g:handle-operand
  (match-args lazy-memo? operand? environment?)
  (lambda (parameter operand environment)
    (postpone-memo operand environment)))
```

当然，我们必须扩展 g:advance（到目前为止只有一个默认处理程序，可参见 5.1.1 节）来执行推迟的评估。请注意，g:advance 的结果本身可能是延迟的，因此我们可能不得不提前进行它。

```
(define-generic-procedure-handler g:advance
  (match-args postponed?)
  (lambda (object)
    (g:advance (g:eval (postponed-expression object)
                       (postponed-environment object)))))
```

如果出于缓存结果的目的而推迟表达式，则结果将通过 advance-memo! 保存：

⊖ 在 Algol-60 按名称参数的原始实现中，这些表达式和环境的组合称为 thunks。因为 Scheme 程序通常使用没有形式参数的程序来打包表达式，以便稍后在其他环境中求值，所以我们也将这种方式使用的空值程序称为 thunks。

```
(define-generic-procedure-handler g:advance
  (match-args postponed-memo?)
  (lambda (object)
    (let ((value
           (g:advance
            (g:eval (postponed-expression object)
                    (postponed-environment object)))))
      (advance-memo! object value)
      value)))
```

缓存值再也不需要评估了。程序 advance-memo! 更改延迟对象的类型以满足谓词 advanced-memo? 并保存该值，使其可通过 advance-value 访问 [⊖]：

```
(define-generic-procedure-handler g:advance
  (match-args advanced-memo?)
  advanced-value)
```

示例：惰性对和列表

带有惰性参数的程序赋予了我们新的能力。例如，我们可以定义构造器 kons 以及选择器 kar 和 kdr，这样就可以在不计算其内容的情况下进行配对 [⊖]。在这里，将 kons 实现为一个按需要调用其参数的程序（惰性缓存）。它为 kar 和 kdr 生成消息接受者 the-pair，还会在 the-pair 上加一个"即时贴"，以将其标识为 kons 的结果。

```
(define (kons (x lazy memo) (y lazy memo))
  (define (the-pair m)
    (cond ((eq? m 'kar) x)
          ((eq? m 'kdr) y)
          (else (error "Unknown message -- kons" m x y))))
  (hash-table-set! kons-registrations the-pair #t)
  the-pair)

(define (kar x)
  (x 'kar))

(define (kdr x)
  (x 'kdr))
```

我们需要即时贴的原因是为了能够识别 kons 对：

```
(define (kons? object)
  (hash-table-exists? kons-registrations object))
```

使用这种惰性对机制，我们可以很容易地实现流类型处理。流类似于列表，但是它们

⊖ 程序 advance-memo! 还将指针从延迟的对象放到环境中以供其求值，如果没有其他指向该环境的指针，则允许对该环境进行垃圾回收。

⊖ Dan friedman 和 David Wise 在多年前发表了一篇重要的论文，题为"Cons should not evaluate its arguments"（见［40］），展示了惰性函数式编程是多么强大，但那是建立在使用 kons 而不是 cons 的基础上得来的。

是由使用它们的进程根据需要构建的⊖。因此，无限长的流可以被递增地处理，在任何时候都只有有限的部分是实际的。

有些流是有限的，因此选择空流的表示形式很实用。我们将其设置为与空列表相同：

```
(define the-empty-stream '())

(define (empty-stream? thing)
  (null? thing))
```

我们可以添加流：

```
(define (add-streams s1 s2)
  (cond ((empty-stream? s1) s2)
        ((empty-stream? s2) s1)
        (else
         (kons (+ (kar s1) (kar s2))
               (add-streams (kdr s1) (kdr s2))))))
```

我们可以找到流的第 n 个元素：

```
(define (ref-stream stream n)
  (if (= n 0)
      (kar stream)
      (ref-stream (kdr stream) (- n 1))))
```

有了这些，我们就可以创建一个 Fibonacci 数流，它可能是无限的，有两个初始条目，其余的流是通过将该流添加到它的 kdr 中形成的：

```
(define fibs
  (kons 0 (kons 1 (add-streams (kdr fibs) fibs))))
```

然后我们观察几个 Fibonacci 数：

```
(ref-stream fibs 10)
```
55

```
(ref-stream fibs 100)
```
354224040179261915075

通常的双重递归 Fibonacci 程序是指数的，因此不能期望通过该方法获得该序列中的第 100 个条目，但是 kons 对被缓存的事实将这简化为一个线性问题。请注意，在序列中的这一点上，两个连续 Fibonacci 数的比例已经完全精确地收敛到黄金比例：

```
(inexact
  (/ (ref-stream fibs 100)
     (ref-stream fibs 99)))
```
1.618033988749895

⊖ Scheme（见［109］）为实现流提供 delay 和 force。有关流的更多信息，请参见 SICP（见［1］）和 SRFI-41（见［13］）。

练习 5.8（积分微分方程） 不幸的是，kons 的使用本身并不能解决所有的流问题。例如，在 SICP（见［1］）的 4.2.3 节中提到的计算难度不会自动消失。假设要求一个给定初始条件的微分方程的积分，我们有以下定义：

```
(define (map-stream proc (items lazy memo))
  (if (empty-stream? items)
      items
      (kons (proc (kar items))
            (map-stream proc (kdr items)))))

(define (scale-stream items factor)
  (map-stream (lambda (x) (* x factor))
              items))

(define (integral integrand initial-value dt)
  (define int
    (kons initial-value
          (add-streams (scale-stream integrand dt)
                       int)))
  int)

(define (solve f y0 dt)
  (define y (integral dy y0 dt))
  (define dy (map-stream f y))
  y)
```

我们尝试通过在初始条件 $x(0)=1$ 的情况下，求 $x'(t)=x(t)$ 的积分来找出 e 的近似值。我们知道 $e=x(1)$，所以可以写：

```
(ref-stream (solve (lambda (x) x) 1 0.001) 1000)
;Unbound variable: dy
```

我们将收到一个错误。

然而，现在我们有了解决这个问题的工具。要使这项工作按预期进行，必须进行哪些更改？修复此程序以获得以下行为：

```
(ref-stream (solve (lambda (x) x) 1 0.001) 1000)
2.716923932235896
```

（我们知道这是 e 的一个糟糕的近似值，但它是为了阐述编程的线索点，而非具体的数值分析点。）

练习 5.9（为什么不用 kons？） kons 的特殊类型相当于同时具有惰性参数和缓存参数的 cons。如果没有缓存参数，上面的计算（ref-stream fibs 100）将花费很长时间。

a. 不使用缓存有什么好处吗？在什么时候能凸显它的优势？

b. 为什么不能简单地把 kons 定义为从 Scheme 导入的并使用原始程序 cons 的如下语句：

```
(define (kons (a lazy memo) (d lazy memo))
  (cons a d))
```

c. 一般来说，按照 Friedman 和 Wise 的建议，Lisp 社区避免将 cons 改为 kons。使用 cons 而不是 kons 可以避免哪些潜在的严重问题？假设我们不关心影响性能的小常量。

练习 5.10（受限参数） 在形参的声明中加入限制是一个好主意。要求参数的任意谓词为真，类似于在 4.3.2 节中对模式变量使用的限制。例如，一个程序接受三个参数，第一个是任意整数，第二个是质数，第三个不做限制。这可能会被写为：

```
(define (my-proc (n integer?) (p prime?) g)
  ...)
```

不幸的是，这种特殊设计不能很好地处理其他声明（如 lazy 和 memo），除非我们规定声明的顺序或使其成为保留标识符。为方便起见，我们假设将 lazy 和 memo 声明为特殊关键字，并要求使用关键字声明其他声明，例如谓词 restrict-to：

```
(define (my-proc (n restrict-to integer?)
                 (p restrict-to prime? lazy)
                 g)
...)
```

a. 设计适当的语法。确保它是可扩展的，这样可以根据需要添加新的声明类型。用 BNF 表达你的语法，并更改解释器的语法程序来实现它。

b. 实施谓词限制。如果在运行时违反限制，程序应该报错。你会发现 guarantoo 很有用。

练习 5.11（n 元程序）

a. 在练习 5.2 中，我们修改了 g:apply 处理程序，以允许程序的形式参数成为绑定到参数列表的单个符号。这种指定剩余参数的方式对于可能用声明修饰形参的系统来说并不自然，但是，我们可以发明一种修饰语法，允许使用可选参数和剩余参数来定义程序。

例如，如果我们允许形参列表中的最后一个形参用单词 rest 修饰，那么它应该绑定到不匹配的实参。该 rest 声明应该与该参数上的其他声明一起使用。因此，我们可以创建如下程序：

```
(lambda (x
         (y restrict-to integer? lazy)
         (z rest restrict-to list-of-integers?))
  ...)
```

其中，list-of-integers? 是对整数列表成立的谓词。rest 声明应该能够与其他声明一起使用，比如 lazy 和 restrict-to。

　　b. 允许程序具有可选参数（可能带有指定的默认值）也很有用。例如，数值程序可以允许用户指定近似公差，但如果用户不提供公差，则指定默认值：

```
(lambda (x (epsilon optional flo:ulp-of-one))
  ...)
```

这里的 flo:ulp-of-one 是一个全局定义的符号，它指定 2 的最小幂，当与 1.0 相加时，产生的值不等于 1.0。在 C 语言库中，它被称为 DBL_EPSILON。（请注意，在 IEEE 双精度浮点中，flo:ulp-of-one 的值是 2.220446049250313e-16。）

　　让 optional 声明也起作用，确保你的扩展可以与所有其他有意义的声明混合匹配。

5.3　编译为可执行程序

　　评估器（evaluator）一般具有灵活和可扩展的特性，同时它也是笨拙的：我们的程序有时会运行得相当慢。一个原因是，评估器会反复查看程序的语法，无论程序的语法多么简单。我们在第 4 章中避免了这个问题，在 4.3 节中，将每个匹配器模式转换为具有相同形式（组合器语言）的匹配器程序的组合。在解释一种语言时，可以通过编译成执行程序的组合来避免重新检查句法结构。因此，在深入评估之前，让我们先进行这个转变。

　　关键思想是将表达式相对于环境的评估问题分成两个阶段：在第一阶段，表达式被分析并转换成执行程序；在第二阶段，将执行程序应用于环境，产生预期的评估结果。通过这两个阶段实现我们的构思。

```
(define (x:eval expression environment)
  ((analyze expression) environment))
```

　　表达式的分析和转换称为编译，它所做的工作时间被称为编译时。编译器提取不依赖表达式中自由变量的值的那部分行为，这主要是语法分析，但编译器也是可通过语法规则实现的优化的场所。产生的执行程序依赖符号到环境中指定的值的映射，这部分工作是在运行时完成的。

表达式分析

由于我们希望能够根据需要扩展语言的语法，因此我们将分析实现为通用，在默认情况下是运算符对操作数的应用。这必须是 Lisp/Scheme 的默认设置，因为没有语法关键字来区分应用程序 [⊖]。

```
(define x:analyze
  (simple-generic-procedure 'x:analyze 1 default-analyze))
```

x:analyze 的约定是，它接受一个表达式作为参数，并返回一个执行程序，该执行过程接受一个参数，即一个环境。

程序 analyze 捕获一种常见使用模式：

```
(define (analyze expression)
  (make-executor (x:analyze expression)))
```

使用程序 make-executor 封装执行程序的目的是帮助调试。生成的执行器（executor）也是一个程序，其参数和返回值与它封装的执行程序相同。此封装器的一个特性是它会记录"执行路径"，这在确定程序是如何到达故障点时很有帮助。

正如我们所说的，默认分析是对应用程序的分析。

```
(define (default-analyze expression)
  (cond ((application? expression)
         (analyze-application expression))
        (else (error "Unknown expression type" expression))))

(define (analyze-application expression)
  (let ((operator-exec (analyze (operator expression)))
        (operand-execs (map analyze (operands expression))))
    (lambda (environment)
      (x:apply (x:advance (operator-exec environment))
               operand-execs
               environment))))
```

注意这里的分工，从表达式中提取运算符和操作数，并对其进行分析，以组成执行程序 operator-exec 和 operand-execs，这里需要特别分析。应用程序的执行程序由 lambda 表达式创建，是一个能够获取环境并执行应用程序的程序。程序 x:apply 类似于解释器中的 g:apply，但是 x:apply 接受操作数的执行程序，而不是 g:apply 使用的操作数表达式。出于同样的原因，引入了类似 g:advance 的程序 x:advance。评估器的每个部分都可以用这种方式进行变换。

自评估表达式（如数字、布尔值或字符串）的转换非常简单。困难的是表达式的实际

⊖　此评估器与以前的评估器有很大不同，因此如前文所述，我们使用新的前缀（eXecution procedure 中的 x: 前缀）来标识类似的程序。

语法，它由 Scheme 解析器处理。程序的文本在到达赋值器之前被解析成记号和 s- 表达式，所以在这里不需要关心这些复杂性。

```
(define (analyze-self-evaluating expression)
  (lambda (environment) expression))

(define-generic-procedure-handler x:analyze
  (match-args self-evaluating?)
  analyze-self-evaluating)
```

引用是很简单的，这也是因为难的部分在语法分析中 [⊖]。

```
(define (analyze-quoted expression)
  (let ((qval (text-of-quotation expression)))
    (lambda (environment) qval)))

(define-generic-procedure-handler x:analyze
  (match-args quoted?)
  analyze-quoted)
```

变量也很简单，一旦我们确定了变量，所有的工作都在执行程序中。

```
(define (analyze-variable expression)
  (lambda (environment)
    (lookup-variable-value expression environment)))

(define-generic-procedure-handler x:analyze
  (match-args variable?)
  analyze-variable)
```

程序定义在 Lisp/Scheme 中由 lambda 表达式表示，是强大分工的一个例子。在构建执行程序之前，编译器解析 lambda 表达式，提取形式参数规范，并编译表达式体。因此，lambda 表达式的执行程序以及最终执行体的代码不需要执行该工作。

```
(define (analyze-lambda expression)
  (let ((vars (lambda-parameters expression))
        (body-exec (analyze (lambda-body expression))))
    (lambda (environment)
      (make-compound-procedure vars body-exec environment))))

(define-generic-procedure-handler x:analyze
  (match-args lambda?)
  analyze-lambda)
```

特殊类型 if 也体现了将分析与执行分离的优势。if 表达式的三个部分在编译时进行分析，使执行程序只需从谓词中提取布尔值，即可决定运算结果，在程序运行时不再需要

⊖　在 Lisp 和 Scheme 中，提取引用的文本很简单，使用 cadr 即可。但是我们的目的是足够通用，以适应任何语言语法。在大多数语言中，提取引用文本的难度要大得多。

分析子表达式。

```
(define (analyze-if expression)
  (let ((predicate-exec
          (analyze (if-predicate expression)))
        (consequent-exec
          (analyze (if-consequent expression)))
        (alternative-exec
          (analyze (if-alternative expression))))
    (lambda (environment)
      (if (x:advance (predicate-exec environment))
          (consequent-exec environment)
          (alternative-exec environment)))))

(define-generic-procedure-handler x:analyze
  (match-args if?)
  analyze-if)
```

对表达式序列的计算，是分析和执行分离的一个特别好的例子。每次进入程序体时都重新编译表达式序列是很烦琐的，这项工作可以在编译时一次性完成。

analyze-begin 程序首先分析 begin 表达式的每个子表达式，生成一个执行程序列表（保持 begin 表达式中表达式的顺序）。然后，这些执行程序使用 reduce-right 与一个成对组合器黏合在一起，该组合器接受两个执行程序并产生一个新的执行程序，该执行程序按顺序执行这两个给定的执行程序 ⊖。

```
(define (analyze-begin expression)
  (reduce-right (lambda (exec1 exec2)
                  (lambda (environment)
                    (exec1 environment)
                    (exec2 environment)))
                #f
                (map analyze
                     (let ((exps
                             (begin-actions expression)))
                       (if (null? exps)
                           (error "Empty sequence"))
                       exps))))

(define-generic-procedure-handler x:analyze
  (match-args begin?)
  analyze-begin)
```

在没有编译器优化的情况下，赋值的处理是不成问题的。

```
(define (analyze-assignment expression)
  (let ((var
```

⊖ 在 analyze-begin 中，reduce-right 程序永远不会使用 #f 参数，因为只有在表达式列表为空时才会访问 #f。但这将在减少开始之前发出 Empty sequence 的错误信号。

```
              (assignment-variable expression))
          (value-exec
           (analyze (assignment-value expression)))))
     (lambda (environment)
       (set-variable-value! var
                            (value-exec environment)
                            environment)
       'ok)))
(define-generic-procedure-handler x:analyze
  (match-args assignment?)
  analyze-assignment)
```

然而，如果需要进行编译器优化，则赋值会带来严重问题。赋值将时间引入到程序中。有些事情发生在赋值之前，另一些事情发生在赋值之后，赋值可以更改引用已更改变量的事件。例如，如果公共子表达式引用了可以赋值的变量，那么它们的值可能并不相同。

定义语句不是问题，除非它们是赋值语句（并错误地使用了它们），可能会干扰编译器的优化。

```
(define (analyze-definition expression)
  (let ((var
         (definition-variable expression))
        (value-exec
         (analyze (definition-value expression))))
    (lambda (environment)
      (define-variable! var
                        (value-exec environment)
                        environment)
      var)))

(define-generic-procedure-handler x:analyze
  (match-args definition?)
  analyze-definition)
```

在这个系统中，通过表达式转换（例如 cond 和 let），实现的特殊类型非常简单，我们只需编译转换后的表达式。事实上，这是一个非常通用的宏观工具可以嵌入的地方。

```
(define-generic-procedure-handler x:analyze
  (match-args cond?)
  (compose analyze cond->if))

(define-generic-procedure-handler x:analyze
  (match-args let?)
  (compose analyze let->combination))
```

程序的应用

应用执行程序调用运算符的执行程序，由此得到要应用的复合程序（参见 5.3 节的 analyze-application）。操作数也已转换为执行程序。

程序 `x:apply` 类似于基础运算程序中的 `g:apply`：

```
(define x:apply
  (simple-generic-procedure 'x:apply 3 default-apply))

(define (default-apply procedure operand-execs environment)
  (error "Unknown procedure type" procedure))
```

注意，这里的 `default-apply` 与 `g:apply` 使用的相同，除了两个未使用的参数的名称不同。

与以前一样，我们需要处理程序来应用具有特定类型参数的各种程序。严格原语程序的应用程序处理程序必须强制参数，然后执行原语程序。

```
(define-generic-procedure-handler x:apply
  (match-args strict-primitive-procedure?
              executors?
              environment?)
  (lambda (procedure operand-execs environment)
    (apply-primitive-procedure procedure
     (map (lambda (operand-exec)
            (x:advance (operand-exec environment)))
          operand-execs))))
```

一般程序的应用程序处理程序与我们前面介绍的基础计算程序略有不同，其不同之处在于，使用的是执行程序，而不是操作数表达式。

```
(define-generic-procedure-handler x:apply
  (match-args compound-procedure? executors? environment?)
  (lambda (procedure operand-execs calling-environment)
    (if (not (n:= (length (procedure-parameters procedure))
                  (length operand-execs)))
        (error "Wrong number of operands supplied"))
    (let ((params (procedure-parameters procedure))
          (body-exec (procedure-body procedure)))
      (let ((names (map procedure-parameter-name params))
            (arguments
             (map (lambda (param operand-exec)
                    (x:handle-operand param
                                      operand-exec
                                      calling-environment))
                  params
                  operand-execs)))
        (body-exec (extend-environment names arguments
                    (procedure-environment procedure)))))))
```

复合程序的应用程序处理程序需要能够处理复合程序中可能出现的各种形式参数。按照通常的方式，这是通过将 `x:handle-operand` 设为通用程序来实现的。对于要在进入复合程序主体之前评估的操作数，默认设置是立即执行操作数执行程序以获得值。但是，惰性参数和缓存的惰性参数需要一定程度地推迟执行程序。

```
(define x:handle-operand
  (simple-generic-procedure 'x:handle-operand 3
    (lambda (parameter operand-exec environment)
      (operand-exec environment)))))

(define-generic-procedure-handler x:handle-operand
  (match-args lazy? executor? environment?)
  (lambda (parameter operand-exec environment)
    (postpone operand-exec environment)))

(define-generic-procedure-handler x:handle-operand
  (match-args lazy-memo? executor? environment?)
  (lambda (parameter operand-exec environment)
    (postpone-memo operand-exec environment)))
```

操作数和操作数表达式的执行程序的延迟相同，但是用于处理延迟的操作数执行程序的通用程序 x:advance 的处理程序不同于 g:advance 的处理程序。必须在延迟的环境上调用延迟的执行程序，而不是相对于该环境进行运算（与 5.2 节的 g:advance 相比）。

```
(define-generic-procedure-handler x:advance
  (match-args postponed?)
  (lambda (object)
    (x:advance ((postponed-expression object)
                (postponed-environment object)))))

(define-generic-procedure-handler x:advance
  (match-args postponed-memo?)
  (lambda (object)
    (let ((value
           (x:advance ((postponed-expression object)
                       (postponed-environment object)))))
      (advance-memo! object value)
      value)))
```

该 x:apply 程序对操作数的处理不是很聪明。事实上，它对执行程序中的形参列表进行了大量的解析，所以没有真正完全地编译复合程序。改进这种编译的一个步骤是为严格的复合程序分离处理程序，像我们前面所做的那样。练习 5.16 就是要解决这个问题。

练习 5.12（实现 *n* 元程序）　在练习 5.2 和练习 5.11 中，我们注意到，具有可以接受无限数量的参数的程序颇为实用。Scheme 中的加法和乘法程序就是此类程序的例子。

为了在 Scheme 中定义这样的程序，将 lambda 表达式的形式参数指定为单个符号，而不是列表，该符号被绑定到参数列表。例如，要创建一个接受多个参数并返回参数平方列表的程序，我们可以这样写：

```
(lambda x (map square x))
```
或
```
(define (ss . x) (map square x))
```
然后，我们可以说
```
(ss 1 2 3 4) ==> (1 4 9 16)
```
请你修改分析解释器以实现此构造。

提示：你不需要更改语法定义中涉及 define 或 lambda 的代码，它只是分析器的一个变化。

证明你的修改允许这种程序，并且不会造成其他麻烦。

练习 5.13（简化调试） 这个编译器的一个问题是执行程序都是匿名的 lambda 表达式。因此，回溯可以报告的信息很少。想要改善它是容易的，如果把应用程序创建执行程序的程序

```
(define (analyze-application exp)
  (let ((operator-exec (analyze (operator exp)))
        (operand-execs (map analyze (operands exp))))
    (lambda (env)
      (x:apply (x:advance (operator-exec env))
               operand-execs
               env))))
```

按以下方式定义：

```
(define (analyze-application exp)
  (let ((operator-exec (analyze (operator exp)))
        (operand-execs (map analyze (operands exp))))
    (define (execute-application env)
      (x:apply (x:advance (operator-exec env))
               operand-execs
               env))
    execute-application))
```

然后，在 MIT/GNU Scheme 中，执行程序将有一个名称来告诉它是哪种类型的执行程序。将这一理念贯彻到所有的执行程序中。

想一想，或许实现其他方法，可以在不影响执行速度的情况下提高运行时代码的可调试性，比如在执行程序中将表达式 exp 添加为"即时贴"。

练习 5.14（常量折叠） 假设我们有一个声明，用来告诉分析器某些符号的含义，

例如作用于常量程序的传统算术运算符 ｛ +、-、*、/、sqrt ｝。分析器可以在编译时计算常量与这些运算符的任何组合，例如 ((/(+ 1 (sqrt 5)) 2)，并使用结果而不是在运行时执行计算。这种编译时优化称为常量折叠。

请在分析器中实现常量折叠。要执行常量折叠，分析器需要知道它可以依靠程序文本中的哪些符号绑定到已知值。例如，它需要知道 car 是否真的绑定到配对的原始选择器。假设分析器可以调用找到已知符号绑定的程序，此程序应接受一个符号并返回分析器可能依赖的值，如果该符号不在分析器的控制之下，则返回 #f。

练习 5.15（其他优化） 有许多简单转换可以改善程序的执行。例如，我们可以使用模式匹配技术来制作一个术语重写系统，实现窥视优化和循环不变代码移动。增加公共子表达式消除是个不错的选项，同时要小心赋值带来的副作用。请你在分析中添加一个优化阶段，实现一些经典的编译器优化，并展示它们的效果。

练习 5.16（编译形参声明） 尽管转换为执行程序的组合非常有效，并且生成的代码比直接解释快得多，但是我们提供的版本并不是最优的。x:apply 的复合程序执行程序可以解析形式参数列表，从而确定如何处理操作数。这实际上应该在编译时而不是运行时完成：对于组成复合程序的 lambda 表达式的分析，应该产生一个知道如何处理操作数和调用环境的执行程序。

弄清楚这个道理再去动手做，同时确保你的调用环境不会超出需要的范围。请注意，这将是一个大项目。

5.4　探索行为

我们已经在模式匹配中认识了对匹配段变量的显式回溯搜索。但即使在没有细分变量的情况下，术语重写系统的实施也需要一些回溯搜索。当规则的后继表达式确定匹配没有足够的选择性，使得后继表达式替换数据的匹配部分时，即使规则的先行模式与一段数据匹配，后继表达式也会返回 #f，退回到匹配阶段，并可能尝试不同的规则。

此外，用于优化对通用处理程序的访问的 trie 机制需要回溯。trie 机制能够回溯参数序列必须满足的谓词序列。但是，初始谓词段可能有多种匹配初始参数段的方式，因此 trie 机制中内置了隐式搜索。

我们通常认为回溯及其在搜索中的广泛使用是一种人工智能技术。然而，回溯可以被视为使系统模块化和独立进化的一种方式，就像生物系统的探索行为一样。考虑一个简单但实用的例子——解一个二次方程。二次方程有两个根，可以两个都返回，并假设解决方案的用户知道如何处理这个问题，或者可以返回一个并期待最好的结果（规范的平方根程序 sqrt 返回正平方根，而非正负平方根）。同时返回两个解的缺点在于，该结果的接收方必须知道如何同时使用两个解尝试计算，或者拒绝其中一个，或者返回两个计算结果，这本身已经做出了一些选择。只返回一个解决方案的缺点是，它可能不是接收方想要的那个解。在实际系统的模拟中，这可能是一个问题。

语言隐式搜索

我们显式构建的搜索已经不错了，但可以通过在语言基础设施中构建回溯机制来做得更好。平方根程序应该返回其中一个根，如果接收方能够确定这个根不合适，则可以选择改变主意并返回另一个根。接收方有责任决定其计算的成分是否适当和可接受，涉及选择时可能需要复杂的计算，如果不进一步计算，其结果可能不会很明显。因此，该程序是递归的。当然，这会进入潜在的致命指数级搜索，对程序中已经做出的所有选择进行所有可能的赋值。

还有比较重要的一点是，要考虑搜索策略可以在多大程度上与程序的其他部分分开，这样就可以在不对程序进行重大修改的情况下交换搜索策略。在这里，进一步将搜索和搜索控制推入该语言支持的基础设施中，而根本没有显式地将搜索构建到我们的程序中，隐式搜索可能会鼓励过度使用搜索。与往常一样，模块化灵活性可能带来风险。

这个思路有相当长的历史。1961 年，John Mccarthy 提出了非确定性运算符 amb 的概念（见［90］），该运算符可用于表示非确定性自动机。1967 年，Bob Floyd 有了将回溯搜索构建为计算机语言的想法（见［35］），作为语言基础设施的一部分。1969 年，Carl Hewitt 提出了 PLANNER 语言（见［56］），它也体现了这些思想。20 世纪 70 年代初，Colmerauer、Kowalski、Roussel 和 Warren 开发了 Prolog（见［78］），这是一种基于一阶谓词演算的有限形式的语言，能够实现隐式搜索 [⊖]。

5.4.1 **amb**

McCarthy 的 amb 有很多参数。amb 表达式的值是其中一个参数的值，但是我们事先不知道哪一个是合适的。例如表达式

```
(amb 1 2 3)
```
根据计算的未来情况，生成值 1、2 或 3。没有参数的表达式（amb）没有返回值，它是一个计算错误，拒绝了以前所做的选择。

使用 amb 的表达式可能得出许多可能的值。为了查看所有可能的值，我们输出其中一个值，然后通过制造错误，强制生成下一个值，直到没有更多的值出现。

```
(begin
  (newline)
```

⊖ Erik Sandewall 对支持非单调推理工具的系统的调查给出了更多介绍（见［107］）。

```
(write-line (list (amb 1 2 3) (amb 'a 'b)))
(amb))
```
```
;;; Starting a new problem
(1 a)
(2 a)
(3 a)
(1 b)
(2 b)
(3 b)
;;; There are no more values
```

使用 amb，我们可以相当容易地生成毕达哥拉斯式的三元组。我们使用 amb 生成整数的三元组，并拒绝非毕达哥拉斯式的整数。

为了便于使用 amb 进行编程，我们引入了帮助程序。我们使用 require 作为过滤器，如果其参数谓词表达式不为真，则会强制出现错误和回溯。

```
(define (require p)
  (if (not p) (amb) 'ok))
```

要获得某个间隔内的某个整数，我们可以写：

```
(define (an-integer-between low high)
  (require (<= low high))
  (amb low (an-integer-between (+ low 1) high)))
```

有了这种帮助程序，我们可以用一种非常直观的形式编写毕达哥拉斯三元组的搜索：

```
(define (a-pythagorean-triple-between low high)
  (let ((i (an-integer-between low high)))
    (let ((j (an-integer-between i high)))
      (let ((k (an-integer-between j high)))
        (require (= (+ (* i i) (* j j))
                    (* k k)))
        (list i j k)))))
```

```
(begin
  (newline)
  (write-line (a-pythagorean-triple-between 1 20))
  (amb))
```
```
;;; Starting a new problem
(3 4 5)
(5 12 13)
(6 8 10)
(8 15 17)
(9 12 15)
(12 16 20)
;;; There are no more values
```

这非常实用，我们需要考虑如何让它成为我们语言的一部分。

5.4.2　实现 amb

我们习惯将语言表达式的分析与执行分开，因为这允许在不更改任何语法分析的情况下改变执行效果。因此，在语言中构建非确定性搜索只是一个改变执行程序的问题。关键的一步是将执行程序转换为连续传递风格，其中除了环境参数外，每个执行程序还接受两个连续参数：其中一个通常命名为 succeed，在计算成功时被调用；另一个通常命名为 fail，在计算失败时被调用。

执行程序通过调用带有该值的成功连续和失败连续来返回建议的值。失败连续可被看作 "投诉部门"：如果提交的值并非此次计算所预期的，它可以调用不带参数的失败连续来要求不同的结果。在 4.3 节中，使用返回值 #f 来标识失败。在 4.2.2 节中，使用成功和失败连续，它们具有灵活可扩展的特点，能够包含该值被拒绝的原因的信息。

因此，执行程序的一般模式是：

```
(lambda (environment succeed fail)
  ;; succeed = (lambda (value fail)
                  ;; Try this value.
                  ;; if don't like it (fail).
                  ;; ...)
  ;; fail = (lambda () ...)
  ...
  ;; Try to make a result.  If cannot, (fail).
  ...)
```

转换为连续传递风格有点令人不快，尽管它极大地扩展了代码，但它基本上是机械的。例如，5.3 节的 analyze-application 原本是：

```
(define (analyze-application expression)
  (let ((operator-exec (analyze (operator expression)))
        (operand-execs (map analyze (operands expression))))
    (lambda (environment)
      (x:apply (x:advance (operator-exec environment))
               operand-execs
               environment)))))
```

如果我们将此代码转换为连续传递风格，则会得到[一]：

```
(define (analyze-application exp)
  (let ((operator-exec (analyze (operator exp)))
        (operand-execs (map analyze (operands exp))))
    (lambda (env succeed fail)
      (operator-exec env
                     (lambda (operator-value fail-1)
                       (a:advance operator-value
                                  (lambda (procedure fail-2)
```

[一]　在本运算程序中，对于 amb 使用 a: 前缀来区分类似的程序。

```
                                (a:apply procedure
                                         operand-execs
                                         env
                                         succeed
                                         fail-2))
                           fail-1))
               fail)))))
```

这个执行程序比派生它的程序要复杂得多。在原始执行程序的主体中，表达式（operator-exec environment）向表达式（x:advance ...）返回值，而表达式又向表达式（x:apply ... ...）返回值。在新的执行程序中，这些嵌套表达式消失了。每个程序都返回通过调用接受其计算结果的程序。

由于我们经常需要强制计算一个值，因此可以抽象化强制计算程序。程序 execute-strict 隐藏了与强制计算延迟的表达式以确保未延迟的值的程序相关的无趣的细节。在前面所述的 analyze-application 程序中，它被用来强制确定运算符的值，以得到一个适用的程序。

```
(define (execute-strict executor env succeed fail)
  (executor env
            (lambda (value fail-1)
              (a:advance value succeed fail-1))
            fail))
```

程序 execute-strict 调用给定的执行程序 executor。然后将结果传递给 a:advance，并强制计算。强制计算值传递给 execute-strict 的成功连续 succeed，将强制的结果返回给 execute-strict 的调用方。

我们可以使用 execute-strict 重写 analyze-application：

```
(define (analyze-application exp)
  (let ((operator-exec (analyze (operator exp)))
        (operand-execs (map analyze (operands exp)))))
    (lambda (env succeed fail)
      (execute-strict operator-exec
                      env
                      (lambda (procedure fail-2)
                        (a:apply procedure
                                 operand-execs
                                 env
                                 succeed
                                 fail-2))
                      fail))))
```

每个执行程序都必须以这种方式进行转换。在 analyze-if 中使用 execute-strict 来强制条件的谓词值，如果没有它，我们将无法继续：

```
(define (analyze-if exp)
  (let ((predicate-exec (analyze (if-predicate exp)))
```

```
        (consequent-exec (analyze (if-consequent exp)))
        (alternative-exec (analyze (if-alternative exp)))))
    (lambda (env succeed fail)
      (execute-strict predicate-exec
                      env
                      (lambda (pred-value pred-fail)
                        ((if pred-value
                             consequent-exec
                             alternative-exec)
                         env succeed pred-fail))
                      fail))))
```

大多数转换都很简单，本文中的细节不会给你带来负担。但存在一个有趣的案例——赋值。通常，在回溯系统中，需要两种不同的赋值方式。通常的永久赋值 set! 常用于搜索程序中的积累信息，比如统计某个特定分支被计算了多少次。还有一项可撤销的 maybe-set! 赋值方式，如果它所在的分支被撤回，那这次赋值就必须被撤销。通常的永久赋值实施方式为：

```
(define (analyze-assignment exp)
  (let ((var (assignment-variable exp))
        (value-exec (analyze (assignment-value exp))))
    (lambda (env succeed fail)
      (value-exec env
                  (lambda (new-val val-fail)
                    (set-variable-value! var new-val env)
                    (succeed 'ok val-fail))
                  fail))))
```

可撤销的赋值更为复杂。失败连续与成功赋值一起被传递，并且能够将赋值变量的值恢复为其原先的值。

```
(define (analyze-undoable-assignment exp)
  (let ((var (assignment-variable exp))
        (value-exec (analyze (assignment-value exp))))
    (lambda (env succeed fail)
      (value-exec env
                  (lambda (new-val val-fail)
                    (lot ((old-val
                            (lookup-variable-value var env)))
                      (set-variable-value! var new-val env)
                      (succeed 'ok
                               (lambda ()
                                 (set-variable-value! var
                                                      old-val
                                                      env)
                                 (val-fail)))))
                  fail))))
```

另一个有趣的例子是 amb 自身的实现。如果最后一个提交的参数被拒绝，必须选择下一个替代方案。这是通过当前备选方案的故障连续来完成的：

```
(define (analyze-amb exp)
  (let ((alternative-execs
          (map analyze (amb-alternatives exp))))
    (lambda (env succeed fail)
      (let loop ((alts alternative-execs))
        (if (pair? alts)
            ((car alts) env
                        succeed
                        (lambda ()
                          (loop (cdr alts))))
            (fail))))))
```

如果没有其他选择，则 amb 的执行程序调用失败连续，这使得程序对备选方案树执行深度优先搜索。通过精简备选方案列表来检查备选方案，因此搜索按从左到右的顺序进行 ⊖。

　　除了对读取－评估－输出循环进行调整以使其与继续传递结构一起工作之外，这就是它的全部内容。

> **练习 5.17（解谜游戏）** 使用 amb 形式化并解决以下难题。
>
> 　　两个女人（Alyssa 和 Eva）和四个男人（Ben、Louis、Cy 和 Lem）坐在一张圆桌旁玩卡牌游戏。假设每个人都有一只被赋予一定力量值的手，并且没有两个人的手有相等的力量。有如下条件：
> - Ben 坐在 Eva 对面。
> - Alyssa 右边的男人比 Lem 力量更强。
> - Eva 右边的男人比 Ben 力量更强。
> - Ben 右边的男人比 Cy 力量更强。
> - Ben 右边的男人比 Eva 力量更强。
> - Lem 右边的女人比 Cy 力量更强。
> - Cy 右边的女人比 Louis 力量更强。
>
> 餐桌上人们的座次是如何安排的？这种座次安排是唯一的吗？使用 amb 指定每个选择可能的备选方案。如果我们不知道条件"Ben 右边的男人比 Cy 力量更强"，而是"Ben 右边的男人不是 Cy"，那么还有多少解决方案？请解释这个结果。
>
> **注意：**最直接的解决方案速度较慢，使用笔记本电脑需要计算几个小时。也有优化的解决方案只用大约 2min 就能够收敛结果 ⊖。

⊖　我们对 amb 的实施并不完全按照 McCarthy 设想的想法，他的 amb 是有先见之明的，因为即使其中一个备选方案发散，它也会收敛到一个值。由于我们的赋值器从左到右深度优先地搜索备选方案，如果 e 是一个发散的表达式（无限计算或发出错误信号），我们的（amb e 5）就会发散，但 McCarthy 的 amb 将返回 5。William Clinger 很好地解释了这一点（见［21］）。

⊖　这些统计时间由嵌入的探索行为解释器自身进行，由底层的 Scheme 系统解释。使用 Scheme 编译器编译嵌入式解释器，我们将获得大约 30 倍的速度提升。

练习 5.18（故障检测）　实现一个名为 in-fail 的新构造，它允许程序捕捉表达式的失败。in-fail 接受两个表达式，它先计算第一个表达式，如果计算成功，则返回其值。如果计算失败，则返回第二个表达式的值，如下所示：

```
(if-fail (let ((x (amb 1 3 5)))
          (require (even? x))
          x)
        'all-odd)
all-odd
(if-fail (let ((x (amb 1 3 4 5)))
          (require (even? x))
          x)
        'all-odd)
4
```

提示：这个练习的难度是微不足道的。

练习 5.19（赋值）　参照练习 5.18 中对 if-fail 的定义，计算以下表达式的结果。

```
(let ((pairs '()))
  (if-fail (let ((p (prime-sum-pair '(1 3 5 8) '(20 35 110))))
            (set! pairs (cons p pairs))
            (amb))
          pairs))

(let ((pairs '()))
  (if-fail (let ((p (prime-sum-pair '(1 3 5 8) '(20 35 110))))
            (maybe-set! pairs (cons p pairs))
            (amb))
          pairs))
```

你可以使用以下定义：

```
(define (prime-sum-pair list1 list2)
  (let ((a (an-element-of list1))
        (b (an-element-of list2)))
    (require (prime? (+ a b)))
    (list a b)))

(define (an-element-of lst)
  (if (null? lst)
      (amb)
      (amb (car lst)
           (an-element-of (cdr lst)))))

(define (prime? n)
  (= n (smallest-divisor n)))
```

```
(define (smallest-divisor n)
  (define (find-divisor test-divisor)
    (cond ((> (square test-divisor) n) n)
          ((divides? test-divisor n) test-divisor)
          (else (find-divisor (+ test-divisor 1)))))
  (define (divides? a b)
    (= (remainder b a) 0))
  (find-divisor 2))
```

练习 5.20（选择排序） 正如我们所写的那样，amb 机制总是按照 amb 表达式中给出的顺序尝试选择，但有时可以使用上下文信息来进行更好的排序。例如，在棋盘游戏中，应该取决于棋局的局势，从可能的合法走法中选择棋子。开发一种具有这种灵活性的 amb，假设每个选择表达式都与一个数值权重表达式配对：

```
(choose (<weight-1> <choice-1>) ... (<weight-n> <choice-n>))
```

我们可以计算所有权重表达式，并使用它们来选择要计算和返回的下一个选择表达式。当然，在做出选择之后，权重值会随即耗尽，如果有失败返回给这个 choose 形式，则在做出下一个选择之前，必须重新评估剩余的权重表达式。

a. 实现 choose，以便选择权重最大的选项。

b. 在实际情况下，权重值通常不够大，不容易做出特定的选择。一个好的策略是随机选择，概率与计算出的权重成正比。使用与 choose 相同的语法实现一个备选选择器 pchoose，实现上述工作方式。

5.5 探索潜在连续

包括 Scheme 在内的大多数语言都是围绕表达式的概念进行组织的。一个表达式有一个返回值。一个表达式由子表达式组成，每个子表达式都有一个返回给它所属的父表达式的值。表达式的本质是什么？

考虑一下复合表达式：

```
(+ 1 (* 2 3) (/ 8 2))
```

当然，它的结果是 11。它是通过计算运算符和操作数，然后将运算符（程序）的值应用于操作数（参数）的值来计算的。

这一程序可以通过连续传递风格重新表述计算来阐明。这里我们发明了新的运算符 **、// 和 ++ 来命名连续传递风格的乘法、除法和加法程序：

```
(define (** m1 m2 continue)
  (continue (* m1 m2)))
```

```
(define (// n d continue)
  (continue (/ n d)))

(define (++ a1 a2 continue)
  (continue (+ a1 a2)))
```

这些程序与通常的 *、/ 和 + 的不同之处在于，它们对于调用方没有返回值。相反，这些程序被定义为使用被计算的值调用它们的最后一个参数。接收该值的参数称为连续程序。在4.2.2 节和 5.4.2 节以及 4.4.1 节的合一化程序中使用了连续传递风格。

连续传递方式的 (+ 1 (* 2 3) (/ 8 2)) 计算如下：

```
(** 2 3
  (lambda (the-product)              ; A
    (// 8 2
        (lambda (the-quotient)       ; B
          (++ 1 the-product the-quotient
              k)))))
```

其中 k 是最后的连续程序，它接受被计算的值 11 为参数 ⊖。

在此示例中，程序 ** 计算 2 和 3 的乘积，并使用 6 调用其连续程序（注释 A 标记的 lambda 表达式）。因此，在 A 的主体中，the-product 被绑定为 6。在 A 的主体中，程序 // 计算 8 和 2 的商，并将结果 4 传递给标记为 B 的程序，其中 the-quotient 被绑定为 4。在 B 的主体中，程序 ++ 计算 1、6 和 4 的和，并将结果 11 传递给连续程序 k。

在连续传递风格中，没有能够返回值的嵌套表达式，所有结果都将传递给连续程序。因此不需要堆栈，因为没人在等待返回值。相反，我们线性化了表达式树，其方式与编译器在顺序机器中计算表达式的值所必须采用的方式相同。

潜在连续

其思想是，表达式中包含子表达式的槽只是程序的一种语法糖，该程序接受子表达式的值，以供以后继续计算表达式时使用。这个想法非常强大，因为连续代表了整个计算的未来。这种对表达式含义的深入理解能够摆脱编程的单值表达式风格，但要付出相当大的复杂性和语法嵌套的代价。

每当计算表达式时，都会存在一个期望表达式结果的连续。例如，如果表达式在顶级求值，则会把运算结果传递给连续，并将其显示在屏幕上，提示输入下一个运算数，并对其求值，以此类推。大多数情况下，连续包括用户代码指定的操作，就像在将获得结果的连续中一样，将结果乘以存储在局部变量中的值，再加上 7，然后给出要输出的顶级连续的结果。通常，这些无处不在的连续隐藏在幕后，程序员不会过多考虑它们。Scheme 为程序员提供了获取表达式的潜在连续的能力。潜在连续是可以作为参数传递、作为值返回并合并到数据结构中的一类对象，大多数其他语言不支持使用一级连续（支持它的语言包括

⊖ 连续传递风格的概念是由计算机语言理论家提出的，目的是澄清计算机语言的语义。有关这一思想的完整历史，请参阅 [103]。在 Scheme 中，子表达式底层的连续被公开为一类程序，见 [120，61，109]。

SML、Ruby 和 Smalltalk）。

显式的潜在连续是程序员最强大（也是最危险）的工具之一。连续为程序员提供了对时间的显式控制，计算可以在某个时刻被捕获和挂起，并在未来的任何时间恢复和继续。这使得编写协同程序（协作式多任务）成为可能，并且通过添加计时器中断机制，实现了分时，即抢占式多任务。在可能需要显式处理连续的情况下，Scheme 允许通过创建当前连续的显式程序来做到这一点。但在掌握这一能力之前，需要对连续有更深的理解。

连续是计算的捕获控制状态 ⊖。如果调用连续，则在连续表示的位置继续计算。连续可以表示返回子表达式的值到封闭表达式的计算的动作。这样，连续就是一个程序，当被调用时，它将其参数作为子表达式的值返回给封闭表达式的结果值。可以多次调用连续，从而允许在特定点使用连续返回的不同值恢复计算，后续我们会给出例子。

Scheme 提供 call-with-current-continuation（简称 call/cc），它提供了对表达式结构底层的继续的访问。call/cc 的参数是一个将 call/cc 表达式的连续作为其参数的程序。同样，连续是接受一个参数的一级程序——调用连续时要返回值 ⊖。下面是一个简单的示例：

```
(define foo)

(set! foo
  (+ 1
    (call/cc
      (lambda (k)
        ;; k is the continuation
        ;; of the call/cc expression.
        ;; so if we call k with 6
        ;; then foo will get the value 11
        (k (* 2 3))))
    (/ 8 2)))

foo
11
```

因此，call/cc 与 call/cc 的连续一起调用其参数。这还不是最有趣的，到目前为止，这与表达式 (+ 1 (* 2 3)(/ 8 2)) 的直接评估没有什么不同。

但 Scheme 中的程序有不确定生存期，这是游戏规则的改变者。我们保存这个连续以备后续重用。

```
(define bar)
(define foo)

(set! foo
```

⊖ 不要将此控制状态与系统的完整状态混淆。完整状态是确定计算未来所需的所有信息以及程序，它包括可变变量和数据的所有当前值。连续不会捕获可变变量和数据的当前值。

⊖ 但请注意，Scheme 报告（见 [109]）允许继续使用任意数量的参数。

```
(+ 1
   (call/cc
      (lambda (k)
        (set! bar k)
        (k (* 2 3))))
   (/ 8 2)))

foo
11

(bar -2)

foo
3
```

让我们来看看发生了什么。我们在 bar 里保存计算的方式，最终得到了 foo 的运算值。当使用另一个值调用连续时，foo 的赋值被重做，foo 最终的值也不同。

5.5.1 作为非本地出口的连续

考虑以下非本地出口连续的简单示例（改编自 Scheme 报告，见［109］）：

```
(call/cc
 (lambda (exit)
   (for-each (lambda (x)
                (if (negative? x) (exit x)))
             '(54 0 37 -3 245 -19))      ; **
   (exit #t)))
-3
```

因为 Scheme 的 for-each 程序按从左向右的顺序遍历列表，所以遇到的第一个负元素是 -3，此时它会立即返回。如果该列表不包含负数，则结果应该是 #t，因为外层 lambda 表达式的主体是一个由两个表达式组成的序列，for-each 表达式后跟返回 #t。

call/cc 的使用可能出现在某个其他表达式中，如下面的定义所示。传统上，绑定到基础连续的符号以字母 k 开头。

```
(define (first-negative list-of-numbers)
  (call/cc
   (lambda (k_exit)
     (or (call/cc (lambda (k_shortcut)
                    (for-each (lambda (n)
                                (cond ((not (number? n))
                                       (pp '(not-a-number: ,n))
                                       (k_exit #f))
                                      ((negative? n)
                                       (k_shortcut n))
                                      (else
                                       'keep-looking)))
                              list-of-numbers)
```

```
        #f))
    'no-negatives-found)))))
```

其行为如下：

```
(first-negative '(54 0 37 -3 245 -19))
-3

(first-negative '(54 0 37  3 245  19))
no-negatives-found

(first-negative '(54 0 37 no 245 -19))
(not-a-number: no)
#f
```

这演示了嵌套的连续，其中最外层的 `k_exit` 连续退出对整个 `first-negative` 的调用，而内部的 `k_shortcut` 连续只退出到封闭的析取，然后从那里继续。

简而言之，如果使用某个值调用 `call/cc` 捕获的连续，则计算将继续，方法是将该值作为捕获它的 `call/cc` 调用的值返回，并从那里继续正常执行。

练习 5.21（非本地出口） 此练习将在本机方案中完成，在该方案中，调试和检测比嵌入式解释器中更容易。在本地方案中有很好的 `call/cc` 实现。

a. 使用 `call/cc` 定义一个简单的程序 snark-hunt[⊖]，该程序以树为参数，递归地沿着树向下查找任何叶子处的符号 snark。如果找到，它应该立即停止搜索，并返回 `#t`；否则返回 `#f`。例如：

```
(snark-hunt '(((a b c) d (e f)) g (((snark . "oops") h) (i . j))))
  #t
```

请注意，snark-hunt 的输入可能并不完全由正确的列表组成。

b. 你如何验证 snark-hunt 是否立即退出，而不是通过多个返回级别静默返回？定义一个新程序 snark-hunt/instrumented 来演示这一点。

提示： 设置一个出口状态标志，然后在难以控制的返回路径上发出错误信号，如果仔细放置可能会起作用，但简单地通过 pp 进行跟踪会更容易。任何快速而肮脏的破解手段都会奏效。这里的目标是培养读者对连续的认识，而不是发布产品质量级别的代码，请简要解释一下你的策略。

5.5.2 控制权的非本地转移

前面的描述有些简单，因为捕获的连续只用于非本地出口。但是连续比这更强大，一

⊖ 见 1876 年出版的 *The Hunting of the Snark*，Lewis Carroll 所著。

且被调用，它们就可以重新进入。下面的示例说明了这一想法 ⊖：

```
(define the-continuation #f)

(define (test)
  (let ((i 0))
    ;; The argument to call/cc assigns the
    ;; continuation produced by call/cc to the
    ;; global variable the-continuation.
    (call/cc (lambda (k) (set! the-continuation k)))
    ;; When the-continuation is called, execution
    ;; resumes here.
    (set! i (+ i 1))
    i))
```

这种实现方式或许令人惊讶。程序 test 创建一个初始化为 0 的局部变量 i。它还在 let 表达式的主体中创建表示从 call/cc 表达式返回的控制状态，并将该状态存储在全局变量 the-continuation 中。然后，递增 i 并返回 i 的新值 1。

```
(test)
1
```

当调用 the-continuation 时，call/cc 返回到 let 表达式的主体。执行递增 i 并返回其新值。可以重用连续来再次递增 i 并返回其新值。

```
(the-continuation 'OK)
2

(the-continuation 'OK)
3
```

参数 OK 是 call/cc 的值，它被 let 的主体部分忽略了。

我们将连续保存在 another-continuation 中，因此可以通过再次执行 test 创建一个新的连续来存储在 the-continuation 中。调用 test 创建 i 的另一个实例，该实例被初始化为 0。

```
(define another-continuation the-continuation)

(test)
1
```

这个新的连续独立地保存在 another-continuation 中。

```
(the-continuation 'OK)
2

(another-continuation 'OK) ; uses the saved continuation
4
```

⊖　这个例子改编自［25］。

现在考虑以下更有趣的场景：

```
(define the-continuation #f)
(define sum #f)

(begin
  (set! sum
        (+ 2 (call/cc
               (lambda (k)
                 (set! the-continuation k)
                 (k 3)))))
  'ok)
ok

sum
5

(the-continuation 4)
ok

sum
6

(the-continuation 5)
ok

sum
7
```

通过调用 the-continuation 重新进入这个捕获的连续，控制权将会返回到加法之前的点，即分配变量 sum 并返回符号 ok 之前。这解释了调用它总是返回符号 ok 的原因。然而，sum 被赋值为 2 和提供给 the-continuation 的参数。通过计算，得到了新的总和值，这演示了如何使用捕获的连续从中间返回点继续计算。在 5.5.3 节中将了解如何使用此机制进行回溯。

5.5.3　从连续到 amb

事实证明，我们想要做的几乎任何事情（包括实现 amb），都可以通过 Scheme 原生 call/cc 来完成。让我们看看这是如何做到的。

事实上，连续是支持回溯的自然机制。在做出一个选择后，如果这个选择被证明是不合适的，则可以做出另一个选择，并计算出它的后果——这正是现实中期望的功能。在平方根示例中，程序应该返回两个平方根的 amb，其中 amb 是选择并返回其中一个的运算符，如果第一个平方根被拒绝，则可以选择提供另一个。然后，接收器可以继续使用给定解。但是，如果接收器在某一时刻发现其计算不满足某些约束，则它可能失败，导致 amb 运算符变更其选择，并通过其连续返回新的选择。本质上，连续允许选项生成器被编写为与选项的接收者、测试者交互的协程。

　　回溯程序的核心是 amb-list，它接受一系列兄弟 thunk，每个 thunk 代表 amb 表达式的一个备用值。thunk 由 amb 宏生成，该宏在语法上将 amb 表达式转换为 amb-list 表达式，如下所示：

```
(amb e1 ... en) ==>
  (amb-list (list (lambda () e1) ... (lambda () en)))
```

以可移植 syntax-rules 形式编写的 amb 宏如下：

```
(define-syntax amb
  (syntax-rules ()
    ((amb exp ...)
     (amb-list (list (lambda () exp) ...)))))
```

例如：

```
(pp (syntax '(amb a b c) user-initial-environment))
(amb-list (list (lambda () a) (lambda () b) (lambda () c)))
```

　　这种搜索维护了一个搜索时间表，即当 amb 表达式需要返回新值时可以调用的 thunk 议程。程序 amb-list 首先将其备选值的 thunk 添加到搜索调度中，然后将控制权交给调度上的第一个挂起 thunk。如果没有其他选择（表达式只是 (amb)），则 amb-list 在不向搜索调度添加任何内容的情况下产生控制，并递增用于审计搜索的全局计数器。

```
(define (amb-list alternatives)
  (if (null? alternatives)
      (set! *number-of-calls-to-fail*
            (+ *number-of-calls-to-fail* 1)))
  (call/cc
   (lambda (k)
     ((add-to-search-schedule)
      (map (lambda (alternative)
             (lambda ()
               (within-continuation k alternative)))
           alternatives))
     (yield))))
```

对于特定的 amb 表达式，使用在其封闭 amb-list 的入口处捕获的连续 k 来构造备选的 thunk，以便从该 amb 表达式返回。对于特定的 amb 表达式，使用在其封闭的 amb-list 的入口处捕获的连续 k 来构造备选的 thunk 以从该 amb 表达式返回 $^{\ominus}$。

　　让出控制的方法是从搜索计划中检索指定备选方案的 thunk，如果存在就执行它。搜索时间表既是堆栈又是队列，我们将在后续内容中阐述原因。

```
(define (yield)
  (if (deque-empty? (*search-schedule*))
```

　　$\ominus$　使用 MIT/GNU Scheme within-continuation 连续程序，在这里近似等同于调用 (k (alternative))，防止捕获正确连续计算所不必要的控制堆栈的片段。

```
((*top-level*) 'no-more-alternatives)
((pop! (*search-schedule*)))))
```

通过调用 *top-level* 和 add-to-search-schedule 来得到程序，通过调用 *search-schedule* 来获取搜索时间表对象，对此你可能感到疑惑。这种间接性的原因是这些是 Scheme 参数对象（参见附录 B）。我们用这种方式定义它们，从而给它们动态地绑定不同的值，稍后将会说明这一点。将 *search-schedule* 初始化为空：

```
(define *search-schedule*
  (make-parameter (empty-search-schedule)))
```

神奇之处在于 amb-list 中的 call/cc，amb-list 执行 yield（amb 同理）。这个 call/cc 的连续以及 amb 的连续被置入 amb 每个备选的搜索时间表中。当执行从搜索时间表中出栈的备选方案时，其值由将该备选方案放入搜索调度中的任何 amb 表达式返回。

通过将搜索调度设置为堆栈和队列，可以同时实现深度优先和广度优先搜索，因为它们只在调度的顺序上有所不同。这是通过将 add-to-search-schedule 参数动态绑定到所需的排序来实现的，如下所示。

默认值为深度优先：

```
(define add-to-search-schedule
  (make-parameter add-to-depth-first-search-schedule))
```

通过动态绑定 add-to-search-schedule，以下两个程序可用于在执行封装要解决的问题 thunk 时控制搜索顺序。有关它们的用法示例，请参阅练习 5.22。

```
(define (with-depth-first-schedule problem-thunk)
  (call/cc
   (lambda (k)
     (parameterize ((add-to-search-schedule
                     add-to-depth-first-search-schedule)
                    (*search-schedule*
                     (empty-search-schedule))
                    (*top-level* k))
       (problem-thunk)))))

(define (with-breadth-first-schedule problem-thunk)
  (call/cc
   (lambda (k)
     (parameterize ((add-to-search-schedule
                     add-to-breadth-first-search-schedule)
                    (*search-schedule*
                     (empty-search-schedule))
                    (*top-level* k))
       (problem-thunk)))))
```

这些程序还通过动态绑定在本地重新初始化 *search-schedule* 和 *top-level*，从而在生命周期而非作用域上提供控制。如果 yield 找不到更多替代方案，则可能导致此搜索终止，并向 with-...-first-schedule 的调用方返回值 no-more-alternatives。例如：

```
(define search-order-demo
  (lambda ()
    (let ((x (amb 1 2)))
      (pp (list x))
      (let ((y (amb 'a 'b)))
        (pp (list x y))))
    (amb)))

(with-depth-first-schedule search-order-demo)
(1)
(1 a)
(1 b)
(2)
(2 a)
(2 b)
no-more-alternatives

(with-breadth-first-schedule search-order-demo)
(1)
(2)
(1 a)
(1 b)
(2 a)
(2 b)
no-more-alternatives
```

排序是根据低级堆栈和队列变更器实现的。对于深度优先，替代方案被放在时间表的前面；而对于广度优先，替代方案被放在时间表的末尾。在这两种情况下，它们都按照供应给 amb 的顺序出现在时间表上。

```
(define (add-to-depth-first-search-schedule alternatives)
  (for-each (lambda (alternative)
              (push! (*search-schedule*) alternative))
            (reverse alternatives)))

(define (add-to-breadth-first-search-schedule alternatives)
  (for-each (lambda (alternative)
              (add-to-end! (*search-schedule*) alternative))
            alternatives))
```

参数 *top-level* 被初始化，以便当没有找到替代方案时，系统继续执行读取 – 评估 – 输出循环，并得到给定的结果。在上面的代码中，yield 向顶层传递符号 no-more-alternatives。请注意，使用 with-...-first-schedule 重新绑定 *top-level*。

```
(define *top-level*
  (make-parameter
```

```
(lambda (result)
  (abort->nearest
   (cmdl-message/active
    (lambda (port)
      (fresh-line port)
      (display "; " port)
      (write result port)))))))
```

程序开始运行前，我们还需要定义：

```
(define (init-amb)
  (reset-deque! (*search-schedule*))
  (set! *number-of-calls-to-fail* 0)
  'done)
```

最后，几乎每个使用 amb 的程序都需要 require：

```
(define (require p)
  (if (not p) (amb) 'ok))
```

可以看出，使用 call/cc 可以完成大量工作。因此，如果在本机环境中有 call/cc，就不需要制作嵌入式系统来实现 amb，就像我们在 5.4.2 节中所做的那样。

其他尝试替代方案的方法

如果有多种可能的方法来解决一个子问题，并且只有一些方法适合于解决更大的问题，那么像生成和测试中那样按顺序尝试它们只是一种方法。例如，如果某些选择导致测试器中的计算非常长，甚至可能无限长，而其他选择可能得出成功、失败的结果，则将每个选择分配给并发运行的线程更为合理。这需要一种线程间通信的方法，还需要让一个成功的线程有杀死它的同级线程的能力。所有这些都可以通过连续实现，并围绕事务组织线程间通信。

练习 5.22（广度与深度） 回忆一下寻找毕达哥拉斯三元组的迟缓方法。我们给搜索器设置一个计数器，表示尝试了多少个三元组：

```
(define (a-pythagorean-triple-between low high)
  (let ((i (an-integer-between low high)))
    (let ((j (an-integer-between i high)))
      (let ((k (an-integer-between j high)))
        (set! triples-tested (+ triples-tested 1))
        (require (= (+ (* i i) (* j j))
                    (* k k)))
        (list i j k)))))

(define triples-tested 0)
```

请考虑下面的实验。首先，我们尝试广度优先搜索：

```
(begin (init-amb)          ; to reset failure counter
       (set! triples-tested 0)
       (with-breadth-first-schedule
        (lambda ()
          (pp (a-pythagorean-triple-between 10 20)))))
(12 16 20)

triples-tested
246

*number-of-calls-to-fail*
282
```

然后我们尝试深度优先搜索：

```
(begin (init-amb)
       (set! triples-tested 0)
       (with-depth-first-schedule
        (lambda ()
          (pp (a-pythagorean-triple-between 10 20)))))
(12 16 20)

triples-tested
156

*number-of-calls-to-fail*
182
```

a. 解释 triples-tested 中深度优先搜索和广度优先搜索之间的差异（请简略说明，无须统计准确的计数）。

b. 指出测试的三元组数量和 *number-of-calls-to-fail* 之间的差异。额外的失败从何而来？

c. 考虑到广度优先搜索所做的工作更多，为什么下面的 a-pythagorean-triple-from 在深度优先搜索策略下不可用，尽管它在广度优先搜索策略下工作得很好？

```
(define (a-pythagorean-triple-from low)
  (let ((i (an-integer-from low)))
    (let ((j (an-integer-from i)))
      (let ((k (an-integer-from j)))
        (require (= (+ (* i i) (* j j)) (* k k)))
        (list i j k)))))

(define (an-integer-from low)
  (amb low (an-integer-from (+ low 1))))

(with-depth-first-schedule
  (lambda ()
    (pp (a-pythagorean-triple-from 10))))
```

练习 5.23（非确定性的不确定机制） Eva Lu Ator 指出，amb 实现并不像人们有时希望的那样具有不确定性。具体地说，给定 amb 形式的替代方案列表，总是按照从左到右的顺序首先选择最左边的替代方案，然后选择左起第二个替代方案，依此类推。

她建议人们要推翻这一选择，比如按照从右到左的顺序，甚至按照随机顺序。具体地说，她的想法大概是：

```
(with-left-to-right-ordering problem-thunk)
(with-right-to-left-ordering problem-thunk)
(with-random-ordering problem-thunk)
```

她很快指出，这种排序选择与搜索顺序（深度优先、广度优先或其他）无关。

a. 在什么情况下你会想要一个无序的、随机的 amb? 制作一个简短示例，作为 b 部分中的测试用例。

b. 实现这三种选择顺序，并举例说明每种选择顺序的用法。为了简单和合一起见，请按照深度优先调度、增加深度优先搜索调度等方案对代码进行建模。你可以随意使用 Scheme 的内置随机程序。

练习 5.24（嵌套策略） 我们希望广度优先和深度优先的搜索策略可以任意嵌套在搜索中。按照深度优先和广度优先排序的嵌套算法，是否像当前实现的那样正常工作？具体地说，设计一个暴露 bug 的实验，或者以有趣的方式证明它确实工作正常，并解释你的理由。

这包括精心设计区分深度优先和广度优先的搜索策略的实验，然后以有趣的方式组合它们，以演示对嵌套搜索的本地控制。

确定一类自然问题，对这类问题来说这种灵活性是有用的——而不是为了证明一个观点而拼凑在一起。

练习 5.25（可撤销的赋值） 在 5.4.2 节 amb 的嵌入式解释器版本中，展示了如何使用两种赋值——通常的永久赋值（由 set! 表示）和可撤销赋值（由 maybe-set! 表示）——后者通过回溯来撤销。在本节的代码中可以实现用于可撤销效果的通用包装器：

```
(define (effect-wrapper doer undoer)
  (force-next
   (lambda () (undoer) (yield)))
  (doer))
```

```
(define (force-next thunk)
  (push! (*search-schedule*) thunk))
```

然后我们以宏的形式实现 `maybe-set!`：

```
(define-syntax maybe-set!
  (syntax-rules ()
    ((maybe-set! var val)
     (let ((old-val var))
       (effect-wrapper
         (lambda ()
           (set! var val))
         (lambda ()
           (set! var old-val)))))))
```

不幸的是，这只对深度优先搜索有意义，而对于广度优先搜索来说意义不大。请解释原因，并说明这个问题是否能修复？

练习 5.26（嵌入式系统中的搜索控制） 我们如何才能改变 5.4.2 节的嵌入式系统，并对成功和失败的组合进行分析，以同时启用深度优先搜索和广度优先搜索？解释一下你的策略。创建一个包含此功能以控制搜索顺序的新实现。注意，这将是一个相当大的转变。

5.6　能力与责任

　　本章中，我们从邱奇-图灵的普适性计算中获得了强大的计算能力。我们永远不能抱怨："我不能用我必须使用的语言来表达这一点。"如果我们明白了解释和编译的诀窍，就可以摆脱语言的限制，因为可以为手头的问题构建适当的特定领域的语言。这里的论述使用 Scheme 作为底层语言，并在 Scheme 之上构建功能强大的基于 Lisp 的语言。在这里使用 Lisp 语法的原因是，它极大地简化了这些思想的阐述（请参见关于中缀符号的练习 5.7，如果必须用一种语法复杂的语言来做这件事，那么说明将会长很多倍，也会更加单调乏味），而解释的力量在任何图灵通用语言中都是必不可少的。

　　为了将来的灵活性，我们构建的语言必须简单而通用。它们要有较少的机制，如原语、组合方式和抽象方式。我们希望能够根据需要扩展它们，并能够组合和匹配程序的各个部分。不仅如此，最重要的是，当有多种语言时，每种语言都适用于问题的某一部分，那么这些语言必须有良好的交互操作方法。

　　伴随强大的能力而来的是更大的责任。每次创造一门语言时，必须将它记录下来，这样才能教给其他人。今天写的程序将来会被别人阅读和修改。事实上，假设明年读我们去年写的东西，感觉也会迥然不同，其中的细节可能已经被淡忘。因此，重要的是，我们要非常谨慎地使用这种能力，当使用这种能力时，要非常仔细地记录结果。否则，将给下一位程序员（或我们自己）留下难以理解、整理和重写的烂摊子。

从 UNIX 派生的系统既展示了这个问题的好的一面，也展示了它的坏的一面。这些命令都有自己的语言。如果你了解 awk、sed 和 grep，就会知道每种都有自己的语言，包括 2.2 节中讨论的难看且定义不正确的正则表达式语言。当然，这些语言有助于使需要立即解决的问题更容易解决。但它们没有一致的基本概念，使得它们不容易被学习和理解。只要考虑一下 shell 的引用约定如何与 grep 的引用约定交互，你就会明白这一点。要想成为一名 UNIX 专家，你必须学习适应很多令人厌恶的特殊情况。另一方面，UNIX 本身提供了一种简单而优雅的方式，能够将东西黏合在一起——这就是流——每个基本的 UNIX 实用程序都从流获取输入并以流的形式输出。它们可以通过管道将输出流连接到输入流。这节课程的内容值得我们深思。

第 6 章

分　层

在 1.1 节中我们提到了编程可以从体系结构实践中学习的想法。程序员可能会从一个可执行的框架计划（我们称为 parti）开始，尝试实现一个想法。当 parti 看起来不错时，程序员可以用更多的内容来详细说明。

例如，声明的实现类型可以编译高效的代码并禁止类型错误的发生。可以添加声明的维度和单元，以防止某些错误，并且支持文档。谓词断言可以帮助定位运行时发生的错误，支持自动或手动构造"正确性"证明。需要知道声明的某些数值和运算需要多高的精度，才能让数值分析问题变得清晰。替代实现的建议可以实现有用的简并。我们可以通过携带依赖项来跟踪结果的来源。

但是，这种将强大功能添加到程序文本中的方式，会使程序文本变得乱七八糟。我们还是以建筑为例进行类比，它没有将服务空间与被服务空间分开。将程序"基本的"功能（定义其行为的代码）与"意外的"功能（编译器的类型信息或日志记录的代码）分开，一直是一个重要的议题。面向方面编程（Aspect-Oriented Programming，AOP）试图通过明确识别横切关注点（如日志）来解决此问题的一部分（见［67］），分层是实现分离的另一种方式。

使用数据或代码对其他数据或代码进行注释，这种能力是构建灵活系统的关键机制。值的修饰是用于支持可扩展泛型操作的标记的泛化。本章我们将介绍分层编程的概念。数据和处理数据的程序都将由多个层组成，在不引起混乱的情况下，可以对不同的层进行附加注释。

6.1　使用分层

分层能够勾勒出计算的草图，然后使用与计算一起处理的元数据来详细说明该计算。让我们考虑一些在许多情况下可能有价值的注释。例如，假设我们对牛顿的引力定律感兴趣：

```
(define (F m1 m2 r)
  (/ (* G m1 m2) (square r)))
```

这是一个简单的数值计算，但我们可以详细说明，以承载支持信息和单位。

我们查阅了 NIST 最近发布的一项测量结果，以确定牛顿常数 G：

```
(define G
  (layered-datum 6.67408e-11
    unit-layer (unit 'meter 3 'kilogram -1 'second -2)
    support-layer (support-set 'CODATA-2018)))
```

这里我们展示了测量的数值、测量的单位（$m^3/(kg \cdot s^2)$）和数据的来源支持。可以将其扩展到测量中的不确定度，将其作为另一层的范围，但我们不会在这里这样做。

我们还可以从其他来源找到地球的质量、月球的质量以及地球到月球的距离（半长轴）：

```
(define M-Earth
  (layered-datum 5.9722e24
                 unit-layer (unit 'kilogram 1)
                 support-layer
                 (support-set 'Astronomical-Almanac-2016)))

(define M-Moon
  (layered-datum 7.342e22
                 unit-layer (unit 'kilogram 1)
                 support-layer
                 (support-set 'NASA-2006)))

(define a-Moon
  (layered-datum 384399e3
                 unit-layer (unit 'meter 1)
                 support-layer
                 (support-set 'Wieczorek-2006)))
```

现在我们可以问这样一个问题：“在这个距离上，地球和月球之间的引力是多少？”然后我们可以得到答案：

```
(pp (F M-earth M-Moon a-moon))
#[layered-datum 1.9805035857209e20]
(base-layer 1.9805035857209e20)
(unit-layer (unit kilogram 1 meter 1 second -2))
(support-layer
 (support-set Wieczorek-2006
              NASA-2006
              Astronomical-Almanac-2016
              CODATA-2018))
```

结果给出了数值、单位以及所依赖的来源。

6.2   分层的实现

分层有两个部分。首先，必须能够创建包含多层信息的基准。在示例中，我们使用 layered-datum 来实现这一点。第二部分是需要能够增强一个程序，以便在某种程度上独立地处理每一层。以这种方式增强的程序称为分层程序。

我们还需要一种为层指定名称的方法。每一层都必须有一个名称，以便指定基准中的图层。分层程序还使用该名称将该层的处理连接到传入数据中的相应层。我们已经编写了示例使用变量来引用层名称，就像在 unit-layer 中一样，它与单元层的名称绑定。这使得用户界面独立于如何指定层名称的细节，这一点很实用。

层命名的另一个方面是必须有一个可区分的基本层，它代表正在执行的底层计算。在示例 layered-datum 中，基本层的值的区别在于它是第一个参数，并且没有关联的名称。

分层数据可以由简单的数据结构构建。我们可以使用任何方便的数据结构，这些数据结构可以将层名称与值相关联，并且允许许多这样的关联。可以使用一个特殊的名称来标识基本层，从而使数据结构简单而合一。

构建分层程序更为复杂，因为大多数层的处理需要来自基本层计算的一些信息。例如，假设将携带支持信息的两个数字相乘。通常情况下，结果的支持是论点支持的联合。但是假设一个参数的基本层值为零，那么结果的支持就是零的支持，而另一个参数的支持是无关紧要的。

基本层不能依赖任何非基本层，因为这违反了基本层的概念——基本层是由其他层增强的独立计算。并且一个非基本层不应该依赖另一个非基本层。一个非基本层通常不应该与另一个非基本层共享信息，因为它的行为会因其他层的存在与否而有所不同。这将与构建附加程序的一般方法不一致。

因此，构建分层程序涉及信息从基本层共享到非基本层和在大多数情况下隔离层之间的平衡。我们将在下一节探讨实现分层的细节时解决这一问题。

6.2.1　分层数据

分层数据项是用有关该值的额外信息注释的基值，注释是图层名称与其值的关联。例如，数字 2 可能是许多数据项的基值，假设我们在进行土豆交易，一袋 2 磅 ⊖ 的土豆可能有 2 美元的价格标签。数字 2 的每个实例对应不同的数据项，单位层具有不同的值（美元或英镑）。可能还有其他层，2 美元的价格可能有信息表明，它是如何从支付给农民的价格以及运输和加工成本得出的。

为了解决这个问题，我们引入了分层基准面（layered datum）。分层基准面表示为包含层及其值的关联的束。因此，2 磅的土豆数量和 2 美元的土豆价格将是单独的分层数据项：

```
(define (make-layered-datum base-value alist)
  (if (null? alist)
      base-value
      (let ((alist
              (cons (cons base-layer base-value)
                    alist)))
```

⊖　1 磅 =0.454 千克。——编辑注

```
(define (has-layer? layer)
  (and (assv layer alist) #t))
(define (get-layer-value layer)
  (cdr (assv layer alist)))
(define (annotation-layers)
  (map car (cdr alist)))
(bundle layered-datum?
        has-layer? get-layer-value
        annotation-layers))))
```

层与其值之间的关联表示为关联列表，或者由键值对组成的列表 alist。

为方便起见，我们提供了 layered-datum，它以属性列表的形式（交替使用层和值）获取其层参数，并使用相应的 alist 调用 make-layered-datum。

```
(define (layered-datum base-value . plist)
  (make-layered-datum base-value (plist->alist plist)))
```

这种设计提供了很大的灵活性。可能存在许多不同类型的分层数据，并且对于每种分层数据来说，都不存在对任何特定层或层的数量的先验承诺。唯一的共同特征是，每个分层的基准面都有一个独特的层，即 base-layer，它包含所有其他层值都是其上的注释的对象。

每一层都由一个束表示，它描述了该层的细节。最简单的是基本层：

```
(define base-layer
  (let ()
    (define (get-name) 'base)
    (define (has-value? object) #t)
    (define (get-value object)
      (if (layered-datum? object)
          (object 'get-layer-value base-layer)
          object))
    (bundle layer? get-name has-value? get-value)))
```

这显示了层的主要操作：如果层的值存在就获取层值，否则返回默认值的 get-value 操作。对于基本层，层的默认值为对象本身。

注释层稍微复杂一些，除了上述功能之外，它们还管理一组命名程序，我们将在查看分层程序时对这些程序进行研究。程序 make-annotation-layer 提供所有注释层使用的公共基础设施，它调用其构造函数参数来提供特定于层的部分。

```
(define (make-annotation-layer name constructor)
  (define (get-name) name)
  (define (has-value? object)
    (and (layered-datum? object)
         (object 'has-layer? layer)))
  (define (get-value object)
    (if (has-value? object)
        (object 'get-layer-value layer)
```

```
        (layer 'get-default-value)))
  (define layer
    (constructor get-name has-value? get-value))
  layer)
```

我们使用 make-annotation-layer 来构造单位层：

```
(define unit-layer
  (make-annotation-layer 'unit
    (lambda (get-name has-value? get-value)
      (define (get-default-value)
        unit:none)
      (define (get-procedure name arity)

        见 6.2.2 节中的定义

      (bundle layer?
              get-name has-value? get-value
              get-default-value get-procedure)))))
```

该实现显示了层结构的其余部分：缺省值的提供程序以及实现该层对分层程序的支持的程序 get-procedure，我们将在下一节中讨论这一点。

为了方便常见用例，layer-accessor 创建了一个访问器程序，该程序等同于调用层的 get-value 委托：

```
(define (layer-accessor layer)
  (lambda (object)
    (layer 'get-value object)))

(define base-layer-value
  (layer-accessor base-layer))
```

6.2.2 分层程序

程序也是可以分层的数据。分层程序类似于通用程序，其中有针对不同参数类型的处理程序。分层程序为传入数据中的各个层提供实现，并处理所有这些层以产生分层结果 ⊖。例如，当将数值层和单位层结合起来时，该程序可以使用其数值层处理参数的数值部分，也可以使用其单位层处理参数的单位部分。

在 6.1 节所示的数值例子中，牛顿力的代号 F 表示 parti，即执行计算的基本方案。它能够对数字进行运算，它的单位对数字进行注释。实现算术运算符（如乘法）的分层通用程序具有对基本层中的数字进行运算的基本组件，并且它们具有其他组件，每层的一个组件可以注释数值基本层。单位层是一个注释层，它提供有关数据和计算的更多信息，但不是计算所必需的。

⊖　请注意，分层程序的层实现本身可能是通用程序。同样，通用的处理程序可以是分层程序。

在分层系统中，基本层必须能够在不参考其他层的情况下进行计算，而注释层可能需要访问基本层中的值。如果参数的注释层丢失，则程序的注释层可能使用默认值或干脆不运行。在任何情况下，基本层都会被运行。

要构建分层程序，需要为该程序指定唯一的名称 name 和元数 arity，并需要一个 base-procedure 来实现基本计算：

```
(define (make-layered-procedure name arity base-procedure)
  (let* ((metadata
          (make-layered-metadata name arity base-procedure))
         (procedure
          (layered-procedure-dispatcher metadata)))
    (set-layered-procedure-metadata! procedure metadata)
    procedure))
```

有关分层程序的信息保存在该程序的元数据中，并管理基本层和注释层的处理程序。

分层程序的元数据以束的形式实现。它是用分层程序的 name、arity 和 base-procedure（基本层的处理程序）创建的。元数据提供对其中每一个的访问。它还提供了 set-handler! 用于为注释层分配处理程序，以及用于检索注释层处理程序的 get-handler。

每个注释层（如 unit-layer）都提供 get-procedure，当给定程序的名称和元数时，该 get-procedure 将为该程序名称和该层的元数返回适当的处理程序。分层元数据提供的 get-handler 首先检查它是否具有该层的处理程序。如果是，则返回该处理程序；否则，返回该层的 get-procedure 的结果。

```
(define (make-layered-metadata name arity base-procedure)
  (let ((handlers (make-weak-alist-store eqv?)))
    (define (get-name) name)
    (define (get-arity) arity)
    (define (get-base-procedure) base-procedure)
    (define has? (handlers 'has?))
    (define get (handlers 'get))
    (define set-handler! (handlers 'put!))
    (define (get-handler layer)
      (if (has? layer)
          (get layer)
          (layer 'get-procedure name arity)))
    (bundle layered-metadata?
            get-name get-arity get-base-procedure
            get-handler set-handler!)))
```

应用分层程序的实际工作是由 layered-procedure-dispatcher 完成的。该调度器必须能够访问和应用与分层程序相关联的基本程序和注释层程序。所有这些信息都由元数据提供。

```
(define (layered-procedure-dispatcher metadata)
  (let ((base-procedure (metadata 'get-base-procedure)))
    (define (the-layered-procedure . args)
      (let ((base-value
              (apply base-procedure
                     (map base-layer-value args)))
            (annotation-layers
              (apply lset-union eqv?
                     (map (lambda (arg)
                            (if (layered-datum? arg)
                                (arg 'annotation-layers)
                                '()))
                          args))))
        (make-layered-datum base-value
          (filter-map             ; drops #f values
            (lambda (layer)
              (let ((handler (metadata 'get-handler layer)))
                (and handler
                     (cons layer
                           (apply handler base-value args)))))
            annotation-layers))))
    the-layered-procedure))
```

调用时，分层程序首先对参数的基本层值调用 base-procedure 以获取基本值。它还通过检查每个参数来确定哪些注释层是适用的，如果没有具有处理程序的注释层，则结果只是基本层值，因为 make-layer-datum 将返回未注释的基本值。否则，将调用每个适用层的处理程序来生成该层的值。特定于层的处理程序被授予访问计算的基本值和分层程序的参数的权限，除了它自己和基本层的那些层值之外，它不需要任何层值。通常，结果是包含基本值和适用的注释层处理程序的值的分层基准面。

　　要了解这在实践中是如何工作的，让我们来看一下单位层的实现。如果分层程序的名称是算术运算符，则单位层（下面）的处理程序 get-procedure 按名称查找特定于层的程序，然后使用每个参数中的单位调用特定于层的程序（函数 expt 有一个特殊的例外，它的第二个参数没有用单位修饰，只是一个数字）。对于其他程序，处理的单位是未定义的，因此 get-procedure 返回 #f 表示这一点。

```
(define (get-procedure name arity)
  (if (operator? name)
      (let ((procedure (unit-procedure name)))
        (case name
          ((expt)
           (lambda (base-value base power)
             (procedure (get-value base)
                        (base-layer-value power))))
          (else
           (lambda (base-value . args)
             (apply procedure (map get-value args))))))
      #f))
```

注意，因为 get-procedure 是 unit-layer 的内部程序，所以它可以访问从 make-annotation-layer 继承的单位层 get-value。当我们讨论 6.3.1 节中的单元实现时，将看到 unit-procedure。

让我们来看一个例子，构思一个程序 square 用来求参数的平方。

```
(define (square x) (* x x))
```

我们又定义了平方程序的分层版本，将数值版本提供给基本层。

```
(define layered-square
  (make-layered-procedure 'square 1 square))
```

此分层平方程序的行为与基础版本相同：

```
(layered-square 4)
16

(layered-square 'm)
(* m m)
```

但是，如果为单位层提供参数，则基本层和单位层都将被单独处理，并在输出中合并：

```
(pp (layered-square
     (layered-datum 'm
                    unit-layer (unit 'kilogram 1))))
#[layered-datum (* m m)]
(base-layer (* m m))
(unit-layer (unit kilogram 2))
```

6.3 分层算法

既然我们知道了如何编写分层程序，就可以在算法中添加层次了。我们需要做的就是为基本算法中的每个操作构建具有分层程序的算法。我们从一个简洁明了的算法开始：

```
(define (generic-symbolic)
  (let ((g (make-generic-arithmetic
            make-simple-dispatch-store)))
    (add-to-generic-arithmetic! g numeric-arithmetic)
    (extend-generic-arithmetic! g function-extender)
    (extend-generic-arithmetic! g symbolic-extender)
    g))
```

并构造一个扩展器来处理该底层之上的层：

```
(define generic-with-layers
  (let ((g (generic-symbolic)))
    (extend-generic-arithmetic! g layered-extender)
    g))
```

分层扩展器的作用十分广泛，它提出了一种对分层数据进行分层扩展的算法。分层扩展算法的域谓词是 layered-datum?。分层运算的基本谓词只是底层算术的域谓词，额外规定它必须拒绝分层数据项 ⊖。其中的常量为基本常量，并且对于每个算术运算符，如果任何参数是分层的，则该操作是适用的分层程序，其中基本程序继承自底层算法。

```
(define (layered-extender base-arith)
  (let ((base-pred
          (conjoin (arithmetic-domain-predicate base-arith)
                   (complement layered-datum?))))
    (make-arithmetic (list 'layered
                            (arithmetic-name base-arith))
                     layered-datum?
                     (list base-arith)
      (lambda (name base-value)
        base-value)
      (lambda (operator base-operation)
        (make-operation operator
          (any-arg (operator-arity operator)
                   layered-datum?
                   base-pred)
          (make-layered-procedure operator
            (operator-arity operator)
            (operation-procedure base-operation)))))))
```

几乎所有这些都是样板文件，包括单独保留常量对象，以及要求操作至少有一个参数进行分层。比较有趣的部分是最后三行，在这三行中，基本算术的操作程序被包装在一个分层程序中。运算符被用作分层程序的名称，以便每一层都可以在该操作需要时提供特殊处理。

6.3.1 单位运算

对于算术上的单位注释层，我们需要一个单位的算术。单位规范有命名的基本单位和每个基本单位的指数 ⊖。在单位运算中，单位规范的乘积是一个新的单位规范，其中每个基本单位的指数是自变量中相应基本单位的指数之和。

```
(unit:* (unit 'kilogram 1 'meter 1 'second -1)
        (unit 'second -1))
(unit kilogram 1 meter 1 second -2)
```

在这里，我们假设基本单位仅由符号命名，例如 kilogram。

单位规范表示法

为了便于创建单位规范，我们在外部将其表示为基本单位名称和指数的属性列表，具有交替的键和值。

⊖ 程序 conjoin 和 complement 是谓词的组合符，conjoin 生成一个新的谓词，即其参数的布尔运算 and，而 complement 生成一个新的谓词，即其参数的否定。

⊖ 请注意，在我们的分层数据系统中，不要将基本单位与 base-layer 混淆。单位系统是建立在一组基本单位上的，如 kg、m 和 s。还有一些派生单位，如 N，它是基本单位的组合，$1N = 1kg \cdot m \cdot s^{-2}$。

但在内部，我们将单元规范表示为带标记的 alist 比较方便。因此，我们必须使用 plist->alist 将原始属性列表转换为 alist。按照基本单位的名称来分类。在此转换中，执行一些错误检查。unit 的参数列表必须采用属性列表的形式，而与每个基本单位名称关联的指数必须是精确的有理数（通常是整数）。不允许命名的基本单位存在重复，如果基本单位名称不是符号，则按基本单位名称排序将发出错误信号。

```
(define (unit . plist)
  (guarantee plist? plist 'unit)
  (let ((alist
         (sort (plist->alist plist)
               (lambda (p1 p2)
                 (symbol<? (car p1) (car p2))))))
    (if (sorted-alist-repeated-key? alist)
        (error "Base unit repeated" plist))
    (for-each (lambda (p)
                (guarantee exact-rational? (cdr p)))
              alist)
    (alist->unit alist)))

(define (sorted-alist-repeated-key? alist)
  (and (pair? alist)
       (pair? (cdr alist))
       (or (eq? (caar alist) (caadr alist))
           (sorted-alist-repeated-key? (cdr alist)))))
```

程序 alist->unit 只将一个唯一的标签附加到 alist，而程序 unit->alist 从单元规范中提取 alist：

```
(define (alist->unit alist)
  (cons %unit-tag alist))

(define (unit->alist unit)
  (guarantee unit? unit 'unit->alist)
  (cdr unit))
```

在这里，%unit-tag 的值只是用来领导单位规范说明者的唯一符号。为了使单位规范的输出看起来像提供给单位以制作单位规范的属性列表，我们安排 Scheme 输出器以属性列表的形式输出单位规范。这种神奇的排列（这里没有给出）是由列表顶部的单位标签符号触发的。

如果谓词 unit? 的参数是合法的单位规范，则为真：

```
(define (unit? object)
  (and (pair? object)
       (eq? (car object) %unit-tag)
       (list? (cdr object))
       (every (lambda (elt)
                (and (pair? elt)
                     (symbol? (car elt))
```

```
                    (exact-rational? (cdr elt))))
            (cdr object)))))
```

单位算术运算

我们将单位算术构造为运算符名称和实现所需行为的操作之间的映射。就像纯数 π 一样，它是无单位的。当有单位的数量乘以无单位的数字时，结果是有单位的数量的单位。因此，单位算术需要无单位数的乘法恒等式 unit:none。程序 simple-operation 结合了运算符、适用性测试和实施操作的步骤：

```
(define (unit-arithmetic)
  (make-arithmetic 'unit unit? '()
    (lambda (name)
      (if (eq? name 'multiplicative-identity)
          unit:none
          (default-object)))
    (lambda (operator)
      (simple-operation operator
                        unit?
                        (unit-procedure operator)))))
```

我们调用 unit-procedure 获取每个运算符的相应程序：

```
(define (unit-procedure operator)
  (case operator
    ((*) unit:*)
    ((/) unit:/)
    ((remainder) unit:remainder)
    ((expt) unit:expt)
    ((invert) unit:invert)
    ((square) unit:square)
    ((sqrt) unit:sqrt)
    ((atan) unit:atan)
    ((abs ceiling floor negate round truncate)
     unit:simple-unary-operation)
    ((+ - max min)
     unit:simple-binary-operation)
    ((acos asin cos exp log sin tan)
     unit:unitless-operation)
    ((angle imag-part magnitude make-polar make-rectangular
            real-part)
     ;; first approximation:
     unit:unitless-operation)
    (else
     (if (eq? 'boolean (operator-codomain operator))
         (if (n:= 1 (operator-arity operator))
             unit:unary-comparison
             unit:binary-comparison)
         unit:unitless-operation)))))
```

对于上述每种情况，都必须提供适当的操作。例如，要将两个单位数量相乘，必须将相应的指数相加，并省略任何指数为零的基本单位：

```
(define (unit:* u1 u2)
  (alist->unit
   (let loop ((u1 (unit->alist u1)) (u2 (unit->alist u2)))
     (if (and (pair? u1) (pair? u2))
         (let ((factor1 (car u1)) (factor2 (car u2)))
           (if (eq? (car factor1) (car factor2)) ; same unit
               (let ((n (n:+ (cdr factor1) (cdr factor2))))
                 (if (n:= 0 n)
                     (loop (cdr u1) (cdr u2))
                     (cons (cons (car factor1) n)
                           (loop (cdr u1) (cdr u2)))))
               (if (symbol<? (car factor1) (car factor2))
                   (cons factor1 (loop (cdr u1) u2))
                   (cons factor2 (loop u1 (cdr u2))))))
         (if (pair? u1) u1 u2)))))
```

一些运算符（如 remainder、expt、invert、square、sqrt、atan 等）需要特殊处理。其余的运算符可以归入几个简单的类。简单的一元运算（如 negate）只将它们的参数单位传递给运算结果：

```
(define (unit:simple-unary-operation u)
  u)
```

但有些功能（比如实现加法）会检查它们是否"将苹果和橙子加在了一起"：

```
(define (unit:simple-binary-operation u1 u2)
  (if (not (unit=? u1 u2))
      (error "incompatible units:" u1 u2))
  u1)
```

> **练习 6.1（派生单位）** 虽然上面给出的单位计算是正确且相当完整的，但使用起来并不是很好。例如，动能的单位规范为：
>
> (unit kilogram 1 meter 2 second -2)
>
> 从国际单位制（SI）基本单位｛千克、米、秒｝来看，这是正确的，但如果用焦耳（SI 派生的能量单位）来表示会好得多：
>
> (unit joule 1)
>
> 国际单位制的完整系统是｛千克（kg），米（m），秒（s），安培（A），开尔文（k），摩尔（mol），坎德拉（cd）｝，并且有一套经过批准的派生单位。例如：
> - 牛顿（N，力的单位），$1N = 1kg \cdot m \cdot s^{-2}$。
> - 焦耳（J，能或功的单位），$1J = 1N \cdot m$。

- 库仑（C，电量单位），1C = 1A · s。
- 瓦特（W，功率单位），1W = 1J/s。
- 伏特（V，电位差和电动势单位），1V = 1W/A。
- 欧姆（Ω，电阻单位），1Ω = 1V//A。
- 西门子（S，电导单位），1S = 1Ω^{-1}。
- 法拉（F，电容单位），1F = 1C/V。
- 韦伯（Wb，磁通量单位），1Wb = 1Vs。
- 亨利（H，电感单位），1H = 1V · s/A。
- 赫兹（Hz，频率单位），1Hz = 1s^{-1}。
- 特斯拉（T，磁感应强度或磁通密度单位），1T = 1Wb/m^2。
- 帕斯卡（Pa，压强单位），1Pa = 1N/m^2。

a. 设计一个程序，根据 SI 基本单位进行单位描述，并在可能的情况下，使用派生单位进行更简单的描述。

b. 用派生单位表示单位描述并不是唯一的——可能有许多这样的等效描述。这类似于代数简化问题，但这种简化并不明显。定义一个你喜欢的派生单位，并解释你喜欢它的原因。

c. 能够使用单位的标准缩写和乘数是得体的。例如，1mA 是描述 0.001A 或（1/1000）A 的理想方式。设计并实现一个简单的可扩展系统，该系统能实现对输入和输出使用这些符号上的便利。但请记住"语法糖会导致分号灾难"。

6.4 使用依赖项注释值

程序员可能希望在程序的某些部分使用注释来跟踪依赖项。每一条数据或程序都有特定的来源，要么作为一个可以标有外部来源的前提进入计算，要么通过结合其他数据而创建。我们可以为系统的原始操作提供注释层，这些注释层在处理有正当性的数据时，可以用适当的正当性对结果进行注释。

正当性可以有不同的详细程度，最简单的正当性就是一组对新数据有贡献的前提。像加法这样的程序可以形成一个具有正当性的总和，该正当性正好是所提供正当性的加法正当性前提的并集。乘法是相似的，但零乘数足以迫使乘积为零，因此其他因素的证明不需要包括在零积的正当性中。

这些简单的正当性可以在没有固定开销的情况下进行计算和执行，但它们在调试复杂的程序，以及计算结果的功劳或过失归属方面具有很高价值。仅凭这一点就足以支持面向依赖项的回溯（请参阅第 7.5 节）。

外部提供的数据可以用标识其来源的前提进行注释。更一般地，任何数据值都可以用前提集进行注释，这称为它的支持集。注释基准的支持集通常称为其支持。当支持感知程序应用于多个参数时，它必须组合参数的支持集以表示结果的支持。

　　管理支持集是分层数据机制的直接应用。在通用算法中添加了一个支持层来处理支持集。它与其他层共存（例如单位层），所以这是一个附加功能。

　　在 6.3 节开头，我们构建了一个支持分层数据和程序的算法：

```
(define generic-with-layers
  (let ((g (generic-symbolic)))
    (extend-generic-arithmetic! g layered-extender)
    g))

(install-arithmetic! generic-with-layers)
```

我们不需要指定 layered-extender 支持哪些层，因为它会自动在每个分层程序的参数中使用这些层。所以，如果用有单位的参数调用加法运算，那么结果也会有单位。但是，如果所有参数都没有单位，则结果也没有单位，并且不会调用单位相加程序。同样，如果参数有支持，那么结果也会有支持。如果参数没有支持，则结果将没有支持，并且不会调用支持相加程序。

　　例如，我们可以定义质量为 m、速度为 v 的粒子的动能：

```
(define (KE m v)
  (* 1/2 m (square v)))
```

　　现在我们可以看到动能计算的结果，它由几个参数求得：

```
(pp (KE (layered-datum 'm
                       unit-layer (unit 'kilogram 1)
                       support-layer (support-set 'cph))
        (layered-datum 'v
                       unit-layer (unit 'meter 1 'second -1)
                       support-layer (support-set 'gjs))))
#[layered-datum (* (* 1/2 m) (square v))]
(base-layer (* (* 1/2 m) (square v)))
(unit-layer (unit kilogram 1 meter 2 second -2))
(support-layer (support-set gjs cph))
```

我们为每个参数提供了单位层和支持层的注释。对于支持层，我们给出了一组前提（支持集）。这里，每个参数都有一个前提支持，分别是 cph 和 gjs。该值是一个具有三层的分层对象：基本通用算术层值是适当的代数表达式，单位是正确的，支持集是对该值有贡献的命名前提集。

　　在这里，我们接受了 KE 的定义，但没有提供对该程序的明确支持。更广泛地说，我们可能想要添加这样的支持。例如，我们可能想说 KE 是由一个前提 KineticEnergy-classical 所支持的。然后，如果我们发现一些复杂的计算结果有错误，就可以找出哪些程序以及使用的数字或符号输入值导致了错误的答案。在练习 6.2 中我们将解决此问题。

并非所有出现在计算参数中的前提都需要出现在结果中。例如，如果一个对乘积有贡献的因子是零，那么这就是该乘积为零的充分理由，而不受任何其他有限因子的影响。通过零质量的例子来说明这一点：

```
(pp (KE (layered-datum 0
                      unit-layer (unit 'kilogram 1)
                      support-layer (support-set 'jems))
        (layered-datum 'v
                      unit-layer (unit 'meter 1 'second -1)
                      support-layer (support-set 'gjs))))
#[layered-datum 0]
(base-layer 0)
(unit-layer (unit kilogram 1 meter 2 second -2))
(support-layer (support-set jems))
```

这里，对结果的数值为零的支持仅仅是对质量的零值提供的支持。

6.4.1 支持层

现在我们来看看支持层是如何实现的。它与单位层有些不同，可以在不引用基本层的情况下组合单元，而支持层需要查看基本层以进行某些操作。

支持层比单位层稍微简单一些，因为除了三个算术运算符之外，所有的算术运算符都使用默认值：结果的支持集是参数支持集的并集。

```
(define support-layer
  (make-annotation-layer 'support
    (lambda (get-name has-value? get-value)
      (define (get-default-value)
        (support-set))
      (define (get-procedure name arity)
        (case name
          ((*) support:*)
          ((/) support:/)
          ((atan2) support:atan2)
          (else support:default-procedure)))
      (bundle layer?
              get-name has-value? get-value
              get-default-value get-procedure))))

(define support-layer-value
  (layer-accessor support-layer))

(define (support:default-procedure base-value . args)
  (apply support-set-union (map support-layer-value args)))
```

乘法是一个有趣的例子。支持层需要查看基本算术参数的值来确定支持的计算。如果任一参数为零，则对结果的支持仅为对零参数的支持。

```
(define (support:* base-value arg1 arg2)
  (let ((v1 (base-layer-value arg1))
        (v2 (base-layer-value arg2))
        (s1 (support-layer-value arg1))
        (s2 (support-layer-value arg2)))
    (if (exact-zero? v1)
        (if (exact-zero? v2)
            (if (< (length (support-set-elements s1))
                   (length (support-set-elements s2)))
                s1
                s2)    ;arbitrary
            s1)
        (if (exact-zero? v2)
            s2
            (support-set-union s1 s2)))))
```

除法（以及反正切，这里未详细阐述）还必须检查基本层以处理零参数。如果被除数为零，就足以支持商为零。除数永远不会为零，因为基本层在计算时会发出错误信号，此代码将不会运行。

```
(define (support:/ base-value arg1 arg2)
  (let ((v1 (base-layer-value arg1))
        (s1 (support-layer-value arg1))
        (s2 (support-layer-value arg2)))
    (if (exact-zero? v1)
        s1
        (support-set-union s1 s2))))
```

只有当我们可以证明参数真的是零，而不是简单的符号表达式时，乘法和除法的这些优化才有意义。但是，如果表达式能够简化为精确的零，我们可以利用这一事实。

```
(define (exact-zero? x)
  (and (n:number? x) (exact? x) (n:zero? x)))
```

支持集抽象被实现为以符号 support-set 开头的列表：

```
(define (%make-support-set elements)
  (cons 'support-set elements))

(define (support-set? object)
  (and (pair? object)
       (eq? 'support-set (car object))
       (list? (cdr object))))

(define (support-set-elements support-set)
  (cdr support-set))
```

与一些额外的实用程序共同完成抽象。

```
(define (make-support-set elements)
  (if (null? elements)
      %empty-support-set
      (%make-support-set (delete-duplicates elements))))

(define (support-set . elements)
  (if (null? elements)
      %empty-support-set
      (%make-support-set (delete-duplicates elements))))

(define %empty-support-set
  (%make-support-set '()))

(define (support-set-empty? s)
  (null? (support-set-elements s)))
```

　　我们需要能够计算支持集的并集，并将新元素添加给它们。由于我们选择将元素保存在列表中，因此可以使用 Scheme 中的 lset 库 [⊖]。

```
(define (support-set-union . sets)
  (make-support-set
    (apply lset-union eqv?
           (map support-set-elements sets))))

(define (support-set-adjoin set . elts)
  (make-support-set
    (apply lset-adjoin eqv? (support-set-elements set) elts)))
```

> 　　**练习 6.2（程序的责任）**　基于算法的支持层位于较低的层级。每个基本算术操作都是对支持敏感的，在常见情况下无法绕过这项工作，需要有一种抽象的方式。例如，假设我们有一个计算函数的数值定积分的程序，积分的数值单位是被积函数的数值单位与积分极限的数值单位的乘积（上下限单位须相同）。但是，在积分程序中，通过所有详细的算法进行单位计算并不是一个好主意。我们可以通过使用注释积分器，使结果具有正确的单位，而不需要每个内部加法和乘法都是在分层数据上操作的分层程序。
>
> 　　a. 允许可能由原始算术程序（或可能不是）构建的复合程序，并通过添加前提（例如"它是乔治做的"）来修改其结果的支持。
>
> 　　b. 允许复合程序以将其主体隐藏在支持层之外的方式执行。例如，可信库程序可以用适当的支持来注释其结果，但是其主体中的操作将不会导致计算中间结果的支持的开销。

　　⊖　如果支持集变大，我们可以尝试更有效地表示它们，但这里我们只处理较小的集。

c. 支持层围绕算术系统的运算符进行组织。但有时区分运算符的具体出现是有用的。例如，在处理数值精度时，说重要性的丧失是由于几乎相等的数量相减并没有多大意义，而给出引起问题的特定减法实例会更有帮助。有什么方法可以将识别运算符实例的功能添加到支持层吗？

练习 6.3（偏执的编程） 有时，我们不确定库程序是否如所期望的那样。在这种情况下，谨慎的做法是使用能核查结果的测试用例来封装库程序。例如，我们定义了一个程序 solve，该程序将方程中可能出现的一组方程和一组未知数作为输入，产生满足方程的未知数的一组代换。我们可能希望用封装器封装 solve 程序，该封装器检查将输出代入输入方程的结果是否确实使它们成为重言式。但我们不想让这样一个偏执的封装器出现在我们的 parti 中，如何用层来实现它呢？请解释你的设计并实现它。

练习 6.4（分层程序的 IDE） 本练习是一个重要的设计项目，为分层系统设计和开发一个集成开发环境（Integrated Development Environment，IDE）。

使用分层数据和分层程序，是理想的思路。我们的目标是使用有用的、可执行的元数据（如类型声明、断言、单元和支持）来注释程序，而不会使基本程序的文本变得杂乱无章。但是，程序的文本必须与注释的文本相连接，以便在编辑程序的任何部分时，相关的层也会被编辑。例如，假设需要编辑某个分层程序的基本程序。这些层可能是诸如类型声明信息或是如何处理单元和支持集之类的信息。编辑器最好能够向用户展示这些层，以及它们是如何连接到基本程序文本的。也许对基础程序文本的编辑需要对注释层进行编辑，有时这可以自动完成，但通常程序员必须编辑层。

a. 想象一下，为了支持分层系统的开发，你希望 IDE 具有哪些特性？你想在屏幕上看到什么？如何使被编辑的各部分保持同步？

b. Emacs 是构建此类 IDE 的强大基础设施。它支持多窗口和逐窗口编辑模式，具有对多种计算机语言的语法支持，包括 Scheme。有一些 Emacs 子系统（如 org-mode）具有文档分层结构的优点。是否可以将其扩展，从而为分层编程所用？设想一种使用 Emacs 构建 IDE 的方法。

c. 在 Emacs 基础上构建一个小型但可扩展的原型，并进行实验。你遇到了什么问题？Emacs 真的提供了一个很好的出发点吗？若没有，原因是什么？阐述你的实验情况。

d. 如果你的原型受到大家的广泛认可，请你开发一个可靠的系统，并把它变成一个可加载的 Emacs 库，这样我们都可以使用你创造的优秀的系统。

6.4.2　提供正当性

更复杂的正当性也可能记录用来制作数据的特定操作。这种注释可以用来提供解释（也是一种验证），但它在空间上的开销很大，执行的操作数量级可能是线性的。但是，有时可以附加一个详细的审核历史记录来描述数据项的派生，以允许以后的某个进程出于某种目的使用派生，或者评估派生的有效性以进行调试 ⊖。

出于许多目的（例如合法参数），有必要知道数据的来源：数据在哪里被收集的、如何收集的、谁收集的、这次收集是如何被授权的，等等。对线索的详细推导与对信息来源的分析，对于确定数据是否可以在审核中被接受是必不可少的。

在 3.1 节中构建的符号算术就实现了上述思想。事实上，如果符号算术被用作数值算术的一个层，那么每个数值都用它的派生来标注。符号算术注释可能带来较大开销，因为用于数值运算符应用的符号表达式包括其输入的符号表达式。然而，因为我们只需要包括指向每个输入的指针，所以注释每个操作的空间和时间的成本通常是可以接受的 ⊖。因此，当需要提供解释或者临时跟踪难以捕获的错误时，可以覆盖这种正当性。

> **练习 6.5（正当性）** 勾勒出为数据进行证明所涉及的问题。请注意，值的原因取决于其派生的值以及这些值的组合方式。如果一个值的原因是许多因素的数值加权组合，比如在深度神经网络中，我们该怎么办？这是一个我们需要解决的问题，以便让影响我们的系统负起责任。

6.5　分层的前景

我们只触及了通过一种简单方便的数据和程序分层机制所能做的事情的皮毛知识。这是一个开放的研究领域，支持分层的系统开发可能会对未来产生巨大的影响。

敏感度分析是一项重要功能，可以使用带注释的数据和分层程序来构建。例如，在力学中，如果我们有一个系统，它从一些初始条件演化出一个微分方程组的解，那么理解围绕参考轨迹的轨道管的变形方式尤为重要，这通常是通过积分一个变分系统和参考轨迹来实现的。类似地，在一些分析中，计算出的名义值也可以包含在名义值周围的概率分布中。这可以通过用分布注释值并提供具有覆盖程序的操作来实现，以便在名义的指导下组合分

⊖　在 Patrick Suppes 的 *Introduction to Logic* 中（见［118］），校验是分四栏写的，这四栏包括了该行的标识符、该行的语句、用于从先前行派生该行的规则以及支持该行的前提集。这种证明结构实际上是我们提供正当性和支持集的方式的灵感来源。

⊖　这不是真的。问题在于数值运算的组合可能不会产生显著的内存访问成本，但符号表达式的构造有所不同，无论它的规模多么小，都需要访问内存。与在 CPU 寄存器中进行运算的时间相比，存储器访问时间是巨大的。

布，也许还可以实现贝叶斯分析。当然，要做好这件事并不容易。

一个更令人兴奋但相关的想法是扰动编程。通过与微分方程示例的类比，是否可以编程实现符号系统来复现参考轨迹周围的变化，从而允许我们考虑查询中细微的变化？例如，考虑一下进行搜索的问题。给定一组关键字，系统就会像变魔术一般列出与关键字匹配的文档列表。假设我们增量地更改单个关键字，搜索对该关键字的敏感度有多高？更重要的是，是否有可能在增量不同的搜索中重用一些已完成的工作，从而获得先前的结果？我们不知道这些问题的答案，但如果可能的话，我们希望能够通过一种扰动程序来捕捉这些方法，并覆盖在基础程序之上。

通过依赖关系缓解不一致性

对数据的依赖注释为我们设计仿人类的计算提供了一个强大的工具。例如，所有人类都有相互矛盾的信仰：一个聪明人可能致力于科学方法，但对一些迷信或仪式实践有着强烈的依恋；一个人可能强烈相信人类所有生命的神圣性，但也相信死刑有时是正当的。如果我们真的是逻辑学家，这种不一致将是致命的，因为如果我们真的同时相信命题 P 和 NOTP，那么我们将不得不相信所有的命题。但我们并没有让不一致的信念抑制正常的想法。在同一地区，人们的个人信仰体系似乎是一致的，并没有明显的矛盾。如果我们观察到了不一致之处，也不会大惊小怪，可能会略微感到矛盾，也可能会一笑而过。

我们可以在每个命题上附加一组支持的假设，允许根据假设集进行有条件的演绎。然后，如果出现矛盾，程序可以辨别与假设相悖的"不好的集合"。然后，系统就会"一笑而过"，意识到基于这些假设的任何超集的任何推论都是不可信的。这个可笑的程序（即依赖导向的回溯）可以用来优化复杂的搜索程序，允许搜索最大限度地利用错误。但是，使一个程序能够同时辨别持有基于相互不一致的假设集，而不会发生逻辑灾难，这将是革命性的。

数据使用的限制

数据的使用方式往往受到限制，这些限制包括法规、合同、习惯或共识。其中一些限制旨在控制数据的传播，而另一些限制旨在界定根据该数据预测的行动的后果。

数据的使用权可能会受到发送人的进一步限制，"我在保密的情况下告诉你此信息。你不能用它来和我竞争，也不能把它给我的任何竞争对手"。数据也可能会受到接收者的限制，"如果我不能跟我配偶提及，那我也不想了解这件事"。

虽然细节可能相当复杂，但当数据从一个人或组织传递到另一个人或组织时，对其使用的限制会以通常可以用代数表达式表示的方式改变。这些表达式描述了如何根据特定数据项的传输历史计算对其使用的限制——在每个步骤中添加或删除的负担。当一个数据集的部分与另一个数据集的部分组合时，对提取的使用方式的限制以及对它们可以组合的方式的限制必须确定对组合的限制。这个程序的形式化是*数据目标代数*（见［53］）描述。

数据目标代数层有助于构建跟踪敏感数据的分布和使用的系统，以支持审计并抑制对该数据的滥用。但这类应用程序远不止是简单的分层问题。要使其有效，需要确保程序安全，防止通过不受控制的通道泄漏或损害跟踪层。这方面还有大量的研究亟待完成。

传　播

几十年的编程经验对我们的集体想象力造成了损害。我们来自一个稀缺的文化，在那里计算程序和内存都很昂贵，并发性很难安排和控制。虽然现在情况已不再如此，但是我们的语言、算法和架构思想都是基于这些假设的。我们的语言基本上是顺序的和定向的，甚至函数式语言都假设计算是围绕着通过表达式树渗透的值组织的。多向约束很难用函数式语言表达。

逃离冯·诺依曼的束缚

计算的传播者模型（见［99］）提供了一条出路。传播者模型建立在基本计算元素是传播者的思想之上，传播者是通过共享单元相互连接的自治独立机器，它们通过共享单元进行通信。每一个传播者不断检查与之相连的单元，并根据从其他单元获得的信息进行计算，向某些单元添加信息。单元积累信息，传播者产生信息。

由于传播者的基础结构是基于通过相互连接的独立机器进行的数据传播的，所以传播者结构由连线图来表示更好，而不是表达式树。在这样的系统中，部分信息是有用的，即使它们是不完整的。例如，计算平方根的常用算法是 Heron 算法逐次求精。在传统的程序设计中，平方根的计算结果只有在达到一定容错性后才能用于后续的计算。相比之下，在执行相同函数的模拟电路中，部分结果可以用于下一阶段的第一次近似计算。这不是模拟或者数字问题，而是结构问题。在传播者结构中，数字处理的部分结果可以在不等待最终结果的情况下使用。

细节填充

这为构建可以填充细节的功能强大的系统提供了一个自然的计算结构。这个结构是加性的：无论是简单的传播者还是整个子网，只需向网络添加新的部分，就可以包含贡献信息的新方法。例如，如果一个不确定的量被表示为值域（range），那么一种新的计算上界的方法可以被包括在内，而不影响网络的任何其他部分。

在我们使用信息的所有方式中，细节填充都扮演着重要的角色。以 Kanizsa 三角（见图 7.1）为例。根据一些零碎的证据，我们看到一个白色的三角形（在白色的背景上），但它并不存在（而且它通常会被描述为比背景更明亮）。我们已经补充了隐藏图像所缺少的细节。当我们听讲话时，会利用语音体系、词法、语法和语义的规律，从观察到的语境中填充细节。一个专业的电路设计师在看到部分原理图后，就会把细节补充进去，进而形成一个合理的机制。这种细节填充并不是顺序发生的，只要能从周围的线索中做出局部推断，这种情况就会发生。推断也许是复合的，因此在部分细节填充后，它就会为继续完成此程序形成一个新的线索。

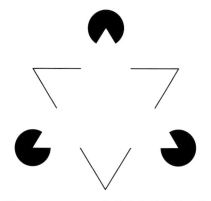

图 7.1　Kanizsa 三角是完全错觉的经典例子，其实这里并没有白色三角

依赖和回溯

通过使用分层，我们以一种自然且有效的方式把依赖合并到传播者基础结构中。这允许系统跟踪和保存关于每个值的来源的信息。通过引用来源和源材料组合的规则，来源可以用来对值是如何产生的这一问题提供连贯的解释。当我们有多个源，且每个源都提供关于值的部分信息时，这一点尤其重要。依赖跟踪还提供了调试的基础（也可能是内省自调试）。

除了基础信任，假设也有可能由 amb 机制引入，该机制提供了由前提支持的替代价值，这些前提可以毫无痛苦地被抛弃。与基于表达式的语言（如 Lisp）建立的系统不同，不会出现由表达式结构产生的虚假控制流，从而破坏我们的依赖关系，并在回溯时对已经计算过的值进行高代价的重新计算。

简并、冗余和并行

传播者模型结合了一些机制来支持冗余（实际上是简并的）子系统的集成，以便可以用多种不同的方式解决问题。多重冗余设计在为抗攻击方面是有效的：如果没有可以被破坏的单个执行线程，那么禁用或者延迟其中一条路径的攻击将不会妨碍计算，因为可以有另一条替代路径。冗余和简并的并行计算有助于完整性和弹性：可以检查沿不同路径进行的计算，以确保完整性。跨线程不变量增加了对并行计算的破坏工作。

传播者模型本质上是并发的、分布式的、可伸缩的，具有很强的隔离性和内置的并行计算假设。多个独立的传播者模型在共享单元中计算并贡献信息，在共享单元中信息被合并，矛盾被记录并处理。

7.1　示例：到恒星的距离

考虑一个天文学问题，估计到恒星的距离。这是非常困难的，因为距离是巨大的。即使对于最近的恒星，我们可以使用视差测量，以地球轨道半径为基线，恒星位置的角变化也只是弧秒（arcsecond）的一小部分。事实上，恒星距离的单位是秒差距（parsec），这是一个基于地球轨道直径的三角形的高度，顶点角为 2 弧秒。视差是通过观测地球每年绕太阳公转时恒星在背景上的位置变化来测量的（见图 7.2）。

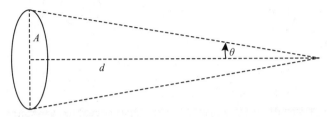

图 7.2　位于地球绕太阳轨道半长轴上的三角形与远处恒星的夹角 θ 称为恒星视差。注意，
$A/d = \tan(\theta)$。如果 $\theta = 1$ 弧秒，那么距离 d 就被定义为 1 秒差距。
半长轴 A 的长度为 1 天文单位（AU）=149 597 870 700 米

我们定义一个传播者，把恒星的视差（以弧度为单位）与到恒星的距离（以秒差距为单位）联系起来：

```
(define-c:prop (c:parallax<->distance parallax distance)
  (let-cells (t (AU AU-in-parsecs))
    (c:tan parallax t)
    (c:* t distance AU)))
```

这里，特殊形式 define-c:prop 定义了一种特殊的程序，一个名为 c:parallax<->distance 的构造函数。当 c:parallax<->distance 给定两个单元（局部命名为 parallax 和 distance）作为它的参数时，它构造了一个约束传播者来联系这些单元格。使用特殊的 let-cells 形式，它创建了两个新的单元，一个本地命名为 t，另一个本地命名为 AU。命名为 t 的单元未初始化，命名为 AU 的单元初始化为天文单位（地球轨道的半长轴）的数值，单位为秒差距。命名为 parallax 的单元和命名为 t 的单元由一个由 c:tan 构造的原始约束传播者连接，施加一个约束条件，即 t 持有的值一定都是 parallax 持有值的正切值。类似地，单元 t、distance 和 AU 都由 c:* 构造的原始约束传播者连接，约束条件是 t 值与 distance 值的乘积是 AU 的值。

让我们来考虑一下到织女星的距离，用视差来衡量。我们定义两个单元，Vega-parallax-distance 表示距离，Vega-parallax 表示视差角。

```
(define-cell Vega-parallax-distance)
(define-cell Vega-parallax)
```

现在我们可以用刚才定义的传播者构造函数将每一部分连接起来：

```
(c:parallax<->distance Vega-parallax Vega-parallax-distance)
```

这样构建的单元和传播者系统如图 7.3 所示。

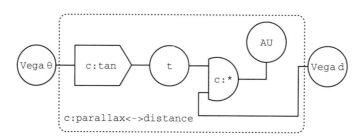

图 7.3　传播者系统的接线图，该系统通过在命名为 Vega-parallax-distance（图中的 Vega d）
和 Vega-parallax（图中的 Vega θ）的单元上调用 c:parallax<->distance 来
构建。圆圈代表单元，其他形状代表连接单元的传播者。这些传播者不是
定向的，它们强制执行代数约束。按照惯例，我们用前缀 c: 的方式来
命名约束传播者构造函数。例如，由 c:* 构造的传播者强制约束，
即单元 t 和单元 Vega-parallax-distance 内容的乘积就是
单元 AU 的内容

　　约束传播者本身由定向传播器组成，如图 7.4 所示。定向传播者（如由 p:* 构造的倍增器）调整乘积单元中的值，使其与乘数和被乘数单元的值一致。在传播者系统中混合使用定向传播者和约束传播者是完全合适的 ⊖。

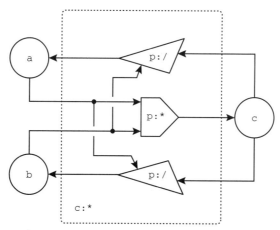

图 7.4　c:* 构造的约束传播者由三个定向传播者组成。按照惯例我们用前缀 p:
来命名定向传播者构造函数。定向乘数传播者由 p:* 构造，定义 c 的值是
单元 a 和 b 的值的乘积。除数传播者由 p:/ 构造，定义（a 和 b）商
单元的值就是用除数单元（b 和 a）的值去除被除数单元 c 的
值的结果

⊖　约束传播是由 David Waltz 在其关于线图解释的博士论文中引入的（见［125］）。Gerald Jay Sussman 和 Richard Stallman 开发了基于约束传播的电路分析工具（见［114，119］）。Eugene Freuder 通过自己的期刊（见［24］），将约束编程思想转变为一项重大的智力努力。Guy Steele 的博士论文（见［116］）展示了如何基于约束构造编程语言。

现在让我们用这个小系统进行计算。Friedrich G. W. von Struve 在 1837 年发表了对织女星视差的估计：0.125" ± 0.05"⊖。这是对恒星视差的第一个似乎合理的发表的测量结果，但是因为他的数据比较少且后来他否定了这些数据，导致第一次真正的测量数据归功于 Friedrich Wilhelm Bessel，他在 1838 年对天鹅座 61 的视差进行了周密的测量。然而，Struve 对织女星视差的估计值十分接近目前最好的估计值。我们对系统使用 Struve 的估计值，125 毫弧秒加减 50 毫弧秒：

```
(tell! Vega-parallax
       (+->interval (mas->radians 125) (mas->radians 50))
       'FGWvonStruve1837)
```

程序 tell！需要三个参数：一个传播者单元、那个单元的值和一个描述数据来源的前提符号。程序 mas → radians 把毫弧秒转化为弧度。程序 + → interval 以第一个参数为中心建立区间：

```
(define (+->interval value delta)
  (make-interval (n:- value delta) (n:+ value delta)))
```

那么 Vega-parallax 单元有区间：

```
(+->interval (mas->radians 125) (mas->radians 50))
```
(interval 3.6361026083215196e-7 8.48423941941688e-7)

Struve 估计结果的误差是视差估计的相当大的部分。所以他估计到织女星的距离相当宽（大约是 5.7 ∼ 13.3 秒差距或 9.5 ± 3.8 秒差距）。

```
(get-value-in Vega-parallax-distance)
```
(interval 5.7142857143291135 13.33333333343721)

```
(interval>+- (get-value-in Vega-parallax-distance))
```
(+- 9.523809523883163 3.8095238095540473)

区间值由前面的 FGWvonStruve1837 支持。

```
(get-premises Vega-parallax-distance)
```
(support-set fgwvonstruve1837)

我们将使用程序 inquire 来很好地显示单元的值和对该值的支持 ⊖。

⊖ 见［127］，第 71 页。

⊖ 这个值还有一个"原因"，由以 because 开头的列表表示。在本例中，Vega-parallax-distance 单元中的值是通过将 AU 单元的内容除以 c:parallax<->distance 生成的传播器中的 t 单元的内容而得到的。方向除传播器 p:/ 是约束传播器 c:* 的一部分，而约束传播器本身也是 c:parallax<->distance 约束传播器的一部分。这些原因可能非常冗长。当 inquire 的结果没有帮助时，我们将省略 because 部分。

通过递归地追查这些原因，可以得到关于一个值的派生的非常详细的解释。这些原因就是我们在 6.4.2 节中讨论的理由。

```
(inquire Vega-parallax-distance)
((vega-parallax-distance)
 (has-value (interval 5.7143e0 1.3333e1))
 (depends-on fgwvonstruve1837)
 (because
  ((p:/ c:* c:parallax<->distance)
   (au 4.8481e-6)
   (t (interval 3.6361e-7 8.4842e-7)))))
```

Russell 等人在 1982 年提出的一种更紧密的束缚（见［106］），似乎非常接近 Struve 估计的中心。

```
(tell! Vega-parallax
       (+->interval (mas->radians 124.3) (mas->radians 4.9))
       'JRussell-etal1982)
```

通过这种测量，距离估计缩小为

```
(inquire Vega-parallax-distance)
((vega-parallax-distance)
 (has-value (interval 7.7399 8.3752))
 (depends-on jrussell-etal1982))
```

注意到我们对织女星距离的估计现在只依赖 Russell 的测量。因为 Russell 测量的区间完全包含在 Struve 测量的区间中，所以 Struve 的测量不能提供进一步的信息。但是单元会记住 Struve 的测量和它的来源，如果需要的话它可以被找回来。

到了 1995 年，又出现了一些更好的测量方法 ⊖。

```
(tell! Vega-parallax
       (+->interval (mas->radians 131) (mas->radians 0.77))
       'Gatewood-deJonge1995)
((vega-parallax)
 (has-value (the-contradiction))
 (depends-on jrussell-etal1982 gatewood-dejonge1995)
 (because
  ((has-value (interval 5.7887e-7 6.2638e-7))
    (depends-on jrussell-etal1982))
  ((has-value (interval 6.3137e-7 6.3884e-7))
    (depends-on gatewood-dejonge1995)))))
```

我们看到，矛盾取决于两种信息来源。每种来源提供一个区间，区间不重叠。假设我们认为 Gatewood 和 de Jonge 的测量看起来可疑，让我们收回这个前提：

```
(retract! 'Gatewood-deJonge1995)
```

所有依赖收回的前提的值都被收回了，因此我们看到的距离值已经恢复到原来的值：

```
(inquire Vega-parallax-distance)
```

⊖　这里我们在撒谎！实际上 Gatewood 和 de Jonge（见［43］）的度量有点不同。他们测量的中心是 130 毫弧秒而不是我们在这里引用的 131 毫弧秒。我们捏造了这一点，以便稍后能够说明一个计算点。

```
((vega-parallax-distance)
 (has-value (interval 7.7399 8.3752))
 (depends-on jrussell-etal1982))
```

这就是我们从 Russell 等人那里得到的，这个前提确实支持这个值。

但是，由于 Hipparcos 卫星（Van Leeuwen，见［83］）对织女星的视差进行了一些令人印象深刻的测量，所以情况变得更加复杂：

```
(tell! Vega-parallax
       (+->interval (mas->radians 130.23) (mas->radians 0.36))
       'FvanLeeuwen2007Nov)
((vega-parallax)
 (has-value (the-contradiction))
 (depends-on jrussell-etal1982 fvanleeuwen2007nov)
 (because
  ((has-value (interval 5.7887e-7 6.2638e-7))
   (depends-on jrussell-etal1982))
  ((has-value (interval 6.2963e-7 6.3312e-7))
   (depends-on fvanleeuwen2007nov))))
```

我们应该相信哪一个 [⊖]？让我们拒绝 Russell 结果：

```
(retract! 'JRussell-etal1982)

(inquire Vega-parallax-distance)
((vega-parallax-distance)
 (has-value (interval 7.6576 7.7))
 (depends-on fvanleeuwen2007nov))
```

这是分离的卫星结果。

现在我们重新加入 Gatewood，看看会发生什么：

```
(assert! 'Gatewood-deJonge1995)

(inquire Vega-parallax-distance)
((vega-parallax-distance)
 (has-value (interval 7.6576 7.6787))
 (depends-on gatewood-dejonge1995 fvanleeuwen2007nov))
```

我们得到了一个更强的结果，因为 Van Leeuwen 和 Gatewood 的区间交集小于任一单独区间 [⊖]。（没有显示 Gatewood 的结果（`interval 7.589 7.6787`）。）

⊖ 实际上，Hipparcos 的数据有一些问题。具体来说，Hipparcos 测量到一些非常明亮的星团（如昴宿星）的距离，显然与用超长基线无线电干涉测量法测量到的距离不一致。但是这种差异并没有破坏 Hipparcos 的其他测量结果。

⊖ 这就是为什么我们篡改了 Gatewood 和 de Jonge 的测量方法。因为如果我们引用正确的话，他们的结果就不会与 Hipparcos 的结果重叠了。事实上，Hipparcos 的测量将完全包含在 Gatewood 和 de Jonge 的误差条中。

星等

还有其他方法可用于估计到恒星的距离。我们知道一颗恒星的视亮度随着离我们距离的平方的增大而缩小，那么如果我们知道恒星的固有亮度，就可以通过测量它的视亮度来得到这个距离。

到目前为止，我们已经有了相当好的理论理解，可以对某些恒星的固有亮度给出可靠且准确的估计。对我们从恒星接收到的光进行光谱分析可以获取一些信息，例如，它的状态、化学成分和质量。通过这些我们可以估算出它的固有亮度。织女星是一个很好的例子，我们对它了解很多。

天文学家用星等来描述恒星的亮度。5 个量级的差异被定义为亮度的 100 倍 ⊖。一颗恒星的固有亮度是当它距离观测者 10 秒差距时的星等。这被称为恒星的绝对星等。我们可以把亮度和距离的关系总结成一个简洁的公式，这个公式结合了平方反比定律和星等的定义。如果 M 是一颗恒星的绝对星等，m 是恒星的视星等，d 是到恒星的距离（秒差距），那么 $m-M=5$（$\log10$（d）-1）。这个公式可以用一个约束传播者构造函数表示 ⊖。

```
(define-c:prop
  (c:magnitudes<->distance apparent-magnitude
                           absolute-magnitude
                           magnitude-distance)
  (let-cells (dmod dmod/5 ld10 ld
              (ln10 (log 10)) (one 1) (five 5))
    (c:+ absolute-magnitude dmod apparent-magnitude)
    (c:* five dmod/5 dmod)
    (c:+ one dmod/5 ld10)
    (c:* ln10 ld10 ld)
    (c:exp ld magnitude-distance)))
```

现在我们回忆织女星的一些知识。我们定义一些单元，并用传播者将它们连接起来。

```
(define-cell Vega-apparent-magnitude)
(define-cell Vega-absolute-magnitude)
(define-cell Vega-magnitude-distance)

(c:magnitudes<->distance Vega-apparent-magnitude
                         Vega-absolute-magnitude
                         Vega-magnitude-distance)
```

我们现在提供一些测量方式。织女星非常明亮，它的视星等非常接近于零。（哈勃太空望远

⊖ 这个不可否认的古怪系统起源于古希腊天文学家 Hipparchus（约公元前 190 年 – 公元前 120 年）的工作。他在他的目录中为每颗恒星分配了一个数值亮度。他称最亮的恒星为第一星等，不太亮的为第二星等，最暗的为第六星等。欧洲航天局的 Hipparcos 空间天体测量任务就是以 Hipparchus 命名的。

⊖ 这是一种非常丑陋的语言，因为我们需要为表达式的所有中间部分命名和创建单元格。有很多方法可以让它更漂亮，但如果我们从这个粗糙但非常具体的接线图语言开始，概念会更清晰。很容易编写一个小型编译器，将写成代数表达式的约束转换为传播图片段（见练习 7.1 和练习 7.6）。

镜被用来进行非常精准的测量，见［14］。)

```
(tell! Vega-apparent-magnitude
      (+->interval 0.026 0.008)
      'Bohlin-Gilliland2004)
```

织女星的绝对星等也相当精准（见［44］）。

```
(tell! Vega-absolute-magnitude
      (+->interval 0.582 0.014)
      'Gatewood2008)
```

因此，我们可以很好地估计到织女星的距离，这只取决于以下测量结果：

```
(inquire Vega-magnitude-distance)
((vega-magnitude-distance)
 (has-value (interval 7.663 7.8199))
 (depends-on gatewood2008 bohlingilliland2004))
```

不幸的是，在两个不同的单元中都存在距离，所以用传播者连接它们：

```
(c:same Vega-magnitude-distance Vega-parallax-distance)
```

此时，我们得到了一个到织女星距离的更好的值，这个区间的上界和之前一样，但是下界稍微高一点：

```
(inquire Vega-parallax-distance)
((vega-parallax-distance)
 (has-value (interval 7.663 7.6787))
 (depends-on fvanleeuwen2007nov gatewood-dejonge1995
         gatewood2008 bohlingilliland2004))
```

1995 年 Gatewood 和 de Jonge 的测量真的重要吗？让我们来看一下：

```
(retract! 'Gatewood-deJonge1995)

(inquire Vega-parallax-distance)
((vega-parallax-distance)
 (has-value (interval 7.663 7.7))
 (depends-on fvanleeuwen2007nov
         gatewood2008
         bohlingilliland2004))
```

事实上确实如此，1995 年的测量数据处于区间的上界。

测量方式改进

我们有两种方法计算到织女星的距离：使用视差和星等。值得注意的是，视差和星等测量区间通过来自彼此的信息得到改善。为了使系统保持一致，这个步骤是必要的。

观察织女星的视星等。Bohlin 和 Gilliland 提供的原始测量值是 $m = 0.026 \pm 0.008$。这转化成区间：

```
(+->interval 0.026 0.008)
(interval .018 .034)
```

但是现在的数值要好一些，为 $[0.018, 0.028456]$：

```
(inquire Vega-apparent-magnitude)
((vega-apparent-magnitude)
 (has-value (interval 1.8e-2 2.8456e-2))
 (depends-on gatewood2008
             fvanleeuwen2007nov
             bohlin-gilliland2004))
```

上界和视差测量的信息一致。对于每个可测的量都是如此。2008 年 Gatewood 提供的绝对星等是：

```
(+->interval 0.582 0.014)
(interval .568 .596)
```

但是现在下界：

```
(inquire Vega-absolute-magnitude)
((vega-absolute-magnitude)
        (has-value (interval 5.8554e-1 5.96e-1))
        (depends-on Gatewood2008
                fvanleeuwen2007nov
                bohlin-gilliland2004))
```

通过星等测量得到的信息，视差也得到改善：

```
(inquire Vega-parallax)
((vega-parallax)
 (has-value (interval 6.2963e-7 6.3267e-7))
 (depends-on fvanleeuwen2007nov
             gatewood2008
             bohlin-gilliland2004))
```

计算向各个方向传播的事实为我们理解任何新信息的含义提供了一个强大的工具。

练习 7.1（使编写传播者网络更容易） 在我们的传播者系统里，编写代码构建一个网络（即使是简单的网络）是相当痛苦的，因为所有的内部节点都要命名。例如，在摄氏温度和华氏温度之间转换的约束传播者如下所示：

```
(define-c:prop (celsius fahrenheit)
  (let-cells (u v (nine 9) (five 5) (thirty-two 32))
    (c:* celsius nine u)
    (c:* v five u)
    (c:+ v thirty-two fahrenheit)))
```

如果能够对一些传播者使用表达式语法就更好了，所以我们可以这么写：

```
(define-c:prop (celsius fahrenheit)
  (c:+ (ce:* (ce:/ (constant 9) (constant 5))
             celsius)
       (constant thirty-two)
       fahrenheit))
```

这里的 ce:* 和 ce:+ 是传播者构造函数，它们为值创造单元并将其返回给调用者。程序 ce:+ 可以写成：

```
(define (ce:+ x y)
  (let-cells (sum)
    (c:+ x y sum)
    sum))
```

除了约束传播者，还有定向传播者，如 p:+。这个表达式的一个很好的命名是 pe:+。

我们可以访问所有原始算术运算符的名称。编写一个程序，能够接受这些名称，并为每个运算符安装定向和约束表达式形式。

练习 7.2（电气设计问题） 解决这个问题，你不需要知道电子学。Anna Logue 正在设计一个晶体管放大器。作为计划的一部分，她需要做一个分压器来偏压晶体管。分压器由两个电阻器组成，电阻值为 R_1 和 R_2。ρ 为输出电压 V_{out} 与电源电压 V_{in} 之比。分压器的输出电阻为 Z。

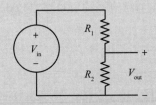

以下是相关公式：

$\rho = V_{out} / V_{in}$

$\rho = R_2 / (R_1 + R_2)$

$Z = R_1 \rho$

由于 Anna 有很多这样的问题要解决，她做了一个约束网络来帮助她：

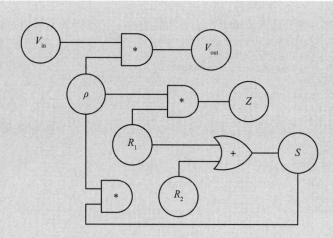

a. 创建一个实现此图的传播者网络。

b. Anna 的电源电压为 14.5 ~ 15.5V，她需要分压器的输出为 3.5 ~ 4.0V：$V_{in} \in$ [14.5, 15.5]，$V_{out} \in$ [3.5, 4.0]。

她为 R_2 储备了一个 47 000Ω 的电阻，她可以选择 R_1 的值的范围是什么？她可以为 R_1 选择一个满足她的规范的值吗？

c. Anna 还需要分压器的输出电阻为 20 000 ~ 30 000Ω，$Z \in$ [20 000, 30 000]。因此，她的真正问题是为分压器电阻 R_1 和 R_2 找到合适的值的范围，考虑到所需的分压器比 ρ 和 Z 的规格。

如果她不选择 R_2（记住收回对这个值的支持），而是选择坚持 Z 的规范，这应该决定 R_1 和 R_2，但是网络不会发现 R_2 的值，为什么？解释这个问题。

d. 如果我们现在告诉你 R_2 的范围为 1 000 ~ 500 000Ω，传播者网络将收敛于给出 R_2 的实际范围的有效答案。为什么？请解释一下。

练习 7.3（局部一致性项目） 传播是一种攻击局部一致性问题的方法。例如，Waltz 算见法（见 [125]）是一种用于解释实心多面体线条图的传播方法。利用传播可以成功地解决地图着色和类似的问题。

其基本思想是，有一个图，其中的节点可以被分配到一组离散标签中的一个，并且节点之间通过约束连接，这些约束根据相邻节点上的标签来限制哪些标签可以被允许。例如，在 Waltz 算法中，一条线可能有几个标签中的一个。每条线连接两个顶点。一个顶点约束终止于其上的线，使线与顶点可能的几何解释的集合一致。但是对一条直线的解释必须在这条直线的两端相同。

a. 对于这些实验，你将会需要一个离散集合的"算法"。你会需要一个集合在另一个集合中的并集、交集和补集。建立这样的算法。

b. 一个节点的可能性的集合是关于该节点实际状态的部分信息：可能性集合越小，关于该节点的信息就越多。如果我们将关于一个节点状态的知识表示为一个传播者单元，那么两个集合的合并就是它们的交集。这和实值范围区间的相交是一致的。把离散集合的交集作为通用 merge（合并）的处理程序。

c. 使用该组织构建并证明你对局部一致性问题的解决方案。

d. 注意，在很多图中，节点的分配仅依赖少数约束条件。演示如何使用支持跟踪来解释节点分配。

7.2 传播机制

基本的传播机制包括单元、传播者和一个调度器。单元累积有关值的信息，它必须能够说出它所拥有的信息，必须能够接受该信息的更新。它也必须能够警示对其更改内容感兴趣的传播者。每个单元维持一组可能对它的内容感兴趣的传播者，它们被称为邻居。

传播者是一种无状态（功能性）的程序，它通过感兴趣的任一单元的值的更改而激活。能够激活传播者的单元是它的输入单元。一个激活的传播者从它的输入单元收集信息，并可能计算出一个或多个输出单元的更新。一个单元有可能同时是一个传播者的输入和输出。

单元的内容是它所积累的关于其值的信息。当请求它的值时（例如由一个传播者请求），它会用能提供的最强值来回应。我们已经在区间的使用中看到这一点——单元报告它所知道的最有可能的值的区间。当单元接收到输入时，它确定其内容的更改是否会导致其最强值的更改。如果最强值发生变化，单元就会通知它的邻居。这告诉调度程序激活他们。调度程序负责将计算资源分配给激活的传播者。其目的是使传播的计算结果与调度的细节或顺序无关。

单元和传播者组织在层次机构中的元素。每个单元或传播者都有一个名字、一个父单元，也许还有一组子单元。它们用于为层次结构中的每个单元或传播者构造唯一的路径名。路径名可以被用于访问元素并在输出中标识它。单元或者传播者由用户或者复合传播者创建。参数 *my-parent* 由父节点动态绑定。这使得新单元或者新传播者能够依附于家族。

7.2.1 单元

单元通过使用 bundle 宏作为消息接收程序执行。单元在 content 变量中维护其信息，content 变量初始化为值 the-nothing（由谓语 nothing? 标识），表示没有关于该值的任何信息。当被询问时，单元报告的值是它目前拥有的 strongest 值。这个单元还维护一系列邻居 neighbors，当单元的最强值发生变化时，需要向这些传播者发出警示。一个辅助数据结构 relations 用来保存单元的家族关系。

下面是单元构造函数的概要。有意思的部分是 add-content! 和 test-content!，下面是它们的解释：

```
(define (make-cell name)
  (let ((relations (make-relations name (*my-parent*)))
        (neighbors '())
        (content the-nothing)
        (strongest the-nothing))
    (define (get-relations) relations)
    (define (get-neighbors) neighbors)
    (define (get-content) content)
    (define (get-strongest) strongest)
    (define (add-neighbor! neighbor)
      (set! neighbors (lset-adjoin eq? neighbors neighbor)))
    (define (add-content! increment)
      (set! content (cell-merge content increment))
      (test-content!))
    (define (test-content!)

     见后文定义.)

    (define me
      (bundle cell? get-relations get-neighbors
              get-content get-strongest add-neighbor!
              add-content! test-content!))
    (add-child! me (*my-parent*))
    (set! *all-cells* (cons me *all-cells*))
    me))
```

单元通过调用 add-content! 接收新信息。新信息 increment 必须与 content 中的现有信息合并。通常，合并程序特定于要合并的信息类型，所以必须制定单元的合并机制。然而，代表信息缺失的 the-nothing 是特殊的。任何与 the-nothing 合并的信息都不变并且返回。

使用合并而不是替换的原因是想要使用部分信息来完善我们对值的知识 $^\ominus$。例如，在上面描述的恒星距离的计算中，区间通过交集被合并以产生更好的估计值。在类型推断示例（参见 4.4.2 节）中，我们通过合一来组合描述以获得更具体的信息。在 7.4 节将测试合并值的一般问题。

在某些情况下，可能无法合并两部分信息。例如，一个未知数的值不能同时是 0 和 1。在这种情况下，cell-merge 返回一个矛盾对象，该对象可能携带关于矛盾细节的信息。如果没有额外信息，矛盾对象就是符号 the-contradiction，它符合原始谓词 contradiction?。更复杂的矛盾可以用一般谓语程序 general-contradiction? 来识别。如果有可能，矛盾可以像 7.5 节解释的那样，通过 handle-cell-contradiction 解决。

如果单元的最强值发生变化，邻居 neighbors 会得到提醒。但是如果一个增量没有影

$\ominus$　这是 Alexey Radul 博士论文中的一个重要观点，见 [99，100]。

响最强值，它就无法提供额外的信息，在这种情况下，重要的是避免通知邻居，以防止无用的循环。这都由 test-content! 程序来实现，它被定义为 make-cell 的内部程序。

```
(define (test-content!)
  (let ((strongest* (strongest-value content)))
    (cond ((equivalent? strongest strongest*)
           (set! strongest strongest*)
           'content-unchanged)
          ((general-contradiction? strongest*)
           (set! strongest strongest*)
           (handle-cell-contradiction me)
           'contradiction)
          (else
           (set! strongest strongest*)
           (alert-propagators! neighbors)
           'content-changed))))
```

当一个假设改变了它的置信状态时，程序 test-content! 也被用于警示所有单元。每一个发出警示的单元检查它的 strongest 值是否发生变化，这就需要一些动作，比如发出矛盾信号或者提醒它的传播者邻居，参见 7.3 节。

为了隐藏单元的实现细节，我们提供了方便的访问程序：

```
(define (add-cell-neighbor! cell neighbor)
  (cell 'add-neighbor! neighbor))

(define (add-cell-content! cell increment)
  (parameterize ((current-reason-source cell))
    (cell 'add-content! increment)))

(define (cell-strongest cell)
  (cell 'get-strongest))
```

add-cell-content! 里的参数 current-reason-source 是为每个值说明原因的层的一部分。这里不再进一步阐述这个有用的特性。

7.2.2　传播器

要制作一个传播器，我们需要提供一个输入单元列表、一个输出单元列表和一个程序 activate!，这个程序会在收到警示的时候执行。构造函数用 add-cell-neighbor! 把传播者引入它的输入单元。它还会警示新的传播者，以便在需要时运行它。

```
(define (propagator inputs outputs activate! name)
  (let ((relations (make-relations name (*my-parent*))))
    (define (get-inputs) inputs)
    (define (get-outputs) outputs)
    (define (get-relations) relations)

    (define me
```

```
        (bundle propagator? activate!
                get-inputs get-outputs get-relations))
    (add-child! me (*my-parent*))
    (for-each (lambda (cell)
                (add-cell-neighbor! cell me))
              inputs)
    (alert-propagator! me)
    me))
```

初始传播者是定向的，因为它们的输出与输入不重叠。我们从产生单个输出的 Scheme 程序中生成初始传播者。按照惯例，通过同时传递输入单元和输出单元来构建一个初始传播者，最后传递输出。可以创建一个初始传播者来生成多个输出，例如整数除以余数，但是这里不需要这个。

```
(define (primitive-propagator f name)
  (lambda cells
    (let ((output (car (last-pair cells)))
          (inputs (except-last-pair cells)))
      (propagator inputs (list output)
        (lambda ()
          (let ((input-values (map cell-strongest inputs)))
            (if (any unusable-value? input-values)
                'do-nothing
                (add-cell-content! output
                  (apply f input-values)))))
        name))))
```

当激活时，传播者可以选择使用 f 计算结果。对输入值调用 f 的结果被添加到输出单元中。我们称这种选择程序为激活策略。在这里要求所有输入都是可用值。默认情况下，矛盾对象和 the-nothing 是不可用的，尽管我们稍后可以添加其他对象。其他策略也是可能的。

传播者可以通过组合其他传播者来构造。我们通过提供一个程序 to-build 来构造复合传播者，该程序从各个部分构建所需的网络。直到需要进行计算时才构建复合传播者。但是只有当数据到达一个或多个激活它的输入单元时，才会出现这种需求。然而，我们不想每次输入单元获得新值都要重新构建复合传播者，所以构造函数必须确保只构建一次。这是在构建完成时设置的布尔标识 built?。

```
(define (compound-propagator inputs outputs to-build name)
  (let ((built? #f))
    (define (maybe-build)
      (if (or built?
              (and (not (null? inputs))
                   (every unusable-value?
                          (map cell-strongest inputs))))
          'do-nothing
          (begin (parameterize ((*my-parent* me))
                   (to-build))
                 (set! built? #t)
```

```
                    'built)))
  (define me
    (propagator inputs outputs maybe-build name))
  me))
```

复合传播者的激活策略与初始传播者的激活策略不同。在这里如果任一输入都有可用值，我们就建立网络。这是合适的，因为即使不是所有的输入都可用，网络的某些部分也可能进行一些有用的计算。

　　Parameterize 机制支持传播者元素的分层组织。它使复合传播器成为网络构建程序中构建的任何单元或传播者的父单元。

　　如图 7.4 所示，约束传播者由定向传播者组合而成。例如，我们可以使传播者执行约束，两个单元中的值的乘积是第三个单元中的值，如下所示：

```
(define-c:prop (c:* x y product)
  (p:* x y product)
  (p:/ product x y)
  (p:/ product y x))
```

这里我们可以看到三个定向传播者组合在一起形成约束。这是行得通的，因为这里是合并值而不是替换它们，而且等效值不会传播。如果传播等效值，像 c:* 这样的传播者都将是无限循环 ⊖。

　　宏 define-c:prop 只是语法糖。这个宏产生的实际代码是：

```
(define (c:* x y product)
  (constraint-propagator
   (list x y product)
   (lambda ()
     (p:* x y product)
     (p:/ product x y)
     (p:/ product y x))
   'c:*))
```

其中 constraint-propagator 是：

```
(define (constraint-propagator cells to-build name)
  (compound-propagator cells cells to-build name))
```

与约束传播者相关的所有单元都是输入单元和输出单元。

7.3　多种不同的世界观

　　在恒星距离的示例中，我们展示了每个值都包含其计算中使用的前提支持集，以及该

⊖　我们正在掩盖确定不精确量的等价性这一严重问题。在没有附加的局部信息的情况下，没有全局等价的概念可以表示等价的准则。为了解决这个问题，我们可以为每个单元提供一个局部等价谓词，并为精确数量提供一个默认值。

值产生的原因（产生该值的传播者和产生该值的值）。这是使用在 6.4 节中介绍的分层数据机制实现的。但是有些事实是互相矛盾的。在示例中，我们调整了对前提的置信度，以获得局部一致的世界观，这取决于我们选择相信哪个前提。

前提要么是 in（相信）要么是 out（不相信）。我们示例中的用户可以用 asssert! 表示一个前提是 in（引进它）或者用 retract! 表示一个前提 out（剔除它）。系统的"神奇之处"在于单元中的可观察值总是那些被完全支持的（即那些支持前提都是 in 的）即使前提中的置信度改变了 ⊖。

在支持的置信状态改变时，重新计算所有的值是愚蠢的。通过记录目前没有得到完全支持的值，我们可以做得更好。这允许我们重新确定一个前提，并回复它支持的值，且无须重新计算这些值。当前提中的置信状态发生变化时，单元必须检查它们的最强值是否发生了变化。这是通过为每个单元调用 test-content! 完成的，每个最强值发生变化的单元警示依赖该单元值的传播者。然后，每一个传播者都获得其输入单元内容的最强值，并计算（或重新计算）其输出值。如果输出值和已存储在输出单元中的最强值相同，则不会有进一步的操作。如果输出单元中最强值的置信状态发生变化，这将导致其邻近的传播者重新计算。但是输出单元中的最强值可能有独立的支持，这种情况下传播将会停止在那里。

要做到这一点，在每个单元中，content 可以保存一组值（值集），与它们依赖的前提配对。单元从 content 中提取 strongest-value 并将其保存在局部变量 strongest 中，可以使用 cell-strongest 访问该变量。最强值是集合中完全支持的值的最佳选择 ⊖，如果集合中没有一个值得到完全支持，则选择 the-nothing。

现在我们还需要说明 strongest-value，它必须能够对原始数据、分层数据和值集进行操作。因此，将其作为一个通用程序是合适的。未注释数据项的最强值就是该数据项，因此这里提供默认值。

```
(define strongest-value
  (simple-generic-procedure 'strongest-value 1
                            (lambda (object) object)))
```

如果完全支持数据项，那么其最强值就是它自身，否则其最强值没有信息。

```
(define-generic-procedure-handler strongest-value
  (match-args layered-datum?)
  (lambda (elt)
    (if (all-premises-in? (support-layer-value elt))
        elt
        the-nothing)))
```

⊖ 在我们的实现中有一个非常糟糕的想法。前提的置信状态的改变被实现为一个全局操作，这在一个并行程序的模拟中从来都不是一个好主意。更好的实现将通过本地流程传播信念的改变，类似于它们支持的值被传播的方式。但我们没做这个。

⊖ 什么是最好的选择实际上是一个相当复杂的判断问题。如果一个受支持的值比另一个更具体（例如更短的间隔），那么这是一个更好的选择。此外，如果一个值在其支持集中的前提比一个"等效"值更少，那就更好了，因为它需要更少的前提才能被相信。这是通过合并值集的机制实现的，我们将在 7.4.3 节中描述。

值集的最强值是该集合的最强结果：

```
(define-generic-procedure-handler strongest-value
  (match-args value-set?)
  (lambda (set) (strongest-consequence set)))
```

程序 strongest-consequence 只是把完全支持的值集中的元素合并在一起。它使用 merge-layered 来确定值集中完全支持的值的"最佳选择"（参见 7.4.2 节）。如果没有完全支持的值，则结果是 the-nothing。

```
(define (strongest-consequence set)
  (fold (lambda (increment content)
          (merge-layered content increment))
        the-nothing
        (filter (lambda (elt)
                  (all-premises-in?
                    (support-layer-value elt)))
                (value-set-elements set))))
```

7.4 合并值

我们还没讨论合并值的含义。这是一个复杂的程序，包括三个部分：合并基数值（比如数字和区间）、合并支持值和合并值集。在 add-content! 中的程序 cell-merge 必须指派给要传播的数据进行适当合并。在 7.5.2 节，setup-propagator-system 把 cell-merge 初始化为 merge-value-sets。

7.4.1 合并基值

在作为示例的传播者系统中只有几种基值类型：the-nothing、the-contradiction、数字、布尔值和区间。数字和布尔值很简单，因为只有相等的值才能合并，如果不能合并，那就是矛盾的。任何值和 *the-nothing* 合并都是其自身。任何值和 the-contradiction 合并是 the-contradiction。程序 merge 对于基值是通用的，对于所有的简单情况是默认的处理方式，区间除外。

```
(define merge
  (simple-generic-procedure 'merge 2
    (lambda (content increment)
      (cond ((nothing? content) increment)
            ((nothing? increment) content)
            ((contradiction? content) content)
            ((contradiction? increment) increment)
            ((equivalent? content increment) content)
            (else the-contradiction)))))
```

在天文学的例子中，我们也有区间算术，所以需要能够合并区间：

```
(define (merge-intervals content increment)
  (let ((new-range (intersect-intervals content increment)))
    (cond ((interval=? new-range content) content)
          ((interval=? new-range increment) increment)
          ((empty-interval? new-range) the-contradiction)
          (else new-range))))
```

我们可以合并一个数字和一个区间。如果数字包含在区间内，我们就得到这个数字，否则这就是一个矛盾：

```
(define (merge-interval-real int x)
  (if (within-interval? x int)
      x
      the-contradiction))
```

将这一切结合在一起作为一个通用的处理程序：

```
(define-generic-procedure-handler merge
  (any-arg 2 interval? real?)
  (lambda (x y)
    (cond ((not (interval? x)) (merge-interval-real y x))
          ((not (interval? y)) (merge-interval-real x y))
          (else (merge-intervals x y)))))
```

在此处没有其他基本值合并的情况。

7.4.2　合并支持值

支持值被实现为一个分层的数据项，该数据项有一个支持层和被传播的基值。所以，支持值的合并一定是一个分层程序：

```
(define merge-layered
  (make-layered-procedure 'merge 2 merge))
```

支持层用 support:merge 来实现合并，它有三个参数：由基本层计算的合并值、当前内容以及新的增量。support:merge 的任务是交付适合合并值的支持集。如果合并值与来自内容的值或增量的值相同，则可以使用该参数的支持。但是如果合并值不同，则需要合并支持。

```
(define (support:merge merged-value content increment)
  (cond ((equivalent? merged-value
                      (base-layer-value content))
         (support-layer-value content))
        ((equivalent? merged-value
                      (base-layer-value increment))
         (support-layer-value increment))
        (else
         (support-set-union
           (support-layer-value content)
           (support-layer-value increment)))))
```

```
(define-layered-procedure-handler merge-layered support-layer
  support:merge)
```

这里使用 define-layered-procedure-handler 把程序 support:merge 附加到分层程序 merge-layered 中，作为它的 support-layer 处理程序。

7.4.3　合并值集

要合并值集，只需将增量元素添加到内容中形成一个新的集合。注意 ->value-set 将其参数强制为一个值集。

```
(define (merge-value-sets content increment)
  (if (nothing? increment)
      (->value-set content)
      (value-set-adjoin (->value-set content) increment)))
```

当新元素连接到内容时，如果该元素包含在任何现有内容元素中，则不添加该元素。

```
(define (value-set-adjoin set elt)
  (if (any (lambda (old-elt)
             (element-subsumes? old-elt elt))
           (value-set-elements set))
      set
      (make-value-set
       (lset-adjoin equivalent?
                    (value-set-elements set)
                    elt))))
```

归类的标准有点复杂。如果一个元素的基值至少与另一个元素的基值具有同样的信息，并且它的支持是另一个元素的子集，那么它就包含另一个元素。（注意，较小的支持集是较强的支持集，因为它取决于更少的前提。）

```
(define (element-subsumes? elt1 elt2)
  (and (value-implies? (base-layer-value elt1)
                       (base-layer-value elt2))
       (support-set<= (support-layer-value elt1)
                      (support-layer-value elt2))))
```

程序 value-implies? 是一个通用程序，因为它必须能够处理多种基本数据，包括区间。

练习 7.4（合并合一）　我们已经看到了部分指定数值的区间如何合并以获取关于该值的更具体的信息。另一种部分信息是符号模式，带有缺失信息的"洞"。这类信息可以通过合一来合并，如 4.4 节所述。我们使用合一来实现类型推理的一个简单版本，但是它可以更广泛地用于组合部分指定的符号表达式。将 4.4 节中关于 Ben Franklin 的记录结合起来的例子可能对我们具有启发性。组织一个传播者系统的方法

是，每个单元都是一个小数据库，仅包含关于某些特定事物的信息。连接单元的传播者是进行推理的方法。例如，`promising` 域是点集拓扑中的拓扑空间分类。另一个是你的生活群体的组织——例如房间的相邻关系和居民的社会关系。选择一个你感兴趣的域。发挥你的想象力。

　　a. 设计一个传播者网络，其中每个单元都将持有一些特定种类的符号信息。例如，一个单元可以代表麻省理工学院学生的可知信息。这些信息可以是姓名、地址、电话号码、年级、专业、生日、最好的朋友等。这就需要设计一个可扩展的数据结构来保存这些信息。你还需要能将人们联系起来的传播者。因此，你可能会从一个人或者多个人那里得到关于另一个人的信息。这也许是小道消息的一个很好的模式。制作一些初始传播者来操作这些符号量并连接一个有趣的网络。

　　b. 将合一添加为用于合并的通用处理程序，并演示如何使用它来合并来自多个来源的部分信号信息。

　　c. 发现一些有趣的复合符号传播者，它们可以用来表示网络中相关主题的连接的常见组合。

7.5　搜索可能的世界

　　如果不需要搜索就好了。不幸的是，对于许多实际的问题，"为了讨论而假设"可能不真实的东西是有帮助的。然后我们可以计算出这个假设的结果。如果假设导致了矛盾，我们就收回假设，尝试别的。但在任何情况下，假设可能会使其他推论帮助解决问题。

　　我们在 5.4 节开始探讨这个想法，在那里我们引入了 amb 并用它搜索问题。在使用 amb 的程序中，我们使用的是一种面向表达式的语言，其执行顺序受到表达式计算方式的约束。通过痛苦地使用延续，我们部分摆脱了这种约束，要么构造评估器来显式地传递延续程序（参见 5.4.2 节），要么通过 call/cc 使用 Scheme 的隐式延续（参见 5.5.3 节）。但是即使使用 call/cc，我们对搜索程序也没有充分的控制。

　　在 6.4 节中，我们展示了如何将每个值与支持集相关联，支持集是该值所依赖的前提集。如果每个假设都贴上一个新的前提标签，我们就可以确切知道导致矛盾的假设组合。如果我们聪明的话，可以避免在以后的搜索中断言这些假设的组合。但在表达式的计算中，很难将假设的断言从控制流中分离出来。

　　问题在于，在表达式语言中，选择决策是在表达式评估时做出来的，这样就产生了一个决策树分支。决策树按照一定顺序进行评估，例如，深度优先或者广度优先。任何决策顺序的结果都是在决策做出后进行评估的。如果遇到失败（注意到矛盾），只有在进化分支上的决策可能是罪魁祸首。但如果只有分支的一些决定是错误的，那么可能会有一些无辜的决定是在最后一个罪魁祸首之后做出的。仅仅依赖无辜决定的计算在备份到最后一个罪魁祸首时丢失了。因此撤销一个分支到一个更早的决定可能会失去很多有用的推断。

相比之下，在实际问题中，决策的结果通常是局部的、有限的。例如，在解决一个填字游戏时，我们经常会卡住——我们不能填入任何确定的空白，但可以通过假设某个格子里包含了一个特别的字母来取得进展，尽管没有很好的证据来证明这一假设。假设盒子里有那个字母，就可以进行推断，但最终也许会发现这个假设是错误的，必须收回。然而，许多因为那个假设所作的推论是正确的，因为它们并不依赖那个假设。我们不会仅仅为了消除错误假设的后果而收回那些正确的推断。我们希望收回错误假设的实际结果，并相信其他假设的结果。这在面向表达式的语言系统中是很难安排的。

使用传播者摆脱了基于表达式评估的控制结构，代价是将传播者作为并行的独立机器。因为传播者单元可能包含一个值集，该值集的元素是分层的值，我们可以将支持集与每个值关联。在传播者系统中，只有当支持集中的所有前提都被相信时，一个值才被相信，而且只有相信的价值才会传播。这样，我们可以通过调整每个前提的置信状态来转变世界观。

一些前提的组合是矛盾的。当系统视图合并两个不兼容的完全支持的值时，就会发现矛盾，从而产生一个矛盾对象。矛盾对象有一个支持集合，包含那些暗示矛盾的前提。

为了做到这一点，我们引入一个类似 amb 的选择传播者，它对它控制的单元的值进行假设。每个假设都由一个假设前提支持，这个假设前提由选择传播者创建，可以断言或者撤回。传播者网络计算网络中选择传播者所做的假设值的替代赋值的结果，直到找到一个一致的赋值。

示例：勾股数

考虑找到 10 以下自然数的勾股数的问题。（我们在 5.4.1 节讨论了一个类似的问题。这里我们设置了一个更蠢的算法。）我们可以把它用公式表达为一个传播者问题：

```
(define (pythagorean)
  (let ((possibilities '(1 2 3 4 5 6 7 8 9 10)))
    (let-cells (x y z x2 y2 z2)
      (p:amb x possibilities)
      (p:amb y possibilities)
      (p:amb z possibilities)
      (p:* x x x2)
      (p:* y y y2)
      (p:* z z z2)
      (p:+ x2 y2 z2)
      (list x y z))))
```

这段代码构造了一个传播者网络，其中包含三个乘法传播者和一个加法传播者，如果单元 x、y、z 的值是勾股数，则满足该网络。每个单元都连接到一个由 p:amb 创建的选择传播者，它将从 possibilities 中选择一个元素。

要运行它，我们必须初始化传播者系统：

```
(initialize-scheduler)
```

现在我们可以构建传播者网络，并从中提取所有的勾股数。程序 pythagorean 构造传播者网络并返回三个感兴趣的单元的列表。程序 run 打开调度程序从而运行网络。在运行时，选择传播者提出 x、y、z 的值，直到发现一个不可解决的矛盾或者网络静止。如果没有发现矛盾，run 返回 done，并输出每个感兴趣单元的最强值的基值。然后拒绝这些值的组合，继续循环并调用新的 run。

```
(let ((answers (pythagorean)))
  (let try-again ((result (run)))
    (if (eq? result 'done)
        (begin
          (pp (map (lambda (cell)
                      (get-base-value
                        (cell-strongest cell)))
                    answers))
          (force-failure! answers)
          (try-again (run)))
        result)))
(3 4 5)
(4 3 5)
(6 8 10)
(8 6 10)
(contradiction #[cell x])
```

7.5.1　依赖定向回溯

依赖定向回溯是一种强大的技术，它通过避免断言一组支持任何先前发现的矛盾的前提来优化回溯搜索 ⊖。我们使用的依赖定向回溯策略基于一个 nogood 集的概念——一组不能同时相信的前提，因为它们的结合已经被发现支持了一个矛盾。当一个单元包括两个或者更多的矛盾值时，这些值的支持集的并集是一个 nogood 集。

当检测到一个矛盾时，保存该矛盾的 nogood 集，使回溯者知道不用再尝试这个组合。为了便于使用回溯机制，nogood 集并不直接存储：它分布在 nogood 集中的每个前提。每个前提得到一个删除了自身的集合的副本。例如，如果 nogood 集是 $\{A\ B\ C\cdots\}$，那么前提 A 得到集合 $\{B\ C\cdots\}$，前提 B 得到集合 $\{A\ C\cdots\}$，以此类推。对于任何给定的前提，可以通过 premise-nogoods 存取器获得由该前提所参与的矛盾而积累的所有部分 nogood 集的列表。

一旦 nogood 集被保存，回溯者从 nogood 集中选择一个假设前提（如果有的话）并撤

⊖　依赖定向回溯是 Richard Stallman 和 Gerald Jay Sussman 在电路分析的背景下首先提出的（见 [114]）。Karl Lieberherr 在逻辑语境中发展了一种非常相似的技术"从句学习"（见 [84]）。现在，最好的 SAT 解算器都使用了从句学习。Ramin Zabih、David McAllester 和 David Chapman 展示了一种将这种技术构建到 Lisp 代码中的方法（见 [132]）。Guy Steele 展示了一种优雅的方法，将依赖定向回溯合并到约束语言中（见 [116]）。在 Jon Doyle（见 [30]）和 David McAllester（见 [88]）的工作基础上，Ken Forbus 和 Johan Dekleer 详细阐述了相关性和真相维护系统（见 [36]）的理论和实践，这是一种思考相关性和回溯的一般方法。本书中我们实现依赖定向回溯的方法是由 Alexey Radul 和 Gerald Jay Sussman 开发的（见 [99，100]）。

回它。该撤回会激活与该假设之前支持的值相邻的单元的传播者，包括最初断言该假设的传播者，导致该传播者断言一个完全不同的假设（如果可能的话）。如果 nogood 集中没有假设前提，回溯者没有选择，因此它就返回一个失败。

当然，为了能行得通，有很多统计需要做。接下来让我们了解一下如何实现它。

假设是由 binary-amb 制造和控制的

最简单的选择传播者是由 binary-amb 构造的。在一个单元上调用 binary-amb 的结果是一个 *binary-amb* 传播者，该单元既是输入单元又是输出单元。一个 *binary-amb* 传播者把单元的值调整为真或者假，直到找到一致的赋值。

程序 binary-amb 引进两个新的前提，它们被标记为假设前提。假设前提的置信状态可以根据需要自动变化。程序 binary-amb 用一个矛盾初始化单元，程序 make-hypotheticals 同时创造了一个真值和一个假值，每个由一个新的假设前提支持，并将两个值添加到单元的内容中。增加这些值激活单元，调用它的 test-content！程序，该程序启动矛盾处理机制，最终警示那些不愉快单元的 *binary-amb* 传播者。矛盾将被 *binary-amb* 传播者的激活程序 amb-choose 消除（activat!）：

```
(define (binary-amb cell)
  (let ((premises (make-hypotheticals cell '(#t #f))))
    (let ((true-premise (car premises))
          (false-premise (cadr premises)))
      (define (amb-choose)
        (let ((reasons-against-true
                (filter all-premises-in?
                        (premise-nogoods true-premise)))
              (reasons-against-false
                (filter all-premises-in?
                        (premise-nogoods false-premise))))
          (cond ((null? reasons-against-true)
                 (mark-premise-in! true-premise)
                 (mark-premise-out! false-premise))
                ((null? reasons-against-false)
                 (mark-premise-out! true-premise)
                 (mark-premise-in! false-premise))
                (else
                 (mark-premise-out! true-premise)
                 (mark-premise-out! false-premise)
                 (process-contradictions
                   (pairwise-union reasons-against-true
                                   reasons-against-false)
                   cell)))))
      (let ((me (propagator (list cell) (list cell)
                            amb-choose 'binary-amb)))
        (set! all-amb-propagators
              (cons me all-amb-propagators))
        me))))
```

amb-choose 程序使用 nogood 前提来确定支持真值的前提或者支持假值的前提是否可以被信任。一个假设的 premise-nogoods 的每一个元素都是一组前提，如果它们都被信任，该假设就不能被信任。因此，如果 amb-choose 发现任何完全被支持的前提都无法满足一个前提，那么该前提就不能被信任。

如果支持真值的前提或者支持假值的前提是可信的，那么 amb-choose 就分别断言真或者假。如果两者都不可信，它将服从更高级别的矛盾处理程序（process-contradictions），期待在其他前提的置信被调整后，当这个传播者被重新激活时它能够断言真或者假。

对 process-constradictions 的论证，由 pairwise-union 构建，它是 nogood 集。这些 nogood 中的任意一个都是一组排除了真选项的前提和一组排除了假选项的前提的并集。因此，这些 nogood 中的任意一个将阻止任意一项的选择 [⊖]。

```
(define (pairwise-union nogoods1 nogoods2)
  (append-map (lambda (nogood1)
                (map (lambda (nogood2)
                       (support-set-union nogood1 nogood2))
                     nogoods2))
              nogoods1))
```

从矛盾中学习

程序 process-contradictions 保存它接收的所有 nogood，把 nogood 中的信息分发给上述假设的 nogood。然后它会撤回假设前提中的一个（如果存在任何假设前提的话），选择一个 nogood 来表示不相信。

```
(define (process-contradictions nogoods complaining-cell)
  (update-failure-count!)
  (for-each save-nogood! nogoods)
  (let-values (((to-disbelieve nogood)
                (choose-premise-to-disbelieve nogoods)))
    (maybe-kick-out to-disbelieve nogood complaining-cell)))
```

程序 save-nogood! 将给定的 nogood 集中每个前提的 premise-nogoods，与和它不相容的其他前提的集合相加。这就是系统如何从过去的失败中吸取教训。更新的前提不包含在它自己的前提 nogood 集中，因为一个集合可能与它自己不兼容。

```
(define (save-nogood! nogood)
  (for-each (lambda (premise)
              (set-premise-nogoods! premise
                (adjoin-support-with-subsumption
```

⊖ 程序 pairwise-union 的这种使用实现了逻辑的切分规则，这是一种推理方法的推广。在命题逻辑中，切分规则写成 $(A \lor B) \land (\lnot B \lor C) \vdash (A \lor C)$。该规则与合一（见 4.4 节）相结合，是 Robinson 发明的著名的分辨定理证明算法的基础（见 [104]）。

```
            (support-set-remove nogood premise)
            (premise-nogoods premise)))))
      (support-set-elements nogood)))
```

新的前提 nogood 可以被包含或者包含现有的前提 nogood，最小的前提 nogood 是最有用的。

解决矛盾

矛盾通过撤回 nogood 集中支持这个矛盾的前提之一来解决。唯一可以撤回的前提是假设前提，它们是“为了论证”而断言的。如果有多个 nogood 集支持一个矛盾，我们选择假设个数最少的一个，因为不信任一个小的 nogood 集比不信任已假设个数较多的 nogood 集排除更多的可能性。

```
(define (choose-premise-to-disbelieve nogoods)
  (choose-first-hypothetical
   (car (sort-by nogoods
          (lambda (nogood)
            (count hypothetical?
                   (support-set-elements nogood)))))))
```

然而，从选定的 nogood 集中选择哪一个假设来拒绝是不明显的。在这里我们随意地选择 nogood 集中第一个可用的假设前提。

```
(define (choose-first-hypothetical nogood)
  (let ((hyps (support-set-filter hypothetical? nogood)))
    (values (and (not (support-set-empty? hyps))
                 (car (support-set-elements hyps)))
            nogood)))
```

程序 maybe-kick-out 完成了解决矛盾的任务。如果选择者能够找到一个合适的假设去怀疑，那么这个假设就会被撤回，传播将正常进行。否则，传播程序会停止，并将矛盾告知用户。

```
(define (maybe-kick-out to-disbelieve nogood cell)
  (if to-disbelieve
      (mark-premise-out! to-disbelieve)
      (abort-process (list 'contradiction cell))))
```

从单元中发现矛盾

如果在向单元中添加内容的程序中发现了一个矛盾，不愉快的单元调用 handle-cell-contradiction 作为论据。此时，单元中的最强值是矛盾对象，而矛盾对象的支持是让人恼火的 nogood 集。这可以交给 process-contradictions 来处理。

```
(define (handle-cell-contradiction cell)
  (let ((nogood (support-layer-value (cell-strongest cell))))
    (process-contradictions (list nogood) cell)))
```

这是支持依赖定向回溯所需要做的全部工作。

非二进制 amb

虽然 binary-amb 可以用于许多问题的表述，但是大多数选择不是二进制的。通过构建一个由单元控制的条件传播者电路，这些单元的真或假值由 binary-amb 传播者调整，来实现从 binary-amb 构建 n 元选择机制，但这很低效，并且引入了很多额外的机制。因此，我们用 p:amb 提供一个原生的 n 元选择机制。程序 p:amb 类似 binary-amb。对于 binary-amb，单元中的值有两个选择——#t 或者 #f——每个都由一个假设前提支持。当 p:amb 应用于一个单元和一系列可能的值时，程序 make-hypotheticals 将那些值添加到单元中，每个值由一个新的假设前提支持。

当由 p:amb 构建的传播者被激活时，程序 amb-choose 被调用。首先，它尝试在它的假设中找到一个假设前提，这个前提没有被它的 premise-nogoods 所排除。如果这个前提存在，它标记前提 in 并标记所有其他前提 out，因此选择与这个前提相关联的值作为单元的值。如果任何一个假设前提都不能被相信，那么它就标记所有的前提 out 并将一组新的 nogood 传递给 process-contradictions，如果可能的话，这将从那些 nogood 中撤回一个假设前提。将取两个以上集合的程序 pairwise-union 推广为 cross-product-union。和以前一样，这是一个解决步骤。

```
(define (p:amb cell values)
  (let ((premises (make-hypotheticals cell values)))
    (define (amb-choose)
      (let ((to-choose
             (find (lambda (premise)
                     (not (any all-premises-in?
                               (premise-nogoods premise))))
                   premises)))
        (if to-choose
            (for-each (lambda (premise)
                        (if (eq? premise to-choose)
                            (mark-premise-in! premise)
                            (mark-premise-out! premise)))
                      premises)
            (let ((nogoods
                   (cross-product-union
                    (map (lambda (premise)
                           (filter all-premises-in?
                             (premise-nogoods premise)))
                         premises))))
              (for-each mark-premise-out! premises)
              (process-contradictions nogoods cell)))))
    (let ((me (propagator (list cell) (list cell)
                          amb-choose 'amb)))
      (set! all-amb-propagators
            (cons me all-amb-propagators))
      me)))
```

用 p:amb 构建的选择传播者只引进了尽可能多的假设前提。基于 `binary-amb` 的 $n > 2$ 的选项的构造引入了大约两倍的前提。

7.5.2　解决组合问题

为了演示使用依赖定向回溯来有效解决组合问题，考虑著名的"多重住所"谜题（见 [29]）。

> *Baker*, *Cooper*, *Fletcher*, *Miller* 和 *Smith* 住在一幢只有五层的公寓的不同楼层。*Baker* 不住在顶层。*Cooper* 不住在底层。*Fletcher* 既不住在顶层也不住在底层。*Miller* 住的楼层比 *Cooper* 高。*Smith* 并不住在与 *Fletcher* 相邻的楼层。*Fletcher* 不住在与 *Cooper* 相邻的楼层。请问每个人都住在哪里呢？

我们可以把它设置为一个传播者问题。下面是这个问题的一个简单的表述：

```
(define (multiple-dwelling)
  (let-cells (baker cooper fletcher miller smith)
    (let ((floors '(1 2 3 4 5)))
      (p:amb baker floors)    (p:amb cooper floors)
      (p:amb fletcher floors) (p:amb miller floors)
      (p:amb smith floors)
      (require-distinct
       (list baker cooper fletcher miller smith))
      (let-cells ((b=5 #f)    (c=1 #f)    (f=5 #f)
                  (f=1 #f)    (m>c #t)    (sf #f)
                  (fc #f)     (one 1)     (five 5)
                  s-f   as-f    f-c     af-c)
        (p:= five baker b=5)       ;Baker is not on 5.
        (p:= one cooper c=1)       ;Cooper is not on 1.
        (p:= five fletcher f=5)    ;Fletcher is not on 5.
        (p:= one fletcher f=1)     ;Fletcher is not on 1.
        (p:> miller cooper m>c)    ;Miller is above Cooper.
        (c:+ fletcher s-f smith)   ;Fletcher and Smith
        (c:abs s-f as-f)           ; are not on
        (p:= one as-f sf)          ; adjacent floors.
        (c:+ cooper f-c fletcher)  ;Cooper and Fletcher
        (c:abs f-c af-c)           ; are not on
        (p:= one af-c fc)          ; adjacent floors.
        (list baker cooper fletcher miller smith)))))
```

这是说 Baker, Cooper, Fletcher, Miller 和 Smith 都选择住在五层楼中的一层，他们的选择必须是不同的。然后我们看到他们的选择的约束表示为传播者电路。一些单元（例如 b=5）初始化为一个布尔值。因此，（p:=five baker b=5）这行表示 Baker 不住在第五层的约束。Cooper 和 Fletcher 不住在相邻楼层的约束是通过分配 fc 到 #f 和最后三个约束实现的。

要使用传播者系统，我们需要定义所有的初始传播者，并对数据进行适当分层：

```
(define (setup-propagator-system arithmetic)
  (define layered-arith
    (extend-arithmetic layered-extender arithmetic))
  (install-arithmetic! layered-arith)
  (install-core-propagators! merge-value-sets
                             layered-arith
                             layered-propagator-projector))
```

这个相当复杂的设置程序提供了使用算法构建和安装传播者所需的算法，并对可追踪的前提和可用于调试的原因进行分层。当传播者系统加载时，默认的设置是用于数值数据：

```
(setup-propagator-system numeric-arithmetic)
```

现在可以运行这个谜题示例了：

```
(initialize-scheduler)

(define answers (multiple-dwelling))
(run)
(map (lambda (cell)
       (get-base-value (cell-strongest cell)))
     answers)
;Value: (3 2 4 5 1)

*number-of-calls-to-fail*
;Value: 106
```

我们看到了（正确的）结果：每个主人公生活的楼层。我们也看到，大约需要 100 次失败的赋值才能找到一个正确的赋值 ⊖。结果的这种赋值是唯一的，没有其他赋值与给定的约束一致。

注意，无约束赋值的总数是 $5^5 = 3125$，但是我们只用了大约 100 次实验就解决了这个问题。我们能够这样做是因为系统从错误中学习：对于每次失败，它积累了关于不能同时相信的前提集合的信息。正确的运用这些信息可以防止研究那些在之前的实验结果中毫无希望的方法。

练习 7.5（游艇名字问题） 用传播者表示并解决下述问题。⊖

Mary Ann Moore 的父亲有一艘游艇，他的四个朋友 *Downing* 上校、*Hall* 先生、*Barnacle Hood* 爵士和 *Parker* 医生也都有一艘游艇。他们每人都有一个女儿，并且每人都以其中一个女儿的名字给自己的游艇命名。

⊖ 选择失败的精确数量很大程度上取决于计算的细节。在这个问题中，失败的选择的数量可能在 60～200 之间，这取决于传播者激活的顺序。但对于这个问题的这种表述，平均故障数约为 110 次。

⊖ 这个谜题摘自一本名为 *Problematical Recreations* 的小册子，由利顿工业公司在 20 世纪 60 年代出版，作者是堪萨斯州的一名工程师。

Barnacle 爵士的游艇是 Gabrielle 号，Moore 先生拥有 Lorna 号，Hall 先生拥有 Rosalind 号。Downing 上校拥有的 Melissa 号是以 Barnacle 爵士女儿的名字命名的。Gabrielle 的父亲拥有的游艇是以 Parker 医生女儿的名字命名的。请问谁是 Lorna 的父亲？

练习 7.6（"多重住所"问题） 对于 5.4 节中的 amb 评估器来说，很容易阐明多重住所问题。实际上，相较于传播者系统来说更简单，因为我们可以用表达式来思考和书写。实际上，你可以把像 Fletcher 和 Cooper 不住在相邻楼层的约束写成如下形式：

```
(require (not (= (abs (- fletcher cooper)) 1)))
```
而不是

```
(c:+ cooper f-c fletcher)
(c:abs f-c af-c)
(p:= one af-c fc)
```

其中像 f-c、af-c 和 fc 等单元必须声明，并初始化 one 和 fc。这是因为传播系统是一个一般的接线图系统而不是一个表达式系统。

a. 使用 5.4 节的 amb 评估器表述并解决多重住所问题。测量系统以确定失败次数。请问要经历多少次失败？

b. 写一个小型编译器，将写为表达式的约束转换成传播者图形片段。你会发现这很简单。在练习 7.1 中，我们做了第一次尝试。但在这里我们真正想为 5.4 节中的代码制作一个转换器，以实现传播者目标。演示你的编译得到正确的答案。

c. 需要多少次失败才能解决编译成的传播者图的问题？如果超过 200 次失败，你的代码会非常糟糕。

练习 7.7（纸牌游戏问题进阶） 用传播者重新做练习 5.17。

练习 7.8（类型推断） 在 4.4.2 节中我们构建了一个将类型推理引擎作为合一匹配应用的例子。在这个练习中（这确实是一个重要项目）利用传播者实现类型推断。

a. 给定一个 Scheme 程序，对每个对类型有用的位点构造一个包含单元的传播网络。每个这样的单元都将是类型信息的存储库，在程序的那个位点上关于类型的信息将被积累起来。构造连接单元并施加由程序结构隐含的类型约束的传播者。用合一匹

配作为 `cell-merge` 操作。如果程序不能被输入，这种合一可能会产生矛盾。

 b. 在程序的某些单元中，类型可能不受相邻单元类型的约束。然而，可以通过将一般类型变量放入这样的单元中，并允许该变量通过传播积累约束来刺激传播，这称作 plunking，请你尝试一下。

 c. 在困难的情况下，类型推断可能需要猜测（使用假设）和回溯矛盾的发现。请展示必要的情况。

 d. 对前提和原因的跟踪使信息构建错误注释成为可能，但是要做到这一点，你必须将每个程序位点与其单元相关联，以便通过传播学到的东西可以与被注释的程序相关。你可以使用你喜欢的任何类型的"便利贴"来双向关联位点与单元。在任何情况下，尝试好好解释为什么一个特定位点具有确定的类型，或者为什么一个程序不能一致地被分类。

 e. 类型推断的实现实用吗？为什么实用或者为什么不实用？如果不实用，如何改进呢？

谜题问题的寓意

解决组合谜题很有趣，但这并不是我们所做的事情的真正价值所在。"SAT 解决者"对于解决这类现实问题很重要。但是这里有一个关于计算系统设计的更深层次的信息。通过将我们的编程从表达式结构推广到连接图（这可能不太方便，但是可以通过编译来缓解），已经能够以一种自然有效的方式平稳地将不确定性选择集成到程序中。我们可以引入假设，提供由命题支持的可选值，这些命题可以毫不费力地放弃。这就给了我们正确对待二次方程的自由。实际上它有两个解决方案，基于其中一个解决方案的任何计算都可能决定拒绝它，而另一个解决方案可能经过长时间的计算，导致一个可接受的结果。例如，给定 `p:sqrt` 计算一个实数的传统正平方根，我们可以构建一个定向传播者构造器 `p:honest-sqrt`，输入单元 `x^2`，输出单元 `x`，这给它的用户一个（隐藏的）平方根选择：

```
(define-p:prop (p:honest-sqrt (x^2) (x))
  (let-cells (mul +x)
    (p:amb mul '(-1 +1))
    (p:sqrt x^2 +x)
    (p:* mul +x x)))
```

重要的是，在引入这些选择时，可能在没有安排封装机制的情况下知道如何处理模糊性。例如，将数字与其平方和关联起来的约束传播者可以使用 `p:honest-sqrt`：

```
(define-c:prop (c:square x x^2)
  (p:square x x^2)
  (p:honest-sqrt x^2 x)))
```

7.6　传播导致简并

在任何重要系统的设计中，每个细节层次上的每个组件都有许多实施方案。然而，在最终交付的系统中，这种方案的多样性被丢失了，通常只有一个合一的方案被采用和实施。作为一个生态系统，在传统的工程程序中，多样性的丢失会产生严重的后果。

我们很少在程序中构建简并，一部分原因是它的代价较高，另一部分原因是我们传统上没有提供正式的机制来调节它的使用。但传播的思想提供了一种自然的机制来整合简并。单元中部分信息结构的使用（由 Radul 和 Sussman 引入，见［99］）允许多个，甚至重叠的信息源被合并。在 7.1 节恒星距离的例子中我们用区间说明了这一点。但是有很多方法可以合并部分信息：可以将部分指定的符号表达式合并合一，如 4.4.2 节所示。因此，部分指定信息的思想并不局限于使用传播者构建的系统，但是如果这是在传播者系统中完成的，就像练习 7.8 中提出的那样，我们就有了一个可以组合多个独立机制贡献的范例。

类似地，我们考虑了简并设计中 AI 问题解决领域的另一个理念：目标定向调用。这个理念是，通过命名一个要实现的程序，我们明确指定想要实现什么，而不是指定希望如何实现一个目标，并且将能够实现这个目标的程序和这个目标联系起来。这种连接通常通过模式匹配来实现，但这是偶然的不是必要的 ⊖。如果实现目标的方法不止一种，那么选择合适的程序就是一个可以用于回溯的选择点。但是，由于受到面向表达式语言的控制流的限制，按时间回溯是非常低效的。我们必须打破表达式评估结构，以使依赖定向回溯良好运转，而且传播可以是一种良好的方法。我们仍然有一个潜在的指数搜索，但通过使用从经验中学来的 nogood 集来消除许多不好的选择，组合运算显著减少。

当然，除了使用回溯搜索来选择实现目标的特定方法外，目标还可以通过其他方式调用简并方法。例如，我们可能想要运行几种可能的方法来并行解决一个问题，选择首先终止的方法。

假设我们有几个独立实现的程序，它们都被设计用来解决相同（不精确指定）的一般问题。现在假设每个设计都是合理的，并且对于实际操作中可能遇到的大多数问题都正确运行。我们可以通过将给定的程序组合成一个更大的系统来创建一个更鲁棒的系统，这个系统可以独立地调用每个给定的程序，并比较它们的结果，为每个问题选择最佳答案。如果这些组合有独立的方法来确定哪些回答是可以接受的，我们就处于好的状态。但即使只考虑投票，我们得到的系统也能可靠地涵盖更大范围的解决方案。此外，如果这样的系统可以自动记录设计失败的所有情况，那么操作反馈可以用来改善失败程序的性能。

这种简并设计策略可以用于每个细节级别。每个子系统的每个组成部分本身都可以

⊖　面向模式的调用是由 Carl Hewitt 在 PLANNER（见［56］）中和 Alain Colmerauer 在 Prolog（见［78］）中提出的。这个想法已经传播到许多其他系统和语言中。

进行简并设计。如果这些组件在子系统中共享，就会得到一个非常强大的可控冗余。然而，我们可以做得更好，可以提供一种机制，对独立设计的子系统的中间结果进行一致性检查，即使在一个子系统中没有特定的值与另一个子系统中的特定值完全对应时也是如此。

举一个简单的例子，假设我们有两个子系统，它们的目标是以完全不同的方式来计算，并提供相同的结果。假设设计者同意在一个设计的某个阶段，该设计中两个变量的乘积必须等于另一个设计中两个变量的和 ⊖。当所依赖的四个值都可用时，没有理由不立即计算该谓语，从而在运行时提供一致性检查和强大的调试信息给设计者。这可以使用一个局部嵌入的约束网络来安排。

⊖　这是一个真实的案例。在变分力学中，系统的拉格朗日量和通过勒让德变换与之相关的哈密顿量之和是广义动量 1– 形式和广义速度向量的内积（见 [121]）。

后　记

　　严格意义上的工程学只有几千年的历史。我们刻意制造非常复杂的鲁棒系统的尝试，往好了说是不成熟的。我们还没有从过去几十亿年的生物进化中吸取经验教训。

　　我们更关心的是效率和正确性，而不是来自优化进化性、灵活性和抗攻击能力的生物系统的鲁棒性。对于开发几乎没有足够资源来执行其功能的关键任务系统来说，这是明智的。然而，微电子技术的迅速发展缓解了大多数应用的资源问题。对计算和通信基础设施的依赖，以及针对这些基础设施的攻击越来越复杂，使我们必须把注意力转向鲁棒性。

　　我们不提倡仿生学，但对生物系统的观察给了我们一些提示，告诉我们如何将强大的鲁棒性原则融入工程实践中。这些原则中有许多是直接与效率优化和证明正确性的能力相矛盾的。在本书中，我们故意违反这些习惯做法，以探索优化灵活性的可能性。我们的方法的一个动机是观察到大多数经过时间检验并幸存下来的系统都是作为领域特定语言汇编而构成的，其中每一种语言都适用于使系统中的某些部分易于构建。

　　作为构建人工智能符号系统的一部分，人工智能社区偶然开发了可以用来支持灵活性和鲁棒性的设计原则的技术工具。例如，与其把回溯看作组织搜索的一种方法，不如用它来增加复杂系统中组件的普遍适用性，该复杂系统组织自身以满足外部强加的约束。我们相信，通过追求这种新的组合将获得更好的硬件和软件系统。

　　我们从第 2 章开始介绍了一些普遍适用的、无可争议的技术。我们介绍了建立具有标准化参口的参数部件组合器库系统的策略。这些部件可以以多种方式组合，以满足各种各样的需求。我们演示了如何使用这种理念来简化正则表达式匹配器语言的构造。我们介绍了包装器的系统，这些系统允许用不同的标准使组件适应应用程序，而不是组件构建时所遵循的标准，并且用它来创建单元转化包装器的语言。我们为一种语言构建了一个规则解释器来表达棋盘游戏（如跳棋）的规则。

　　在第 3 章，我们开始了一场激动人心而又危险的冒险：我们研究了如果允许我们调节一种语言的原始程序的意义以及我们能做些什么。我们扩展了算术来处理符号表达式、函数，以及数字。我们创建了可扩展的通用程序，并使用扩展机制将正向模式自动生成集成到我们的算法中。这种类型的扩展是危险的，但如果我们小心的话，可以使旧程序拥有新的能力而不失去其旧能力。为了让这一策略更加有效和强大，我们继续探索用户定义类型以及可声明的子类型关系，并以此制作一款简单且易于扩展的冒险游戏。

在第 4 章中，我们介绍的模式匹配和面向模式的调用是建立特定领域语言的关键技术。我们从用于代数简化的术语重写规则开始。然后，展示了一种将模式编译成模式匹配组合子系统中基本模式匹配器组合的优雅策略。接着，我们扩展了模式匹配工具，允许在匹配的两边设置模式变量，实现了合一，并使用合一的模式来构建基本的类型推理系统。最后，我们构建了匹配任意图（而不仅仅是表达式树）的匹配器，并使用图和图匹配优雅地表达了象棋中的走法规则。

因为所有正常的计算机语言都是通用的，程序员没有借口说解决方案不能用某种语言表达。如果被逼得很紧，优秀的程序员可以用任何他们喜欢的语言来做任何语言的解释器或编译器。这并不难，但它可能是程序员所能做的最强大的动作。在第 5 章中，我们展示了如何通过解释和编译来创建越来越强大的语言。我们从一个简单的类 Scheme 语言的应用程序顺序解释器开始。为了扩展性，解释器是建立在通用之上的。然后我们扩展了它，允许程序定义声明惰性形式参数。接下来，我们将该语言编译成一个执行程序的组合——一个组合子系统。我们添加了一个带有 amb 算子的不确定性评估模型。最后，我们展示了如何通过公开潜在连续来安排 amb 在底层 Scheme 系统中的功能。

在第 6 章中，我们开始探索基于一种与通用密切相关的新机制的多层计算。例如，我们修改了算法，使一个从数值参数计算数值结果的程序可以在不修改的情况下扩展，以计算相同的结果，并用单位扩充。结果的单位是由输入的单位自动推导出来的，并检查组合的单位是否一致：在 2m 的基础上增加 5kg 就表示有误差。使用相同的分层机制来增加程序的依赖项，这样结果就会自动引用构成结果的成分的来源。

第 7 章中的传播模型实际上是一种思考大型系统管道的方法。尽管在第 7 章的例子中，传播函数都是简单的算术函数或关系，但其思想要普遍得多。传播程序可以是硬件或软件。它可以是一个简单的函数，也可以是一台巨大的计算机在进行一个巨大的工作。如果它是软件，它可以用任何语言编写。实际上，一个传播系统并不一定是均匀分布的。不同的传播器可以以不同的方式构造。单元可能被专门用来保存不同种类的信息，它们可能以自己喜欢的方式合并信息。传播器和单元之间的通信可以是芯片上的信号，也可以是全球网络上的信号。唯一重要的是传播程序查询单元和向单元添加信息的协议。

在本书中，我们介绍了许多编程思想。现在由你来评估（evaluate）它们，也许还可以应用（apply）它们。

附录 A　支持软件

本书中显示的所有代码以及支持它的基础结构代码都可以作为存档文件从以下网址下载：
`http://groups.csail.mit.edu/mac/users/gjs/sdf.tgz`
存档被组织成一个目录树，其中每个子目录大约对应本书的一个部分。本软件运行于 MIT/GNU Scheme 10.1.10 及以上版本，可从以下网址获得：
`http://www.gnu.org/software/mit-scheme`
该软件使用了一些特定于 MIT/GNU 实现的特性，因此它不能与其他发行版一起工作。应该可以将其移植到另一个发行版，但我们还没有尝试过，可能需要做一些工作。因为这是自由软件（在 GPL 下许可），你可以修改它并将它分发给其他人。

软件存档是一个名为 `sdf.tgz` 的 `tar` 文件，可以使用以下命令解压：
`tar xf .../sdf.tgz`
这个 `tar` 命令在执行该命令的目录中生成一个 `sdf` 目录。

到软件存档的主要接口是一个管理程序，它与存档一起分发。要使用这个程序，请启动 MIT/GNU Scheme 并像这样加载它：
`(load ".../sdf/manager/load")`
其中 `.../` 是指解压存档文件的目录。管理器在全局环境中创建一个定义，称为 `manage`。一旦加载，就没有必要重新加载管理器了，除非启动了一个新的 Scheme 实例。

假设你正在进行 4.2 节"术语重写"任务，并且你想要玩一下这个软件或做一个练习。该部分代码的加载器存储在子目录 `.../sdf/term-rewriting`，以及特定于该节的文件中。但是您不需要知道加载器是如何工作的。（当然，您可以阅读管理器代码。这很有趣。）

`manage` 命令
`(manage 'new-environment 'term-rewriting)`
将创建一个新的顶级环境，加载该部分所需的所有文件，并将读取–评估–输出循环移动到该环境中。在完成该节之后，你可以使用 `manage` 命令为另一节加载软件，方法是用与新节对应的名称替换 `term-rewriting`。

通常，子目录的名称可以作为参数（`manage'new-environment...`）。在此上下文中使用时，子目录名称为 flavor。但是，有些子目录有多个 flavor，在这些情况下，可用的名称与子目录名称不同。

在下列文件中可以找到本书各部分与存档文件中的子目录 / flavor 之间的对应关系：

`.../sdf/manager/sections.scm`

此外，还有两个特殊的子目录：`common` 持有广泛使用的共享文件，`manager` 掌握着 `manage` 的实施。

软件管理程序管理还有许多其他有用的功能。其中包括按名称管理工作环境、查找定义名称和引用名称的文件以及运行单元测试。有关更多信息，请参阅 `manager` 子目录中包含的文档。

使用该软件可能需要额外的步骤，这些步骤在本书的文本中没有详细说明，例如初始化。每个子目录包含测试：任何名为 test-*Foo* 的。SCM 是一个"标准的"测试，使用了一个类似其他编程语言的测试框架。此外，每个子目录中的 `load-spec` 文件可能包含对测试的引用，用 `inline-test?` 符号，使用不同的测试框架，类似于读取 – 评估 – 输出循环文本。查看如何运行程序的示例。

附录 B　Scheme 编程语言

编程语言的设计不应该是把特性堆积在特性之上，而是应该消除使附加特性显得必要的弱点和限制。Scheme 演示了用于形成表达式的很少数量的规则，并且对它们的构成方式没有任何限制，足以形成一种实用而高效的编程语言，这种语言足够灵活，能够支持目前使用的大多数主要编程范例。

——IEEE Scheme 编程语言标准（见［61］，第 3 页）

在这里，我们对 Lisp 的 Scheme 方言进行了初步介绍。要了解更详细的介绍，请参阅《计算机程序的结构和解释》，见［1］。

关于该语言的更精确解释，请参阅 *IEEE* 标准（见［61］）和 *Revised Report on the Algorithmic Language Scheme* 第 7 次修订（见［109］）。

本书中的一些程序依赖 MIT/GNU Scheme 中的非标准特性，有关本系统的文档，请参阅 *MIT/GNU Scheme Reference Manual*（见［51］）。此外，对于在其他地方记录的 Scheme 特性，［51］的索引提供了指向适当文档的指针。

B.1　Scheme 基础

Scheme 是一种基于表达式的简单编程语言。一个表达式命名一个值。例如，数字 3.14 表示一个熟悉数字的近似值，而数字 22/7 表示另一个熟悉数字的近似值。有我们直接认识的原始表达式（如数字）也有几种复合表达式。

复合表达式由括号分隔。那些以区分关键字（如 if）开头的表单称为特殊表单。那些不是特殊形式的，称为组合，表示程序对参数的应用。

组合

组合（也称为程序应用程序）是由括号分隔的表达式序列：

(*operator operand-1 ... operand-n*)

组合中的第一个子表达式（称为运算符）用来命名程序，其余的子表达式（称为操作数）用来命名该程序的参数。当应用到给定的参数时，程序返回值是由组合命名的值。例如，

```
(+ 1 2.14)
```
3.14

```
(+ 1 (* 2 1.07))
```
3.14

它们都是与数字 3.14 命名相同数字的组合 ⊖。在这些情况下，符号 + 和 * 分别表示加和乘程序。如果将任意表达式的任意子表达式替换为与原始子表达式同名的表达式，则由整体表达式命名的表达式将保持不变。

注意，在 Scheme 中，每个括号都是必要的，不能添加或删除任何额外的括号。

lambda 表达式

就像我们用数字来命名数字一样，我们也用 lambda 表达式来命名程序 ⊜。例如，将输入进行平方的程序可以这样写：

```
(lambda (x) (* x x))
```

这个表达式可以这样读："用一个参数 x 乘以 x 的程序。"当然，我们可以在任何需要程序的上下文中使用这个表达式。例如，

```
((lambda (x) (* x x)) 4)
```
16

lambda 表达式的一般形式是：

(lambda *formal-parameters body*)

其中，形式参数（通常）是一个圆括号括起来的符号列表，它将是程序的形式参数名称。当程序应用于实参时，形参将实参作为其值。主体是一个可以引用形参的表达式。程序应用程序的值是程序主体的值，用实参代替形参 ⊜。

在上面的例子中，符号 x 是 (lambda (x)(* x x)) 命名的程序的唯一形式参数。这个程序被应用到数字 4 的值上，所以在函数体 (* x x) 中，符号 x 的值为 4，组合 ((lambda (x)(* x x)) 4) 的值是 16。

我们上面说"通常"是因为有例外。一些程序，如以符号 * 命名的数字乘法程序，可以接受无限数量的参数。我们将在后面解释如何做到这一点。

定义

我们可以使用 define 特殊形式为任何对象指定名称。我们说名称标识了一个变量，它的值是一个对象。例如，如果我们做出定义：

```
(define pi 3.141592653589793)
```

```
(define square (lambda (x) (* x x)))
```

⊖　在示例中，我们展示了 Scheme 系统在输入表达式后面使用倾斜字符输出的值。

⊜　逻辑学家 Alonzo Church（见［16］）发明了 λ 表示法，允许指定参数的匿名函数：λx［x 中的表达式］。这句话的意思是，有一个参数的函数，它的值是通过将参数替换为指定表达式中的 x 而获得的。

⊜　我们说形参被绑定到实参上，绑定的范围是程序的主体。

然后，我们可以在任何数字或 lambda 表达式可能出现的地方使用符号 pi 和 square。例如，半径为 5 的球面的面积为：

```
(* 4 pi (square 5))
314.1592653589793
```

使用"语法糖"可以更方便地表示程序定义。平方程序可以被定义为：

```
(define (square x) (* x x))
```

我们可以读成："x 的平方是用 x 乘以 x。"

在 Scheme 中，程序是一类对象，它们可以作为参数传递，作为值返回，合并到数据结构中。例如，可以编写一个程序来实现两个函数组合的数学概念[○]：

```
(define compose
  (lambda (f g)
    (lambda (x)
      (f (g x)))))

((compose square sin) 2)
.826821810431806

(square (sin 2))
.826821810431806
```

需要注意的是，返回程序中的 f 和 g 的值（lambda (x) (f (g x))）是外部程序的形式参数（lambda (f g) …）的值。这是 Scheme 的词汇范围规定的本质。任何变量的值都是通过在词汇上明显的上下文中找到其绑定来获得的。系统全局定义的所有变量都有一个隐式上下文。（例如，+ 被系统全局绑定到添加数字的程序。）

使用上面 square 的语法糖，我们可以更方便地写出 compose 的定义：

```
(define (compose f g)
  (lambda (x)
    (f (g x))))
```

在 MIT/GNU Scheme 中，我们可以递归地使用语法糖来写：

```
(define ((compose f g) x)
  (f (g x)))
```

有时使一个定义局部于另一个定义是有利的。例如，我们可以这样定义 compose：

```
(define (compose f g)
  (define (fog x)
    (f (g x)))
  fog)
```

○　为了便于阅读，这个示例缩进了。Scheme 不关心额外的空白，所以我们可以添加尽可能多的空白，以使内容更容易阅读。

名称 fog 不是在 compose 的定义之外定义的，所以在这种情况下它不是特别有用，但是如果给内部代码块指定了名称，那么更大的代码块通常更容易阅读。内部定义必须始终位于程序体中未定义的任何表达式之前。

条件

条件表达式可用于从多个表达式中选择一个值。例如，可以编写一个实现绝对值函数的程序：

```
(define (abs x)
  (cond ((< x 0) (- x))
        ((= x 0) x)
        ((> x 0) x)))
```

条件表达式 cond 有许多子句。每个子句都有一个谓词表达式（它可以是真或假），以及一个后置表达式。cond 表达式的值是对应谓词表达式为真的第一个子句的后置表达式的值。条件表达式的一般形式是

```
(cond (predicate-1 consequent-1)
      ...
      (predicate-n consequent-n))
```

为了方便起见，有一个特殊的关键字 else 可以用作 cond 的最后一个子句中的谓词。

当只有一个二进制选择时，if 特殊形式提供了另一种方法来生成条件语句。例如，因为我们必须在参数为负数时做一些特殊的事情，所以我们可以将 abs 定义为：

```
(define (abs x)
  (if (< x 0)
      (- x)
      x))
```

if 表达式的一般形式是：

```
(if predicate consequent alternative)
```

如果 *predicate* 为真，则 if 表达式的值为 *consequent* 的值，否则为 *alternative* 的值。

递归程序

给定条件和定义，就可以编写递归程序。例如，为了计算 *n* 阶乘，我们可以写：

```
(define (factorial n)
  (if (= n 0)
      1
      (* n (factorial (- n 1)))))

(factorial 6)
720

(factorial 40)
815915283247897734345611269596115894272000000000
```

本地名称

let 表达式用于给局部上下文中的对象命名。例如，

```
(define (f radius)
  (let ((area (* 4 pi (square radius)))
        (volume (* 4/3 pi (cube radius))))
    (/ volume area)))

(f 3)
1
```

let 表达式的一般形式是

```
(let ((variable-1 expression-1)
       ...
      (variable-n expression-n))
  body)
```

let 表达式的值是主体表达式在变量 *variable-i* 具有表达式 *expression-i* 值的上下文中的值。表达式 *expression-i* 可以不引用 let 表达式中任何给定值的变量 *variable-j*。

let* 表达式与 let 表达式相同，不同之处在于表达式 *expression-i* 可以引用 let* 表达式前面的变量 *variable-j* 给定值。

let 表达式的一个轻微变体提供了一种方便的编写循环的方法。我们可以编写一个程序来实现另一种计算阶乘的算法，如下所示：

```
(define (factorial n)
  (let factlp ((count 1) (answer 1))
    (if (> count n)
        answer
        (factlp (+ count 1) (* count answer)))))

(factorial 6)
720
```

在这里，let 后面的符号 factlp 被局部定义为一个程序，将变量 count 和 answer 作为其形式参数。第一次调用时，它以 1 和 1 作为参数，初始化循环。无论何时稍后调用名为 factlp 的程序，这些变量都会获得新的值，即操作数表达式的值（+ count 1）和（* count answer）。

表示这个程序的等效方法有一个明确定义的内部程序：

```
(define (factorial n)
  (define (factlp count answer)
    (if (> count n)
        answer
        (factlp (+ count 1) (* count answer))))
  (factlp 1 1))
```

程序 factlp 是局部定义的，它只存在于 factorial 函数体中。因为 factlp 在词汇上包含

在 factorial 的定义中，所以它函数体中 n 的值就是 factorial 的形式参数的值。

复合数据——列表、向量和记录

数据可以黏合在一起形成复合数据结构。列表是一种数据结构，其中的元素是按顺序链接的。向量是一种数据结构，其中的元素被包装成一个线性数组。新的元素可以添加到列表中，但是访问列表的第 n 个元素所需的计算时间与 n 成正比。相比之下，向量的长度是固定的，访问其元素所需的时间为常数。记录类似于向量，不同之处在于它的字段是通过名称而不是索引号来寻址的。记录还提供了新的数据类型，可以通过类型谓词区分，并保证与其他类型不同。

复合数据对象由称为构造函数的程序由组件构造，组件由选择器访问。

程序 list 是列表的构造函数。谓词 list? 对任何列表都为真，对所有其他类型的数据都为假 $^{\ominus}$。

例如：

```
(define a-list (list 6 946 8 356 12 620))

a-list
(6 946 8 356 12 620)

(list? a-list)
#t

(list? 3)
#f
```

这里的 #t 和 #f 是布尔值 true 和 false 的输出表示 $^{\ominus}$。

列表是从由点对构成的。点对是使用构造函数 cons 生成的。点对的两个组件的选择器是 car 和 cdr（发音为 "could-er"）$^{\ominus}$。

```
(define a-pair (cons 1 2))

a-pair
(1 . 2)

(car a-pair)
1
(cdr a-pair)
2
```

$\ominus$　谓词是一个返回真或假的程序。根据 Scheme 的惯例约定，除了基本算术比较谓词：=、<、>、<= 和 >= 之外，我们通常为谓词指定一个以问号（?）结尾的名称。这只是文体上的惯例。对于 Scheme 来说，问号只是一个普通的字符。

$\ominus$　条件表达式（if 和 cond）将任何不显式地将 #f 表示为真的谓词值视为真，这很方便，但有时令人感到恼火。

$\ominus$　这些名字都是历史的偶然事件。它们代表 IBM 704 计算机的"寄存器地址部分内容"和"寄存器递减部分内容"，该计算机在 20 世纪 50 年代末用于 Lisp 的第一次实现。Scheme 是 Lisp 的一种方言。

　　列表是一系列点对，每一点对的 car 是列元素，每一点对的 cdr 是下一对，除了最后一个 cdr 之外，最后一个 cdr 是一个称为空列表、写为 () 的可区分值。因此，

```
(car a-list)
```
6

```
(cdr a-list)
```
(946 8 356 12 620)

```
(car (cdr a-list))
```
946

```
(define another-list
  (cons 32 (cdr a-list)))
```

```
another-list
```
(32 946 8 356 12 620)

```
(car (cdr another-list))
```
946

列表 a-list 和 another-list 共享它们的尾巴（cdr）。

　　谓词 pair? 对点对为真，对所有其他类型的数据为假。谓词 null? 仅对空列表为真。

　　向量比列表简单。有一个构造函数 vector 可以用于创建向量，还有一个选择器 vector-ref 用于访问向量的元素。在 Scheme 中，所有使用数值索引的选择器都是基于零的：

```
(define a-vector
  (vector 37 63 49 21 88 56))
```

```
a-vector
```
#(37 63 49 21 88 56)

```
(vector-ref a-vector 3)
```
21

```
(vector-ref a-vector 0)
```
37

向量的输出表示法与列表的输出表示法的区别在于起始圆括号前的字符 #。

　　谓词 vector? 对向量为真，对所有其他类型的数据为假。

　　Scheme 为列表的元素 list-ref 提供了一个数值选择器，类似向量的选择器：

```
(list-ref a-list 3)
```
356

```
(list-ref a-list 0)
```
6

　　记录更复杂，因为它们必须在构造之前声明。一个简单的记录声明可能是

```
(define-record-type point
    (make-point x y)
    point?
  (x point-x)
  (y point-y))
```

在这个声明之后，我们可以定义和使用 point：

```
(define p (make-point 1 2))

(point? p)
#t

(point-x p)
1
(point-y p)
2
```

列表、向量和记录的元素可以是任何类型的数据，包括数字、程序、列表、向量和记录。操纵列表、向量和记录的许多其他程序可以在 Scheme 的在线文档中找到。

具有无数个参数的程序

我们所看到的程序是用一个形参列表来指定的，这些形参绑定到调用程序的实参上。然而，有许多程序需要无限数量的参数。例如，数字相乘的算术程序可以接受任意数量的参数。为了定义这样一个程序，我们将形式参数指定为单个符号而不是符号列表。然后将单个符号绑定到调用程序时使用的参数列表。例如，给定一个二进制乘数 *:binary，我们可以写出：

```
(define * (lambda args (accumulate *:binary 1 args)))
```

其中 accumulate 是：

```
(define (accumulate proc initial lst)
  (if (null? lst)
      initial
      (proc (car lst)
            (accumulate proc initial (cdr lst)))))
```

有时，我们需要一个程序，它接受一些命名的参数和无数个其他参数。在程序定义中，在最后一个参数名之前有一个点的参数列表（称为点尾标记法）表明，在点之前的参数将绑定到初始参数，而最后一个参数将绑定到任何剩余参数的列表。在上面的 * 的例子中，没有初始参数，所以 args 的值是所有参数的列表。因此，我们也可以将 * 定义为：

```
(define (* . args) (accumulate *:binary 1 args))
```

命名为 – 的程序更有趣，因为它至少需要一个参数，当给出一个参数时，– 对其进行否定，当给出多个参数时，它从第一个参数中减去其余参数：

```
(define (- x . ys)
  (if (null? ys)           ; Only one argument?
      (-:unary x)
      (-:binary x (accumulate +:binary 0 ys))))
```

这也可以写成

```
(define -
  (lambda (x . ys)
    (if (null? ys)
        (-:unary x)
        (-:binary x (accumulate +:binary 0 ys)))))
```

上面示例中的 args 和 ys 这样的参数称为 rest 形参，因为它们与其余的实参绑定。

符号

符号是一种非常重要的原始数据类型，我们用它来制作程序和代数表达式。你可能已经注意到 Scheme 程序看起来就像列表。事实上，它们是列表。组成程序的列表中的一些元素是符号，例如 + 和 vector[⊖]。

如果我们要使程序能够操作程序，我们需要能够编写一个表达式来命名这样的符号。这是通过引号机制来实现的。符号 + 的名称是表达式'+，通常表达式的名称是前面有一个单引号字符的表达式。因此表达式 (+ 3a) 的名称是'(+ 3a)。

我们可以用谓词 eq? 来测试两个符号是否相同。例如，我们可以编写一个程序来确定一个表达式是否是一个和：

```
(define (sum? expression)
  (and (pair? expression)
       (eq? (car expression) '+)))

(sum? '(+ 3 a))
#t

(sum? '(* 3 a))
#f
```

考虑一下，如果我们在表达式 (sum ?' (+ 3a)) 中省略引号会发生什么。如果变量 a 的值是 4，我们会问 7 是不是一个和。但我们想知道的是表达式 (+ 3a) 是不是和。这就是为什么我们需要引号。

反引号

要操作模式和其他形式的基于列表的语法，在同一个表达式中分散引号和评估部分通常很有用。Lisp 系统提供了一种称为准引号的机制来简化这一程序。

⊖　一个符号可以有任意数量的字符。符号通常不能包含空格或分隔符，如括号、方括号、引号、逗号或 # 号。但是有一些特殊的符号允许在符号名中包含任何字符。

正如我们使用撇号字符表示常规引号一样，我们使用反引号字符表示准引号 [⊖]。我们将这样一个部分引用的表达式指定为一个列表，其中要评估的部分以逗号字符作为前缀。例如，

```
'(a b ,(+ 20 3) d)
(a b 23 d)
```

反引号机制还提供了"拼接"到列表表达式的功能，评估后的子表达式生成一个列表，然后将其拼接到外围的列表中。例如，

```
'(a b ,@(list (+ 20 3) (- 20 3)) d)
(a b 23 17 d)
```

关于准引号的更详细解释，请参阅 Scheme 报告，见 [109]。

效应

有时，我们需要在计算程序中执行一个操作，例如绘制一个点或输出一个值。这样的作用称为效应 [⊖]。例如，为了更详细地了解阶乘程序是如何计算答案的，我们可以在 factlp 内部程序体中插入一条 write-line 语句，在每次迭代时输出一个计数和答案的列表：

```
(define (factorial n)
  (let factlp ((count 1) (answer 1))
    (write-line (list count answer))
    (if (> count n)
        answer
        (factlp (+ count 1) (* count answer)))))
```

当我们调用修改的阶乘程序时，我们可以看到计数器正在递增，结果正在被构建：

```
(factorial 6)
(1 1)
(2 1)
(3 2)
(4 6)
(5 24)
(6 120)
(7 720)
720
```

每个程序或者 let 语句的主体，以及每个 cond 子句的结果，都允许使用具有效应的语句。具有效应的语句通常没有任何有用的值。主体或子句中的最后一个表达式产生返回值。在这个例子中，if 表达式生成 factorial 的值。

⊖ 在美式键盘上，反引号字符 "`" 是在波浪号 "~" 键的下面的字符。
⊖ 这是计算机科学术语。效应（effect）是指某物的改变。例如，write-line 通过在显示上输出一些东西来改变显示。

赋值

像输出一个值或绘制一个点这样的效应是相当良性的，但是有更强大（因此也更危险）的效应，称为赋值。赋值是指改变数据结构中变量或条目的值。我们所计算的几乎所有东西都是一个数学函数：对于特定的输入，它总是产生相同的结果。然而，通过赋值，我们可以使对象在使用时改变其行为。例如，我们可以使用 set! 创建一个每次调用都会增加计数的设备 ⊖：

```scheme
(define (make-counter)
  (let ((count 0))
    (lambda ()
      (set! count (+ count 1))
      count)))
```

让我们制作两个计数器：

```scheme
(define c1 (make-counter))
(define c2 (make-counter))
```

这两个计数器有独立的本地状态。调用计数器会导致它增加其本地状态变量 count，并返回其值。

```scheme
(c1)
```
1

```scheme
(c1)
```
2

```scheme
(c2)
```
1

```scheme
(c1)
```
3

```scheme
(c2)
```
2

为了给数据结构中的元素赋值（比如点对、列表或向量），Scheme 提供了：

```scheme
(set-car! pair new-value)
(set-cdr! pair new-value)

(list-set! list index new-value)
(vector-set! vector index new-value)
```

记录可以被定义为允许赋值给它的字段：

⊖　这是另一种惯例习俗，我们用感叹号（!）来终止有"副作用"的程序的名称。这警告读者改变效应的顺序可能会改变程序运行的结果。

```
(define-record-type point
    (make-point x y)
    point?
  (x point-x set-x!)
  (y point-y set-y!))

(define p (make-point 1 2))

(point-x p)
1
(point-y p)
2

(set-x! p 3)

(point-x p)
3
(point-y p)
2
```

　　一般来说，在可能的情况下避免分配任务是一个很好的实践，但是如果你需要它们，它们是可用的 ⊖ 。

B.2　高级主题

　　Scheme 提供了许多更强大的特性，但是我们不会在这里描述它们。例如，你可能想了解哈希表。一般来说，最好的资料来源是 *Revised Report on the Algorithmic Language Scheme*（*R7RS*）（见［109］）和 *MIT/GNU Scheme Reference Manual*（见［51］）。但在阅读这本书时，你可能需要参考以下两个相当复杂的特点。

动态绑定

　　有时，我们希望指定一些计算或操作的完成方式。例如，指定输出数字时使用的基数。为此，我们使用一个称为参数的对象。

　　例如，Scheme 程序 number → string 生成一个字符串，表示给定基数中的数字：

```
(number->string 100 2)
"1100100"
(number->string 100 16)
"64"
```

假设我们希望在通过调用 myprog 运行的复杂程序的许多地方使用 number → string，但我们希望能够控制程序运行时使用的基数。我们可以通过设置一个默认值为 10 的参数 radix 来实现：

```
(define radix (make-parameter 10))
```

⊖　没有赋值的编程原则称为函数式编程。函数式程序通常比命令式程序更容易理解，bug 也更少。

形参的值是通过调用不带实参的形参获得的：

```
(radix)
10
```

我们定义了 number → string 的特化版本来代替 number → string：

```
(define (number->string-radix number)
  (number->string number (radix)))
```

在（myprog）的执行中，对 number → string-radix 的每次调用都会产生一个十进制字符串，因为（rad*ix*）的默认值是 10。但是，我们可以用 parameterize 来包装程序，将执行改为使用另一个基数：

```
(parameterize ((radix 2))
  (myprog))
```

parameterize 的语法与 let 相同，但只能用于 make-parameter 创建的参数。

bundle

MIT/GNU Scheme 提供了一种简单的机制来构建具有共享状态的相关程序集合 bundle。bundle 是一个程序，它委托给一组命名的程序，bundle 的第一个参数是要使用的委托的名称，其余的参数被传递给指定的委托。这类似于一些面向对象语言的工作方式，但要简单得多，而且没有类或继承。

bundle 有时被称为消息接受程序，其中消息类型是委托名称，消息体是参数 ⊖。这强调了 bundle 支持消息传递协议，可以将其视为通信网络中的一个节点。

下面是一个简单的例子：

```
(define (make-point x y)
  (define (get-x) x)
  (define (get-y) y)
  (define (set-x! new-x) (set! x new-x))
  (define (set-y! new-y) (set! y new-y))
  (bundle point? get-x get-y set-x! set-y!))
```

make-point 程序定义了四个内部程序，它们共享状态变量 x 和 y。bundle 宏创建一个 bundle 程序，这些程序就是委托。

bundle 宏的第一个参数是一个谓词，它是用 make-bundle-predicate 创建的。被创建的 bundle 将满足这个谓词：

```
(define point? (make-bundle-predicate 'point))

(define p1 (make-point 3 4))
(define p2 (make-point -1 1))
```

⊖　这个术语可以追溯到 ACTOR 框架（见［58］）和 Smalltalk 编程语言（见［46］）。

```
(point? p1)
```
#t
```
(point? p2)
```
#t
```
(point? (lambda (x) x))
```
#f

make-bundle-predicate 的参数是一个符号，在调试时用来标识谓词。

如果一个谓词不需要，bundle 也会接受 #f 作为第一个参数。在这种情况下，将无法区分创建的 bundle 程序与其他程序。

bundle 宏的其余参数是委托程序的名称：get-x，get-y，set-x!，set-y!。我们在宏的词法环境中查找这些名称，以获得相应的委托程序。然后创建一个 bundle 程序，其中包含从每个名称到其委托程序的关联。

当结果的 bundle 程序被调用时，它的第一个参数是一个符号，该符号必须是一个委托程序的名称。该关联用于选择指定的委托程序，然后用 bundle 程序的其余参数作为其参数调用该程序。

使用一个 bundle 比描述它更容易：

```
(p1 'get-x)
```
3
```
(p1 'get-y)
```
4
```
(p2 'get-x)
```
−1
```
(p2 'get-y)
```
1

```
(p1 'set-x! 5)
```

```
(p1 'get-x)
```
5
```
(p2 'get-x)
```
−1

参考文献

[1] Harold Abelson and Gerald Jay Sussman with Julie Sussman, *Struc-ture and Interpretation of Computer Programs* (2nd ed.) . Cam-bridge, MA: MIT Press, 1996.

[2] Harold Abelson, Don Allen, Daniel Coore, Chris Hanson, George Homsy, Thomas F. Knight Jr., Radhika Nagpal, Erik Rauch, Gerald Jay Sussman, and Ron Weiss; "Amorphous Computing," in *Communications of the ACM*, 43 (5)(May 2000): 74-82.

[3] Lee Altenberg; "The Evolution of Evolvability in Genetic Programming," in *Advances in Genetic Programming*, ed. Kenneth E. Kinnear Jr., 47-74. Cambridge, MA: MIT Press, 1994.

[4] *The ARRL Handbook for Radio Amateurs*, American Radio Relay League, Newington, CT (annual) .

[5] Jean-Paul Arcangeli and Christian Pomian; "Principles of Plasma Pattern and Alternative Structure Compilation," in *Theoretical Computer Science*, 71 (1990): 177-191.

[6] Franz Baader and Wayne Snyder; "Unification theory," in *Handbook of Automated Reasoning*, ed. Alan Robinson and Andrei Voronkov. Elsevier Science Publishers B.V., 2001.

[7] Jonathan B.L. Bard; *Morphogenesis*, Cambridge: Cambridge University Press, 1990.

[8] Alan Bawden and Jonathan Rees; "Syntactic closures," in *Proc. Lisp and Functional Programming* (1988) .

[9] Jacob Beal; *Generating Communications Systems Through Shared Context*, S.M. thesis, MIT, also Artificial Intelligence Laboratory Technical Report 2002-002, January 2002.

[10] Jacob Beal; "Programming an Amorphous Computational Medium," in *Unconventional Programming Paradigms International Workshop* (September 2004) . Updated version in Lecture Notes in Computer Science, 3566 (August 2005) .

[11] M.R. Bernfield, S.D. Banerjee, J.E. Koda, and A.C. Rapraeger; "Remodelling of the basement membrane as a mechanism of morphogenic tissue interaction," in *The role of extracellular matrix in development*, ed. R.L. Trelstad, 542-572. New York: Alan R. Liss, 1984.

[12] Martin Berz; "Automatic differentiation as nonarchimedean analysis," in *Computer Arithmetic and Enclosure Methods*, ed. L. Atanassova and J. Herzberger. Elsevier Science

Publishers B.V. (North-Holland), 1992.

[13] Philip L. Bewig; *Scheme Requests for Implementation 41*: *Streams* （2008）. `https://srfi.schemers.org/srfi-41/`.

[14] R.C. Bohlin and R.L. Gilliland ; " Hubble Space Telescope Absolute Spectrophotometry of Vega from the Far-Ultraviolet to the Infrared," in *The Astronomical Journal*, 127 （6） （June 2004）: 3508-3515.

[15] J.P. Brocks ; "Amphibian limb regeneration: rebuilding a complex structure," in *Science*, 276 （1997）: 81-87.

[16] Alonzo Church ; *The Calculi of Lambda-Conversion*. Princeton, NJ: Princeton University Press, 1941.

[17] Alonzo Church; "An Unsolvable Problem of Elementary Number Theory," *American Journal of Mathematics*, 58 （1936）: 345-363.

[18] Alonzo Church ; " A Note on the Entscheidungsproblem," in *Journal of Symbolic Logic*, 1 （1936）: 40-41.

[19] Lauren Clement and Radhika Nagpal ; " Self-Assembly and Self-Repairing Topologies," in *Workshop on Adaptability in Multi-Agent Systems*, RoboCup Australian Open, January 2003.

[20] William Kingdon Clifford ; " Preliminary sketch of bi-quaternions," in *Proceedings of the London Mathematical Society*, 4 （1873）: 381-395.

[21] William Clinger ; " Nondeterministic Call by Need is Neither Lazy Nor by Name," in *Proceedings of the 1982 ACM symposium on LISP and functional programming*, 226-234 （August 1982）.

[22] William Clinger and Jonathan Rees ; " Macros that work," in *Pro-ceedings of the 1991 ACM Conference on Principles of Programming Languages*, 155-162 （1991）.

[23] A Colmerauer., H. Kanoui, R. Pasero, and P. Roussel ; *Un système de communication homme-machine en français*, Technical report, Groupe Intelligence Artificielle, Universitè d'Aix Marseille, Luminy, 1973.

[24] *Constraints*, *An International Journal* ISSN: 1383-7133 （Print） 1572-9354 （Online）.

[25] Wikipedia article on continuations. `https://en.wikipedia.org/wiki/Continuation`.

[26] Haskell Brooks Curry ; " Grundlagen der Kombinatorischen Logik," in *American Journal of Mathematics*. Baltimore: Johns Hopkins University Press, 1930.

[27] Johan deKleer, Jon Doyle, Guy Steele, and Gerald J. Sussman ; " AMORD: Explicit control of reasoning," in *Proceedings of the ACM Symposium on Artificial Intelligence and Programming Languages*, 116-125 （1977）.

[28] E.M. del Pino and R.P. Elinson ; " A novel developmental pattern for frogs: gastrulation produces an embryonic disk," in *Nature*, 306 （1983）: 589-591.

［29］ Howard P. Dinesman；*Superior Mathematical Puzzles*. New York: Simon and Schuster，1968.

［30］ Jon Doyle；"A truth maintenance system," in *Artificial Intelligence*, 12（1979）: 231-272.

［31］ K. Dybvig, R. Hieb, and C. Bruggerman；"Syntactic abstraction in Scheme," in *Proc. Lisp and Symbolic Computation*（1993）.

［32］ G.M. Edelman and J.A. Gally；"Degeneracy and complexity in biological systems," *Proceedings of the National Academy of Sciences*, 98（2001）: 13763-13768.

［33］ M. D. Ernst, C. Kaplan, and C. Chambers；" Predicate Dispatching: A Unified Theory of Dispatch," in *ECOOP'98—Object-Oriented Programming*: *12th European Conference*, *Proceedings*, ed. Eric Jul, 186-211, Lecture Notes in Computer Science, 1445. Berlin: Springer, 1998.

［34］ Zsuzsa Farkas；"LISTLOG—A PROLOG extension for list pro-cessing," in *TAPSOFT 1987*, ed. Ehrig H., Kowalski R., Levi G., Montanari U., Lecture Notes in Computer Science, 250. Berlin: Springer, 1987.

［35］ Robert Floyd；"Nondeterministic algorithms," in *Journal of the ACM*, 14（4）（1967）: 636-644.

［36］ Kenneth D. Forbus and Johan de Kleer；*Building Problem Solvers*. Cambridge, MA: MIT Press, 1993.

［37］ Stefanie Forrest, Anil Somayaji, David H. Ackley；" Building Diverse Computer Systems," in *Proceedings of the 6th workshop on Hot Topics in Operating Systems*, 67-72. Los Alamitos, CA: IEEE Computer Society Press, 1997.

［38］ Joseph Frankel；*Pattern Formation*, *Ciliate Studies and Models*. New York: Oxford University Press, 1989.

［39］ Eugene C. Freuder；*Synthesizing Constraint Expressions*. AI Memo 370, MIT Artificial Intelligence Laboratory, July 1976.

［40］ Daniel P. Friedman and David S. Wise；" Cons should not evaluate its arguments," in *Automata Languages and Programming*；Proc. Third International Colloquium at the University of Edinburgh, ed. S. Michaelson and R. Milner, 257-284（July 1976）.

［41］ Daniel P. Friedman, Mitchell Wand, and Christopher T. Haynes；*Essentials of Programming Languages*. Cambridge, MA: MIT Press/McGraw-Hill, 1992.

［42］ Richard P. Gabriel and Linda DeMichiel；"The Common Lisp Object System: An Overview," in *Proceedings of ECOOP'87. European Conference on Object-Oriented Programming*, ed. Jean Bezivin, Jean-Marie Hullot, Pierre Cointe, and Henry Lieber-man, 151-170. Paris: Springer, 1987.

［43］ George Gatewood and Joost Kiewiet de Jonge；" Map-based Trigo-nometric Parallaxes of Altair and Vega," in *The Astrophysical Jour-nal*, 450（September 1995）: 364-368.

［44］George Gatewood ；" Astrometric Studies of Aldebaran, Arcturus, Vega, the Hyades, and Other Regions," in *The Astronomical Journal*, 136 (1)(2008): 452-460.

［45］Kurt Gödel ；"On Undecidable Propositions of Formal Mathematical Systems," *Lecture notes taken by Kleene and Rosser at the Institute for Advanced Study* (1934), reprinted in Martin Davis *The Undecidable*: *Basic Papers on Undecidable Propositions, Unsolvable Problems and Computable Functions*, 39-74. New York: Raven, 1965.

［46］Adele Goldberg and David Robson ；*Smalltalk-80*: *The Language and Its Implementation*. Reading, MA: Addison-Wesley, 1983.

［47］Michael Gordon, Robin Milner, and Christopher Wadsworth ；*Ed-inburgh LCF*, Lecture Notes in Computer Science, 78. New York: Springer-Verlag, 1979.

［48］Cordell Green ；" Application of theorem proving to problem solv-ing," in *Proceedings of the International Joint Conference on Artificial Intelligence*, 219-240 (1969).

［49］Cordell Green and Bertram Raphael ；" The use of theorem-proving techniques in question-answering systems," in *Proceedings of the ACM National Conference*, 169-181 (1968).

［50］John V. Guttag; "Abstract data types and the development of data structures," *Communications of the ACM*, 20 (6)(1977): 397-404.

［51］Chris Hanson ；*MIT/GNU Scheme Reference Manual.* `https://www.gnu.org/software/mit-scheme/`.

［52］Chris Hanson; SOS software: Scheme Object System, 1993.

［53］Chris Hanson, Tim Berners-Lee, Lalana Kagal, Gerald Jay Suss-man, and Daniel Weitzner ；" Data-Purpose Algebra: Modeling Data Usage Policies," in *Eighth IEEE International Workshop on Policies for Distributed Systems and Networks* (POLICY'07), (June 2007).

［54］Hyman Hartman and Temple F. Smith ；" The Evolution of the Ribosome and the Genetic Code," in *Life*, 4 (2014): 227-249.

［55］Jacques Herbrand ；" Sur la non-contradiction de larithmetique," *Journal fur die reine und angewandte Mathematik*, 166 (1932): 1-8.

［56］Carl E. Hewitt ；" PLANNER: A language for proving theorems in robots," in *Proceedings of the International Joint Conference on Artificial Intelligence*, 295-301 (1969).

［57］Carl E. Hewitt ；" Viewing control structures as patterns of passing messages," in *Journal of Artificial Intelligence*, 8 (3)(1977): 323-364.

［58］Carl Hewitt, Peter Bishop, Richard Steiger ；" A Universal Modular ACTOR Formalism for Artificial Intelligence," in *IJCAI-73*: *Pro-ceedings of the Third International Joint Conference on Artificial Intelligence*, 235-245 (1973).

［59］Edwin Hewitt ；" Rings of real-valued continuous functions. I," in *Transactions of the American Mathematical Society*, 64 (1948): 45-99.

［60］Paul Horowitz and Winfield Hill ; *The Art of Electronics*. Cam-bridge: Cambridge University Press, 1980.

［61］IEEE Std 1178-1990, *IEEE Standard for the Scheme Programming Language*, Institute of Electrical and Electronic Engineers, Inc., 1991.

［62］Paul-Alan Johnson ; *The Theory of Architecture*: *Concepts*, *Themes*, *& Practices*. New York: Van Nostrand Reinhold, 1994.

［63］Jerome H. Keisler ; " The hyperreal line. Real numbers, generalizations of the reals, and theories of continua," in *Synthese Library*, 242, 207-237. Dordrecht: Kluwer Academic, 1994.

［64］Richard Kelsey, William Clinger, and Jonathan Rees (editors) ; *Revised^5 Report on the Algorithmic Language Scheme* (1998) .

［65］Richard Kelsey ; *Scheme Requests for Implementation 9*: *Defining Record types* (1999) . `https://srfi.schemers.org/srfi-9/`.

［66］Gregor Kiczales; Tiny CLOS software: Kernelized CLOS, with a metaobject protocol, 1992.

［67］Gregor Kiczales, John Lamping, Anurag Mendhekar, Chris Maeda, Cristina Videira Lopes, Jean-Marc Loingtier, and John Irwin ; " Aspect-oriented programming," in *ECOOP'97*: *Proceedings of the 11th European Conference on Object-Oriented Programming*, 220-242 (1997) .

［68］Gregor Kiczales, Jim des Rivieres, and Daniel G. Bobrow ; *The Art of the Metaobject Protocol*. Cambridge, MA: MIT Press, 1991.

［69］Simon Kirby ; *Language evolution without natural selection*: *From vocabulary to syntax in a population of learners.*, Edinburgh Oc-casional Paper in Linguistics EOPL-98-1, University of Edinburgh Department of Linguistics (1998) .

［70］Marc W. Kirschner and John C. Gerhart ; *The Plausibility of Life*: *Resolving Darwin's Dilemma*. New Haven: Yale University Press, 2005.

［71］Marc W. Kirschner, Tim Mitchison ; " Beyond self-assembly: from microtubules to morphogenesis," in *Cell*, 45 (3)(May 1986): 329-342.

［72］D. Knuth, P. Bendix ; " Simple word problems in universal algebras," in *Computational Problems in Abstract Algebra*, ed. John Leech, 263-297. London: Pergamon Press, 1970.

［73］E. Kohlbecker, D. P. Friedman, M. Felleisen, and B. Duba ; " Hygienic Macro Expansion," in *ACM Conference on LISP and Functional Programming* (1986) .

［74］E. Kohlbecker and Mitchell Wand ; " Macro-by-example: Deriving syntactic transformations from their specifications," in *Proc. Symposium on Principles of Programming Languages* (1987) .

［75］Milos Konopasek and Sundaresan Jayaraman ; *The TK!Solver Book*: *A Guide to Problem-*

Solving in Science, *Engineering*, *Business*, *and Education*. Berkeley, CA: Osborne/McGraw-Hill, 1984.

[76] Robert Kowalski ; *Predicate logic as a programming language*, Technical report 70, Department of Computational Logic, School of Ar-tificial Intelligence, University of Edinburgh, 1973.

[77] Robert Kowalski; *Logic for Problem Solving*. New York: North-Holland, 1979.

[78] Robert M. Kowalski ; " The Early Years of Logic Programming," in *Communications of the ACM*, 31 (1)(January 1988): 38-43.

[79] Temur Kutsia ; "Pattern Unification with Sequence Variables and Flexible Arity Symbols," in *Electronic Notes in Theoretical Computer Science*, 66 (5)(2002): 52-69.

[80] Butler Lampson, J. J. Horning, R. London, J. G. Mitchell, and G. K. Popek ; *Report on the programming language Euclid*, Technical report, Computer Systems Research Group, University of Toronto, 1981.

[81] Peter Landin ; " A correspondence between Algol 60 and Church's lambda notation: Part I," *Communications of the ACM*, 8 (2)(1965): 89-101.

[82] Henrietta S. Leavitt ; "1777 variables in the Magellanic Clouds," in *Annals of Harvard College Observatory*, 60 (1908): 87-108.

[83] Floor Van Leeuwen ; " Validation of the new Hipparcos reduction," in *Astronomy & Astrophysics*, 474 (2)(2007): 653-664.

[84] Karl Lieberherr ; *Informationsverdichtung von Modellen in der Aus-sagenlogik und das P=NP Problem*, ETH Dissertation, 1977.

[85] Barbara H. Liskov and Stephen N. Zilles ; "Specification techniques for data abstractions," in *IEEE Transactions on Software Engineer-ing*, 1 (1)(1975): 7-19.

[86] Harvey Lodish, Arnold Berk, S Lawrence Zipursky, Paul Matsudaira, David Baltimore, and James E Darnell ; *Molecular Cell Biol-ogy* (4th ed.) . New York: W. H. Freeman & Co., 1999.

[87] Oleksandr Manzyuk, Barak A. Pearlmutter, Alexey Andreye-vich Radul, David R. Rush, and Jeffrey Mark Siskind ; " Confusion of Tagged Perturbations in Forward Automatic Differentiation of Higher-Order Functions," arxiv: 1211.4892 (2012) .

[88] David Allen McAllester ; *A three-valued truth-maintenance system*, AI Memo 473, MIT Artificial Intelligence Laboratory, 1978.

[89] David Allen McAllester " An outlook on truth maintenance," AI Memo 551, MIT Artificial Intelligence Laboratory, 1980.

[90] John McCarthy ; " A basis for a mathematical theory of computation," in *Computer Programming and Formal Systems*, ed. P. Braf-fort and D. Hirshberg, 33-70. Amsterdam:

North-Holland, 1963.

［91］ Wikipedia article on MDL. `https://en.wikipedia.org/wiki/MDL`（`programming language`）.

［92］ Piotr Mitros ; *Constraint-Satisfaction Modules*: *A Methodology for Analog Circuit Design*, PhD thesis, MIT, Department of Electrical Engineering and Computer Science, 2007.

［93］ Paul Penfield Jr. ; *MARTHA User's Manual*, MIT Research Laboratory of Electronics, Electrodynamics Memorandum No.6（1970）.

［94］ Barak A. Perlmutter and Jeffrey Mark Siskind ; " Lazy Multivariate Higher-Order Forward-Mode AD," in *Proc. POPL'07*, 155-160. New York: ACM, 2007.

［95］ Tim Peters; *PEP 20—The Zen of Python*. `http://www.python.org/dev/peps/pep-0020/`.

［96］ *POSIX.1-2017*, " Base Definitions," Chapter 9, " Regular Expres-sions. " `http://pubs.opengroup.org/onlinepubs/9699919799/`.

［97］ Jonathan Bruce Postel ; *RFC 760*: *DoD standard Internet Protocol*（January 1980）.`http://www.rfc-editor.org/rfc/rfc760.txt`.

［98］ W. H. Press, B. P. Flannery, S. A. Teukolsky, and W. T. Vetterling ; " Richardson Extrapolation and the Bulirsch-Stoer Method," in *Numerical Recipes in C*: *The Art of Scientific Computing*（2nd ed.）, 718-725. Cambridge: Cambridge University Press, 1992.

［99］ Alexey Andreyevich Radul and Gerald Jay Sussman ; " The Art of the Propagator," MIT CSAIL Technical Report MIT-CSAIL-TR-2009-002 ; Abridged version in *Proc. 2009 International Lisp Con-ference*（March 2009）. `http://hdl.handle.net/1721.1/44215`.

［100］ Alexey Andreyevich Radul ; *Propagation networks*: *a flexible and expressive substrate for computation*, PhD thesis, MIT, Department of Electrical Engineering and Computer Science, 2009. `http://hdl.handle.net/1721.1/54635`.

［101］ Eric Raymond ; *The New Hacker's Dictionary*（2nd ed.）. Cambridge, MA: MIT Press, 1993.

［102］ Jonathan A. Rees and Norman I. Adams IV ; " T: A dialect of Lisp or, lambda: The ultimate software tool," in *Conference Record of the 1982 ACM Symposium on Lisp and Functional Programming*, 114-122（1982）.

［103］ John C. Reynolds ; " The discoveries of continuations," in *Proc. Lisp and Symbolic Computation*, 233-248（1993）.

［104］ J.A. Robinson ; " A Machine-Oriented Logic Based on the Resolution Principle," in *Journal of the ACM*, 12（1）(January 1965): 23-41.

［105］ Guido van Rossum ; *The Python Language Reference Manual*, ed. Fred L. Drake Jr., Network Theory Ltd, 2003.

［106］ Jane L. Russell, George D. Gatewood, and Thaddeus F. Worek ; " Parallax Studies of Four

Selected Fields," in *The Astronomical Journal*, 87（2）(February 1982）: 428-432.

[107] Erik Sandewall ; " From systems to logic in the early development of nonmonotonic reasoning," in *Artificial Intelligence*, 175（2011）: 416-427.

[108] Moses Schönfinkel ; " Uber die Bausteine der mathematischen Logik," in *Mathematische Annalen*, 92（1924）: 305-316.

[109] Alex Shinn, John Cowan, and Arthur Gleckler (editors); *Revised⁷ Report on the Algorithmic Language Scheme*（2013）. `http://www.r7rs.org/`.

[110] Alex Shinn ; *Scheme Requests for Implementation 115 : Scheme Regular Expressions*（2014）. `https://srfi.schemers.org/srfi-115/`.

[111] Jeffrey Mark Siskind and Barak A. Perlmutter ; " Perturbation confusion and referential transparency : Correct functional implementation of forward-mode AD," in *Implementation and application of functional languages-17th international workshop*, ed. Andrew Butterfield, Trinity College Dublin Computer Science Department Technical Report TCD-CS-2005-60, 2005.

[112] Brian Cantwell Smith ; *Procedural Reflection in Programming Languages*, PhD thesis, MIT, Department of Electrical Engineering and Computer Science, 1982.

[113] Richard Matthew Stallman ; *EMACS : The Extensible, Customizable, Self-Documenting Display Editor*, AI Memo 519A, MIT Arti-ficial Intelligence Laboratory, March 1981.

[114] Richard Matthew Stallman and Gerald Jay Sussman ; " Forward Reasoning and Dependency-Directed Backtracking in a System for Computer-Aided Circuit Analysis," in *Artificial Intelligence*, 9（1977）: 135-196.

[115] Guy Lewis Steele Jr. ; *Common Lisp the language.* Maynard, MA : Digital Equipment Corporation, 1990.

[116] Guy L. Steele Jr.; *The Definition and Implementation of a Computer Programming Language Based on Constraints*, PhD thesis, MIT, also Artificial Intelligence Laboratory Technical Report 595, August 1980.

[117] Guy Lewis Steele Jr., Donald R. Woods, Raphael A. Finkel, Mark R. Crispin, Richard M. Stallman, and Geoffrey S. Goodfellow ; *The Hacker's Dictionary.* New York : Harper & Row, 1983.

[118] Patrick Suppes; *Introduction to Logic.* New York: D. Van Nostrand, 1957.

[119] Gerald Jay Sussman and Richard Matthew Stallman ; " Heuristic Techniques in Computer-Aided Circuit Analysis," in *IEEE Transactions on Circuits and Systems*, 22（11）（November 1975）: 857-865.

[120] Gerald Jay Sussman and Guy L. Steele Jr ; " The First Report on Scheme Revisited," in *Higher-Order and Symbolic Computation*, 11（4）(December 1998）: 399-404.

[121] Gerald Jay Sussman and Jack Wisdom; *Structure and Inter-pretation of Classical Mechanics.* Cambridge, MA: MIT Press, 2001/2014.

[122] Gerald Jay Sussman and Jack Wisdom with Will Farr; *Functional Differential Geometry.* Cambridge, MA: MIT Press, 2013.

[123] *The TTL Data Book for Design Engineers*, by the Engineering Staff of Texas Instruments Incorporated, Semiconductor Group.

[124] Alan M. Turing; "On Computable Numbers, with an Application to the Entscheidungsproblem," in *Proceedings of the London Math-ematical Society (Series 2)*, 42 (1936): 230-265.

[125] David L. Waltz; *Generating Semantic Descriptions From Drawings of Scenes With Shadows*, PhD thesis, MIT, also Artificial Intelligence Laboratory Technical Report 271, November 1972. http://hdl.handle.net/1721.1/6911.

[126] Stephen A. Ward and Robert H. Halstead Jr.; *Computation Struc-tures*. Cambridge, MA: MIT Press, 1990.

[127] Stephen Webb; *Measuring the Universe : The Cosmological Dis-tance Ladder*, Springer-Praxis Series in Astronomy and Astro-physics. Berlin: Springer, 1999.

[128] Daniel J. Weitzner, Hal Abelson, Tim Berners-Lee, Chris Hanson, Jim Hendler, Lalana Kagal, Deborah McGuinness, Gerald Jay Sussman, and K. Krasnow Waterman; *Transparent Accountable Data Mining: New Strategies for Privacy Protection*, MIT CSAIL Tech-nical Report MIT-CSAIL-TR-2006-007, January 2006.

[129] Robert Edwin Wengert; "A simple automatic derivative evaluation program," in *Communications of the ACM*, 7 (8)(1964): 463-464.

[130] Carter Wiseman; *Louis I. Kahn : Beyond Time and Style : A Life in Architecture*. New York: W.W. Norton, 2007.

[131] Lewis Wolpert, Rosa Beddington, Thomas Jessell, Peter Lawrence, Elliot Meyerowitz, and Jim Smith; *Principles of Development* (2nd ed.) . Oxford: Oxford University Press, 2001.

[132] Ramin Zabih, David McAllester, and David Chapman; "Non-deter-ministic Lisp with dependency-directed backtracking," in *AAAI-87.* (1987): 59-64.

推荐阅读

计算机程序的构造和解释：JavaScript版

作者：Harold Abelson 等 译者：裴宗燕 书号：978-7-111-73463-5 定价：129.00元

　　本书是对全世界的计算机科学教育产生深刻影响的教材，这本书的第1版于1984年出版，第2版于1996年出版，至今已被全世界100多所大学采用为教材，其中包括斯坦福大学、普林斯顿大学、牛津大学等。

　　这本书源于Harold Abelson和Gerald Jay Sussman在MIT讲授的很受欢迎的入门计算机科学课程，后被广泛作为教科书。本书通过构建一系列计算的概念模型的方式，向读者介绍计算的核心思想。之前版本的程序实例使用程序设计语言Scheme，本书转到了JavaScript。

软件工程原理与实践

作者：沈备军 等 书号：978-7-111-73944-9 定价：79.00元

　　本书从软件工程的本质出发，系统、全面地介绍软件工程技术和软件工程管理，同时介绍了智能软件工程和群体软件工程等新技术及新方法，内容覆盖SWEBOK 第4版的核心知识域，案例贯穿软件工程核心环节。

　　全书突出了软件工程的敏捷化、智能化、开发运维一体化。弱化和减少了以瀑布模型为代表的软件开发模型与结构化开发方法学的知识点，强化了敏捷软件开发和面向对象的开发方法学；增加了高质量软件开发的要求和实践，以及DevOps和持续集成与持续交付；介绍了智能软件工程，尤其是基于大模型的智能编程。

　　本书内容全面、实践性强、紧跟学术和实践前沿，适合作为本科生和研究生"软件工程""高级软件工程""软件过程""软件项目管理"等课程的教材，同时对从事软件开发、运维和管理的各类技术人员也有非常好的借鉴作用。